国家出版基金项目
NATIONAL PUBLICATION FOUNDATION

"十四五"时期
国家重点出版物出版专项规划项目

航天先进技术
研究与应用系列

王子才　总主编

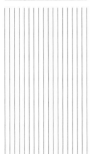

面向航天超宽带信号采集的有限新息率采样技术研究

Research on Finite Rate of Innovation Sampling Technology for Aerospace Ultra-Wideband Signal Acquisition

付　宁　邓立宝　张京超　著

乔立岩　主审

哈尔滨工业大学出版社
HARBIN INSTITUTE OF TECHNOLOGY PRESS

内 容 简 介

本书以航天系统中超宽带信号欠奈奎斯特采样为研究背景,针对航天器状态遥测、星载雷达、航天设备无线互联、遥感成像、航天干扰监测、航天电子侦察等领域中超宽带信号采集所面临的采样率高、采样数据量大,而航天器空间及载荷能力有限的问题,研究了基于有限新息率(FRI)采样理论的超宽带信号欠采样技术。本书在介绍 FRI 采样理论基本原理及国内外研究现状的基础上,重点研究了航天领域中经常采用的三种基本信号 FRI 采样方法与参数估计问题。首先,针对脉冲序列这种常见的参数化信号模型开展 FRI 采样技术研究,并分为脉冲波形已知和脉冲波形未知两种情况进行讨论,针对现有 FRI 采样结构物理可实现性较差、通用性较差以及信号模型不易匹配等问题,提出了基于交错调制的多通道 FRI 采样方法、基于频谱扩展的脉冲序列 FRI 采样方法及基于优化模型的波形未知脉冲序列 FRI 采样方法;随后,利用分段多项式信号可以通过微分转化为脉冲序列的特性,提出了基于微分 VPW-FRI 的非理想分段多项式信号采样方法;然后,将基本的 FRI 信号模型进一步扩展到频域,针对频域参数化信号欠采样条件下产生的频率模糊和镜像频率混叠问题,以典型的多频点信号为例,提出了基于双通道协作的频域参数化信号 FRI 采样方法;最后,以航天通信、航天探测等领域广泛应用的相位调制信号为例,针对目前相位调制信号参数估计方法所需采样率较高、采样点数较多的问题,提出了三种用于相位调制信号间断点、载频、相位等时频参数估计的 FRI 采样方法。

本书是作者课题组近年来研究成果的梳理和精炼,包含相关的理论推导、大量的仿真实验、系统的硬件实现及实验分析。可作为航天工程、通信工程、信号处理及相关领域研究人员和学生的参考书。

图书在版编目(CIP)数据

面向航天超宽带信号采集的有限新息率采样技术研究/付宁,邓立宝,张京超著. —哈尔滨:哈尔滨工业大学出版社,2022.12

(航天先进技术研究与应用系列)

ISBN 978 - 7 - 5767 - 0504 - 1

Ⅰ.①面… Ⅱ.①付… ②邓… ③张… Ⅲ.①航天-超宽带技术-信号接收-采样 Ⅳ.①V4

中国版本图书馆 CIP 数据核字(2022)第 256320 号

面向航天超宽带信号采集的有限新息率采样技术研究

MIANXIANG HANGTIAN CHAOKUANDAI XINHAO CAIJI DE
YOUXIAN XINXILÜ CAIYANG JISHU YANJIU

策划编辑	许雅莹 李 鹏
责任编辑	王会丽 李 鹏
出 版	哈尔滨工业大学出版社
社 址	哈尔滨市南岗区复华四道街 10 号 邮编 150006
传 真	0451-86414749
网 址	http://hitpress.hit.edu.cn
印 刷	哈尔滨博奇印刷有限公司
开 本	720 mm×1 000 mm 1/16 印张 14.75 字数 287 千字
版 次	2022 年 12 月第 1 版 2022 年 12 月第 1 次印刷
书 号	ISBN 978 - 7 - 5767 - 0504 - 1
定 价	88.00 元

前　言

随着空间科学与现代信息技术的发展,航天系统所承载的责任与完成的功能越来越多,所需传输、处理和存储的数据量也在迅速增长。在航天器状态遥测遥控、星载雷达、航天设备无线互联、遥感成像、航天干扰监测、航天电子侦察等领域随处可见现代信息处理技术的身影。信息处理技术是实现航天系统信息采集、传输、共享和处理的关键技术,被誉为航天器的"神经系统"。随着航天器结构设计的日趋复杂,受到航天器空间及载荷能力的限制,航天系统的数据采集、存储、计算能力等都受到了很大的限制。然而,随着航天系统对测控精度要求的不断提高以及对信息传输需求量的不断增加,航天系统中处理的信号带宽越来越宽。航天飞行器、卫星等携带的航天设备大都处理数字信号,而空间中辐射的信号都是模拟信号,因此模拟信号向数字信号转换的采样技术是现代信息技术的重中之重。目前,航天系统中对超宽带信号的采样大都基于传统奈奎斯特(Nyquist)采样定理,这必然会导致极高的采样率要求,并将产生海量的采样数据,对航天系统中有限空间和载荷条件下前端高速采样电路设计以及后续数据存储、处理的发展都将造成极大的阻力。

值得注意的是,在很多航天应用场景中,大量超宽带信号能够由有限数目的自由参数完全表示,如脉冲序列、多频点信号、各种制式的调制信号等,它们又被称为参数化信号。对于航天系统而言,虽然信号频带宽度极宽,但是从"信息"角度来看,其所包含的有效信息量并不大,航天设备真正需要的往往只是信号的参数化信息而不是完整的信号波形。在后续数据处理过程中,大量冗余数据被摒弃,这与前端信号高速采样及大容量数据存储形成了巨大的不平衡,给空间及载荷能力有限的航天系统造成了巨大的计算和存储资源的浪费,从而限制了航天系统探测精度、可靠性等性能的提高。近年来出现的有限新息率(Finite Rate of Innovation,FRI)采样理论及技术是专门针对参数化信号采样问题而提出的。FRI采样理论中采样率仅与信号的新息率有关,对于参数化信号而言,新息率就是信号在单位时间内的自由参数数目,由于信号的新息率通常远低于奈奎斯特频率,因而能大大降低采样率,减少数据量,解决航天器空间及载荷能力有限与大数据量需求的矛盾,在现代及未来的航天领域具有极大的应用潜力。

本书以航天系统中超宽带信号欠奈奎斯特采样为研究背景,针对基于传统奈奎斯特采样定理的超宽带信号采集所面临的采样率高、采样数据量大,而航天器空间及载荷能力有限的问题,研究了基于FRI采样理论的超宽带信号欠采样技术。本书在介绍FRI采样理论基本原理及国内外研究现状的基础上,重点研究了航天领域中经常用到的三种基本信号的FRI采样方法与参数估计问题。首先,针对脉冲序列这种常见的参数化信号模型开展FRI采样技术研究,并分为脉冲波形已知和脉冲波形未知两种情况进行讨论,针对现有FRI采样结构物理可实现性较差、通用性较差以及信号模型不易匹配等问题,提出了基于交错调制的多通道FRI采样方法、基于频谱扩展的脉冲序列FRI采样方法及基于优化模型的波形未知脉冲序列FRI采样方法;随后,利用分段多项式信号可以通过微分转化为脉冲序列的特性,提出了基于微分VPW-FRI的非理想分段多项式信号采样方法;然后,将基本的FRI信号模型进一步扩展到频域,针对频域参数化信号欠采样条件下产生的频率模糊和镜像频率混叠问题,以典型的多频点信号为例,提出了基于双通道协作的频域参数化信号FRI采样方法;最后,以航天通信、航天探测等领域广泛应用的相位调制信号为例,针对目前相位调制信号参数估计方法所需采样率较高、采样点数较多的问题,提出了三种用于相位调制信号间断点、载频、相位等时频参数估计的FRI采样方法。

全书共7章。第1章介绍FRI采样理论基本原理、国内外研究现状以及本书的研究内容与结构。第2章介绍基于交错调制的多通道FRI采样方法,并详细阐述了频谱解混叠算法和基于时域稀疏性的参数估计算法,给出了算法误差分析以及实验验证与分析。第3章介绍基于频谱扩展的通用脉冲序列FRI采样方法,并详细阐述了基于随机解调结构的频谱拓展技术和相应的参数估计算法,对所述方法进行了实验验证与分析。第4章介绍基于优化模型的波形未知脉冲序列FRI采样方法,针对现有波形未知的脉冲序列FRI采样方法在噪声以及模型不匹配情况下信号重构精度较低的问题,详细阐述了双通道欠采样结构和以最小化模型匹配误差的能量为优化目标的信号重构方法,并进行了实验验证与分析。第5章介绍基于微分VPW-FRI的非理想分段多项式信号采样方法,针对非理想分段多项式信号,将VPW-FRI采样方法扩展到微分形式,详细阐述了改进的微分 VPW 脉冲串模型,研究其 FRI 采样方法以及该模型在非理想分段多项式信号采样中的应用,最后通过仿真实验对采样过程进行了验证与分析。第 6 章介绍基于双通道协作的频域参数化信号 FRI 采样方法,针对多频点信号参数的采样与估计,详细阐述了时间交错 FRI 采样和反馈式 FRI 采样两种方法,解决了频率模糊和镜像频率混叠问题,并对该方法进行了实验验证与分析。第 7 章介绍相位调制信号 FRI 采样方法,详细阐述了单通道 FRI 采样系统及参数估计、多通道反馈采样系统、多通道并行采样系统三个相位调制信号采样系统,对采样系统进行了详细的理论分析和仿真验证,并在理论分析的基础上对相位调制信号的 FRI 采样系统进行了硬件实现。

　　本书是作者课题组近年来研究成果的梳理和精炼,包含相关的理论推导、大量的仿真实验、系统的硬件实现及实验分析,是国内首部专门针对 FRI 采样技术进行系统介绍的学术著作,具有重要的理论价值及实际意义。本书可作为航天工程、通信工程、信号处理及相关领域研究人员和学生的参考书。

　　本书中作者的工作获得了国家自然科学基金 (61102148、61671177、61701138、62071149)、航天支撑基金等项目的资助。本书的撰写受到哈尔滨工业大学自动化测试与控制研究所彭喜元教授的支持,在此表示衷心的感谢。

　　另外,感谢作者课题组博士研究生尉志良、刘振华,硕士研究生冯庆泉、任宇星、王朝阳等在书稿撰写过程中的整理工作,感谢往届博士研究生黄国兴,硕士研究生曹杰、孙丽雯等为本书研究工作做出的重要贡献。

　　由于作者的研究范围和水平有限,书中难免存在疏漏和不足之处,欢迎读者批评指正。

作　者
2022 年 10 月于哈尔滨

目 录

第 1 章

绪　　论

　　信息处理技术是实现航天系统信息采集、传输、共享和处理的关键技术,被誉为航天器的"神经系统"。随着空间科学与现代信息技术的发展,航天系统所承载与完成的功能越来越多,所需传输、处理和存储的数据量也在迅速增长。在航天器状态遥测遥控、星载雷达、航天设备无线互联、遥感成像、航天干扰监测、航天电子侦察等领域随处可见现代信息处理技术的身影。随着航天器结构设计的日趋复杂,受到航天器空间、载荷能力及系统功耗的限制,航天系统的数据采集、存储、计算能力等都受到了很大的限制。然而,随着航天系统对测控精度要求的不断提高及对信息传输需求量的不断增加,航天系统中处理的信号带宽越来越宽。目前,航天系统中对超宽带信号的采样大都基于传统奈奎斯特(Nyquist)采样定理,该定理要求信号的采样率必须大于或等于信号最高频率的两倍。然而,随着现代技术的发展,航天飞行器、卫星等携带的航天设备所处理信号的带宽越来越宽,对应的信号采样率也越来越高,这无疑给传统的采样系统设计带来了严峻的挑战。首先,较高的采样频率要求模拟数字转换(Analog to Digital Conversion,ADC)器件具有较宽的模拟带宽及采样率,这对于 ADC 的设计和功耗都有较高的要求;其次,高采样率产生巨量的采样数据,将给后端的数据传输、数字信号处理和存储带来巨大压力,且不利于数据实时处理。总体而言,目前基于传统奈奎斯特采样定理的航天设备设计理念,对于航天系统中有限空间和载荷条件下前端高速采样电路设计及后续数据存储、处理都将造成极大的压力。

在众多航天应用场景中,存在大量脉冲序列、多频点信号、各种制式的调制信号等超宽带信号,这些信号能够由有限数目的自由参数完全表示,又被称为参数化信号。从信息采样的角度来看,虽然这些信号的频带宽度极宽,但是其所传递的有效信息量并不大,航天系统真正需要的往往只是信号携带的有限信息,而不是完整的信号波形。对航天系统紧张的空间及有限的载荷能力而言,少量信息的获取与前端信号高速采样及大容量数据存储形成了巨大的不平衡,造成了巨大计算和存储资源的浪费,进而限制了航天系统探测精度、可靠性等性能的提高。近年来兴起的有限新息率(Finite Rate of Innovation,FRI)采样理论专门针对参数化信号采样问题而提出,能够极大地提升信息获取效率。FRI采样理论中采样率由信号的新息率(Rate of Innovation,RI)决定,对参数化信号而言,新息率就是信号在单位时间内的自由参数数目,由于信号的新息率通常远低于其奈奎斯特频率,因而能大大降低采样率,减少数据量,解决航天器空间及载荷能力有限与大数据量需求的矛盾,在现代及未来的航天领域具有极大的应用潜力。

1.1　FRI 采样理论基本原理

FRI采样理论指出,对于FRI信号,通过采用合适的采样核对FRI信号进行滤波后,即可以高于或等于信号新息率的速率对其进行均匀采样并精确重构。FRI采样理论的核心内容包括FRI信号模型、FRI采样过程和参数估计过程三部分。为了便于后续的分析和讨论,本节将对FRI采样理论的基本原理,包括信号定义、采样过程及重建算法等进行简单介绍。

1.1.1　FRI 信号模型

采样是模拟信号转换为数字信号的桥梁。当前广泛使用的采样方法基于奈奎斯特采样定理,该定理给出了信号从采样样本中精确恢复的充分条件,信号的采样率必须大于或等于其奈奎斯特频率,即信号最高频率的两倍。奈奎斯特采样定理利用了信号的频带有限这一先验信息。近年来,利用信号其他先验信息的欠奈奎斯特采样方法受到了国内外学者的广泛关注。如利用信号在某个域内稀疏性先验信息的压缩感知(Compressed Sensing,CS)采样理论,其所需的采样率由信号的稀疏度决定。2002年,瑞士联邦理工学院的Vetterli等人利用信号可参数化表示这一先验信息,提出了FRI采样理论,并引入新息率的概念用于衡量此类信号可精确恢复所需要的最低采样率。

1.新息率的定义

为了便于理解新息率的定义,首先介绍自由度(Degree of Freedom,DF)的概念,系统的自由度是指系统中独立变化的参数的数量。例如,对于平面上可自由移动的点,其自由度为 2,即点的二维坐标。根据 FRI 采样理论,新息率 ρ 的具体定义如下。

定义 1.1　新息率 ρ 是指信号在单位时间内的平均自由度数,如果将信号在时域区间 $[a,b]$ 内的自由度数记为 $C_x(a,b)$,那么

$$\rho = \lim_{\tau \to \infty} \frac{1}{\tau} C_x\left(-\frac{\tau}{2}, \frac{\tau}{2}\right) \tag{1.1}$$

对于持续时间长度 τ 的有限长信号和周期为 τ 的周期信号,其新息率可计算为

$$\rho = \frac{C_x(0,\tau)}{\tau} \tag{1.2}$$

对于无限长信号,则需要考察其局部新息率和最大局部新息率,定义如下。

定义 1.2　给定一个长度为 τ 的时间窗,那么信号在 t 时刻的局部新息率为

$$\rho_\tau(t) = \frac{1}{\tau} C_x\left(t - \frac{\tau}{2}, t + \frac{\tau}{2}\right) \tag{1.3}$$

最大局部新息率为

$$\rho_{\max}(\tau) = \max_{t \in \mathbf{R}} \rho_\tau(t) \tag{1.4}$$

当 $\tau \to \infty$ 时,信号的最大局部新息率 $\rho_{\max}(\tau)$ 与新息率 ρ 是等价的关系。

2. FRI 信号的定义

考虑如下形式的信号:

$$x(t) = \sum_{k \in \mathbf{Z}} \sum_{r=0}^{R-1} \gamma_{k,r} g_r(t - t_k) \tag{1.5}$$

显然,如果基函数组 $\{g_r(t)\}_{r=0}^{R-1}$ 先验已知,那么该信号 $x(t)$ 中的自由参数为幅值 $\gamma_{k,r}$ 和时延 t_k。FRI 信号的定义如下。

定义 1.3　FRI 信号是指能够表示为式(1.5)所示的基函数经过延时和加权形式的线性组合,并且其新息率 $\rho < \infty$ 的一类信号。

常见的 FRI 信号包括狄拉克(Dirac)脉冲序列、微分 Dirac 脉冲序列、非均匀样条信号、分段正弦波、分段多项式信号等。值得注意的是,带限信号同样属于 FRI 信号,对带限信号而言,其新息率等于奈奎斯特频率。

脉冲序列是一种典型的 FRI 信号,本书考虑如下形式的有限长脉冲序列(输入信号):

$$s(t) = \sum_{k=1}^{K} c_k h_k(t - t_k), \quad t \in [0, T] \tag{1.6}$$

式中,T 为脉冲序列的持续时间长度;$h_k(t)$ 为基函数,决定脉冲波形;K 为脉冲序列 $s(t)$ 中包含的脉冲个数;c_k 为幅值参数,$c_k \neq 0$ 且 $c_k \in \mathbf{C}$;t_k 为时延参数,

$t_k \in [0, T)$。

对于脉冲序列 $s(t)$，其脉冲波形完全由基函数 $h_k(t)$ 决定。为了便于分析，在脉冲序列的建模过程中，一般以时延最小的脉冲作为基函数，将信号建模为该基函数经过向右平移和加权形式的线性组合。因此，时延参数的取值范围为 $t_k \in [0, T)$。图 1.1 所示为两个比较典型的脉冲序列，即 Dirac 脉冲序列（基函数为 Dirac 函数）和高斯脉冲序列（基函数为高斯函数）。当基函数组 $\{h_k(t)\}_{k=1}^{K}$ 先验已知时，脉冲序列 $s(t)$ 可由 $2K$ 个幅值和时延参数 $\{c_k, t_k\}_{k=1}^{K}$ 完全确定。由于脉冲序列 $s(t)$ 的持续时间长度为 T，因此该信号的新息率可计算为

$$\rho = \frac{2K}{T} \tag{1.7}$$

如果 $\rho < \infty$，那么脉冲序列 $s(t)$ 具有有限新息率，即为 FRI 信号。

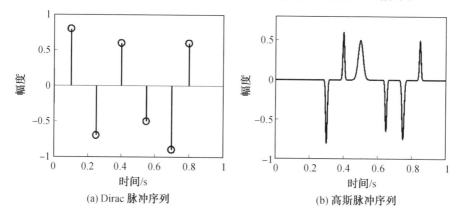

(a) Dirac 脉冲序列   (b) 高斯脉冲序列

图 1.1   两个比较典型的脉冲序列

传统 FRI 采样方法的研究中一般假设基函数 $h_k(t)$ 是唯一且先验已知的，即对任意 $i \neq j$ 且 $i, j \in \{1, 2, \cdots, K\}$ 有 $h_i(t) = h_j(t) = h(t)$，此时式 (1.6) 可简化为

$$s(t) = \sum_{k=1}^{K} c_k h(t - t_k), \quad t \in [0, T) \tag{1.8}$$

对于基函数不唯一的情况，即存在 $i \neq j$ 且 $i, j \in \{1, 2, \cdots, K\}$，使得 $h_i(t) \neq h_j(t)$，一般采用两种处理方式：① 在采样之前根据基函数的不同对信号进行分段处理，使得每一段中信号的基函数都是唯一的，这种处理方式仅适合不同基函数的信号波形之间无混叠的情形；② 直接将信号视为基函数未知进行处理。对于脉冲序列，基函数决定了脉冲波形，二者是等价的关系。为了便于理解，如无特殊说明，本书中的"脉冲波形已知"是指"基函数已知"，而本书中的"脉冲波形未知"则是指"基函数未知"。

1.1.2 FRI 采样过程

FRI 采样理论最早是针对波形已知的脉冲序列而提出的,即考虑式(1.8)所示的 FRI 信号,这也是当前 FRI 采样理论研究最为广泛的信号模型。本节以此类信号为例,对传统的 FRI 采样过程进行简单介绍。传统的 FRI 采样过程是,采用特殊的采样核对 FRI 信号进行滤波后,以接近信号新息率的速率对其进行均匀采样。传统的 FRI 采样结构如图 1.2 所示。首先,采用采样核 $\varphi(t)$ 对输入的 FRI 信号 $s(t)$ 进行滤波,滤波后的信号为

$$y(t) = s(t) \cdot \varphi(-t) = \langle s(\tau), \varphi(\tau - t) \rangle \tag{1.9}$$

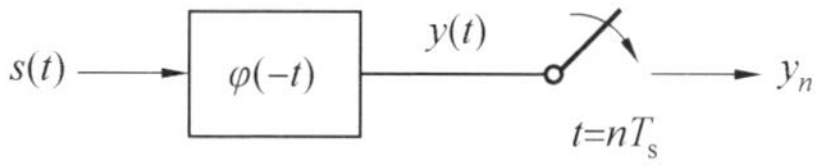

图 1.2   传统的 FRI 采样结构

然后,以 $f_s \geqslant \rho$ 为采样率对滤波后的信号 $y(t)$ 进行均匀采样,其中 $\rho = 2K/T$ 表示 FRI 信号 $s(t)$ 的新息率。采集到的样本为

$$y_n = y(t) \mid_{t = nT_s} = \langle s(t), \varphi(t - nT_s) \rangle \tag{1.10}$$

式中,$T_s = 1/f_s$ 表示采样间隔;$n = 0, 1, \cdots, N - 1$,其中,N 表示所获取的总采样样本数,$N = \lfloor T/T_s \rfloor + 1$,$\lfloor (\cdot) \rfloor$ 表示对数值 $(\cdot)$ 进行向下取整运算。

从 FRI 的采样过程来看,采样核 $\varphi(t)$ 的选择非常关键,传统 FRI 采样结构的设计实际上就是对采样核的设计,目前 FRI 的采样核主要有以下几种。

1. Sinc 采样核

Sinc 采样核是由 Vetterli 等人于 2002 年提出来的,适用于周期脉冲序列,其数学表达式如下:

$$\varphi_B(t) = B \mathrm{Sinc}(Bt) \tag{1.11}$$

式中,B 为可变参数,代表信号的带宽。

Sinc 采样核实际是理想的低通滤波器(Low Pass Filter,LPF)。由于 Sinc 函数是无限长的,因此这是一种理想化模型,是物理不可实现的,只用来做理论探讨。

2. 高斯采样核

高斯采样核同样是由 Vetterli 等人针对有限长脉冲序列提出来的,函数形式如下:

$$\varphi_\sigma(t) = \mathrm{e}^{-t^2/2\sigma^2} \tag{1.12}$$

式中,σ 为可变参数,决定了高斯函数的脉宽。

同样由于高斯函数是无限长的,高斯采样核也是物理不可实现的。而且,基

于高斯采样核的 FRI 采样结构,其样本乘了一个快速发散或衰减的指数,因此当输入信号 $s(t)$ 中的脉冲个数 $K \geqslant 5$ 时,高斯采样核极不稳定。

3. 多项式再生采样核

定义 1.4 对于任意的函数 $\varphi_b(t)$,如果存在系数 $c_{m,k}$,使得下式成立:

$$\sum_{k \in \mathbf{Z}} c_{m,k} \varphi_b(t-k) = t^m, \quad m = 0,1,\cdots,M(M \in \mathbf{Z}) \tag{1.13}$$

那么就称 $\varphi_b(t)$ 为 M 阶多项式再生采样核。

式(1.13)中,系数 $c_{m,k}$ 的计算方式如下:

$$c_{m,k} = \int_{-\infty}^{\infty} t^m \widetilde{\varphi}_b(t-k) \, \mathrm{d}t \tag{1.14}$$

式中,$\widetilde{\varphi}_b(t)$ 是 $\varphi_b(t)$ 的对偶函数,属于准正交函数。

通俗地讲,多项式再生采样核就是指能够通过线性组合(时延、加权、累加)生成多项式的函数。多项式再生采样核又称 B - 样条(Basic spline,B - spline)采样核,属于有限长的函数,因此物理上是可实现的。多项式再生采样核获取的是信号的矩,因此对于新息率较高的 FRI 信号是不稳定的。

4. 指数再生采样核

定义 1.5 对于任意的函数 $\varphi_e(t)$,如果存在系数 $c_{m,k}$,使得下式成立:

$$\sum_{k \in \mathbf{Z}} c_{m,k} \varphi_e(t-k) = \mathrm{e}^{\alpha_m t}, \quad m = 0,1,\cdots,M(M \in \mathbf{Z}) \tag{1.15}$$

那么就称 $\varphi_e(t)$ 为 M 阶指数再生采样核。式中,$\alpha_m = \alpha_0 + jm\lambda$,其中的参数 α_0 和 λ 可自由设计。

式(1.15)中,系数 $c_{m,k}$ 的计算方式如下:

$$c_{m,k} = \int_{-\infty}^{\infty} \mathrm{e}^{\alpha_m x} \widetilde{\varphi}_e(t-k) \, \mathrm{d}x \tag{1.16}$$

式中,$\widetilde{\varphi}_e(t)$ 是 $\varphi_e(t)$ 的对偶函数,属于准正交函数。

实际上指数再生采样核就是指能够通过线性组合(时延、加权、累加)生成复指数的函数。指数再生采样核又称 E - 样条(Exponential spline,E - spline)采样核,属于有限长的函数,因此物理上是可实现的。指数再生采样核获取的是信号的矩,因此对于新息率较高的 FRI 信号是不稳定的。

5. SoS 采样核

SoS(Sum of Sincs)采样核是 Eldar 等人为了解决 Sinc 采样核无法适用于有限长 FRI 信号的问题而提出的,该采样核在频域上可以表示为一组 Sinc 函数的加权和,即

$$\Psi(\omega) = \frac{T}{\sqrt{2\pi}} \sum_{k \in \kappa} b_k \mathrm{Sinc}\left(\frac{\omega T}{2\pi} - k\right) \tag{1.17}$$

式中,b_k 为加权系数,$b_k \neq 0$;κ 为由信号新息率确定的整数集合;T 为该采样核的持续时间长度。

SoS 采样核是物理可实现的,且对新息率非常大的 FRI 信号同样适用。

各种 FRI 采样核的性能对比见表 1.1,其中,Sinc 采样核虽然是物理不可实现的,但是在参数估计精度允许的范围内可以采用非理想的 LPF 来代替;SoS 采样核虽然性能稳定,且对于新息率非常大的 FRI 信号同样适用,但是该采样核的硬件规模比较庞大,不易实现;高斯采样核、B – spline 采样核和 E – spline 采样核由于稳定性较差,因此难以应用到实际中。

表 1.1　各种 FRI 采样核的性能对比

采样核	Sinc	SoS	高斯	B – spline	E – spline
物理实现	不可以	可以	不可以	可以	可以
样本	傅里叶系数	傅里叶系数	矩	矩	矩
稳定性	稳定	稳定	不稳定	不稳定	不稳定
噪声鲁棒性	高	高	低	低	低

1.1.3　参数估计过程

相比于 FRI 框架的采样过程与传统机制在形式上的一致性,其重构过程完全不同于传统机制,而是一个参数估计问题,不需要恢复整个信号波形。从原理上来讲,FRI 采样理论的信号重构过程,就是利用 FRI 采样结构所获取的输入信号的一组矩或者傅里叶系数,通过求解一个谱估计问题,实现对未知参数的精确估计。本节以 Sinc 采样核为例,介绍 FRI 参数估计过程。

由于 Sinc 采样核实际是一种理想的 LPF,因此基于 Sinc 采样核的方法是通过 FRI 信号的频域信息来重建原始信号的。虽然对信号低通滤波之后,舍去了高频信息,信息缺失严重,但是由于 FRI 信号频谱中的每一个频率分量都包含了所有未知参数信息,因此可由少量的低频信息重构未知参数,进而恢复原始信号。考虑式(1.8)所示的基函数已知的 FRI 输入信号 $s(t)$,并将其展开为傅里叶级数:

$$s(t) = \sum_{m=-\infty}^{\infty} S[m] \mathrm{e}^{jm\omega_0 t}, \quad m \in \mathbf{Z} \tag{1.18}$$

式中,$S[m]$ 表示输入信号 $s(t)$ 的傅里叶级数系数;ω_0 表示离散的频率间隔,$\omega_0 = 2\pi/T$。

Sinc 采样核如式(1.11)所示,其傅里叶变换可表示为

$$\begin{cases} \varphi_B(t) = B\mathrm{Sinc}(Bt) \\[2mm] \Psi_B(\omega) = \mathrm{rect}\left(\dfrac{\omega}{2\pi B}\right) \end{cases} \tag{1.19}$$

式中，B 为可变参数，代表信号的带宽。

矩形函数 $\mathrm{rect}(t)$ 的定义为

$$\mathrm{rect}(t) = \begin{cases} 1, & |t| \leqslant \dfrac{1}{2} \\[2mm] 0, & \text{其他} \end{cases} \tag{1.20}$$

如采用 Sinc 采样核对输入信号 $s(t)$ 进行滤波后匀速采样，为了避免采样带来的信号频谱混叠，采样率需满足 $f_s \geqslant 2B$。根据式(1.10)即可得到 FRI 采样样本为

$$y_n = \langle s(t), \varphi_B(t - nT_s) \rangle = \sum_{m \in \mathbf{Z}} S[m] \langle e^{jm\omega_0 t}, \varphi_B(t - nT_s) \rangle$$

$$= \sum_{m \in \mathbf{Z}} S[m] \Psi_B(m\omega_0) e^{jm\omega_0 nT_s} = \sum_{m = -\lfloor BT \rfloor}^{BT} S[m] e^{jm\omega_0 nT_s} \tag{1.21}$$

因此，对采样样本 y_n 做离散时间傅里叶变换即可得到 $2\lfloor BT \rfloor + 1$ 个傅里叶级数系数 $S[m]$，其中，$-\lfloor BT \rfloor \leqslant m \leqslant \lfloor BT \rfloor$ 且 $m \in \mathbf{Z}$。下面讨论如何利用所获取的傅里叶级数系数 $S[m]$ 来估计输入信号 $s(t)$ 的 $2K$ 个未知参数 $\{c_k, t_k\}_{k=1}^K$。

首先，计算输入信号 $s(t)$ 的傅里叶变换，可得

$$S(\omega) = \int_{-\infty}^{\infty} s(t) e^{-j\omega t} dt = \sum_{k=1}^K c_k \int_{-\infty}^{\infty} h(t - t_k) e^{-j\omega t} dt = H(\omega) \sum_{k=1}^K c_k e^{-j\omega t_k} \tag{1.22}$$

式中，$H(\omega)$ 是基函数 $h(t)$ 的傅里叶变换。

令 $\omega = m\omega_0$，其中 $m \in \mathbf{Z}$，$\omega_0 = 2\pi/T$，那么式(1.22)可变换为

$$S[m] = H[m] \sum_{k=1}^K c_k e^{-jm\omega_0 t_k} \tag{1.23}$$

式中，$S[m] = S(m\omega_0)$，$H[m] = H(m\omega_0)$。

再令 $Z[m] = S[m]/H[m]\,(H[m] \neq 0)$，有

$$Z[m] = \frac{S[m]}{H[m]} = \sum_{k=1}^K c_k u_k^m \tag{1.24}$$

式中，$u_k = e^{-j\omega_0 x_k}$。

由于 $S[m]$ 和 $H[m]$ 都是已知的，因此式(1.24)是一个经典的谱估计问题，可采用零化滤波器法求解。采用该方法，式(1.24)中的 $2K$ 个未知参数 $\{c_k, u_k\}_{k=1}^K$ 即可由 $2K$ 个连续的非零傅里叶级数系数 $Z[m]$ 精确估计。在求得 u_k 后，可根据关系式 $u_k = e^{-j\omega_0 t_k}$ 来估计时延参数，即

$$t_k = \frac{\angle u_k}{\omega_0} \tag{1.25}$$

式中，$\angle u_k$ 为复数 u_k 的辐角主值，$0 < \angle u_k < 2\pi$；ω_0 为频率间隔，$\omega_0 = 2\pi/T$。

又根据式（1.24），$Z[m]$ 可由傅里叶级数系数 $S[m]$ 唯一确定。因此可得到结论，采用零化滤波器法，输入信号 $s(t)$ 中的未知参数 $\{c_k, t_k\}_{k=1}^{K}$ 可由 $2K$ 个连续的非零傅里叶级数系数 $S[m]$ 精确估计。在求得参数 $\{c_k, t_k\}_{k=1}^{K}$ 之后，由于基函数 $h(t)$ 先验已知，因此输入信号 $s(t)$ 可通过式（1.6）重构。

由于基于 Sinc 采样核的 FRI 采样系统可获取 $2\lfloor BT \rfloor + 1$ 个傅里叶级数系数 $S[m]$，该系统需要满足

$$\begin{cases} 2\lfloor BT \rfloor + 1 \geqslant 2K \\ f_s \geqslant 2B \end{cases} \tag{1.26}$$

因此有

$$f_s \geqslant \frac{2K}{T} = \rho \tag{1.27}$$

可见，FRI 采样系统要求其采样率 f_s 大于或等于输入信号 $s(t)$ 的新息率 ρ。

1.2　FRI 采样理论国内外研究现状

由于 FRI 采样理论所需的最低采样率仅由信号的新息率决定，而在现代信息系统中绝大多数信号的新息率远低于其带宽，因此对 FRI 采样理论的研究具有非常重要的意义。从该理论提出开始，国内外许多研究者就纷纷开展了 FRI 采样方面的研究，并且在很多领域取得了可喜的成果。FRI 采样的目的是获取包含输入信号所有未知参数信息的样本，该理论的一个显著特性是没有固定的采样结构，针对不同的 FRI 信号需要设计不同的采样结构。最早的 FRI 采样方法是 2002 年由瑞士联邦理工学院的 Vetterli 等人提出来的，该采样理论最初针对基函数波形已知的 FRI 信号，典型信号包括 Dirac 脉冲序列、非均匀样条信号、微分 Dirac 脉冲序列、分段多项式信号、分段正弦波等。然而，这些信号模型较为理想，在很多应用场景中，FRI 信号的基函数波形往往未知或者存在传输介质等引起的波形畸变现象。为此，国内外许多学者将 FRI 采样方法扩展到了基函数波形未知的 FRI 信号，如小波稀疏信号、非理想分段多项式信号、非对称脉冲信号等。近年来，随着 FRI 采样理论研究的深入，其所针对的信号逐步由一维向多维扩展，目前已成功应用于航天系统信号采集、传感器网络的超分辨率成像、磁共振成像、图像边缘检测、被动雷达三维（3D）成像及多声源定位中。

1.2.1 FRI 采样结构研究现状

传统的 FRI 采样方法采用图 1.2 所示的"FRI 采样核 + ADC"的结构,目前已经提出了多种 FRI 采样核。最早是 2002 年瑞士联邦理工学院的 Vetterli 等人提出的高斯采样核,适用于有限长的脉冲序列,然而该采样核在时域是无限支撑的,即物理上是不可实现的。为了解决采样核的物理实现问题,2007 年,帝国理工学院的 Dragotti 等人提出了多项式再生采样核、指数再生采样核等时域紧支撑的采样核,虽然这些采样核理论上是物理可实现的,但是其系统稳定性和抗噪性较差。2012 年,西安电子科技大学的王亚军等人通过研究脉冲波形与采样核参数之间的关系,提出了一种改进的指数再生采样核,提高了系统的抗噪性和采样率。

若仅对采样核单方面改进,则对 FRI 采样系统性能的提升非常有限。实际上,受限于采样核的框架,传统的 FRI 采样方法的性能难以提高,尤其是在噪声干扰的环境下。为了解决这个问题,国内外许多学者对 FRI 采样理论的模型进行了扩展,提出了一些非采样核的方法,自 2007 年起,伊利诺伊大学厄巴纳 – 香槟分校的 Karen 等人、加利福尼亚大学戴维斯分校的 Chen 等人、香港中文大学的 Thierry 等人都对非均匀 FRI 采样方法展开了系统的研究,提出了多种解决方案,此类方法的核心思想是通过不同采样周期样本之间的相关性来提高重构精度和抗噪性。2013 年,帝国理工学院的 Dragotti 等人提出了一种 FRI 采样链方法,该方法将多个采样通道串联起来,能够利用重采样的方式来检索重要参数,提高了检测精度。2015 年,斯坦福大学的 Bryan 等人针对模拟域峰值脉冲序列的检测问题,提出一种基于广义模拟阈值(Generalized Analog Thresholding, GAT)的 FRI 采样方法,以降低模拟噪声的影响。

以上所述的 FRI 采样方法都是单通道结构,获取的信息极其有限。鉴于多通道的框架有助于更灵活地获取信号样本,以及降低各通道采样核的设计难度,因此许多学者对多通道 FRI 采样方法展开了研究。针对无限长 Dirac 脉冲序列,2006 年,麻省理工学院的 Kusuma 等人最早提出了一种基于积分器和 B – spline 采样核的多通道 FRI 采样方法;2008 年,芬兰库奥皮奥大学的 Olkkonen 等人提出了一种基于指数滤波器组(Exponential Filters, EFs)的多通道 FRI 采样方法,然而这两种采样方法的物理实现都比较困难;为了解决这个问题,同样是在 2008 年,瑞士联邦理工学院的 Seelamantula 等人提出了一种基于一阶 RC(电阻 – 电容)网络的双通道 FRI 采样方法及硬件实现方案,其采样电路由无源器件(如电容和电阻等)组成,更容易实现一些。针对任意形状的脉冲序列,2011 年,帝国理工学院的 Hojjat Akhondi Asl 在论文"Multichannel Sampling of Finite Rate of Innovation Signals"中针对任意脉冲的 FRI 信号,提出了基于指数再生采样核 E –

spline 的多通道 FRI 采样方法,该方法不仅降低了单个通道所需的采样核阶次,而且能够通过多个通道联合估计的方式更好地抑制噪声的影响,在相同信噪比下比单通道 E - spline 采样结构所需的样本数减少了。然而,即便是以多通道的方式来降低所需采样核的阶次,该方法仍然无法适用于新息率较高的 FRI 信号。

当获取高阶矩时,FRI 采样系统变得不稳定,因此获取信号矩的 FRI 采样方法无法适用于新息率较高的脉冲序列。此外,相比于信号的矩,获取信号频谱信息(即傅里叶系数)的 FRI 采样结构更加稳定且容易硬件实现。获取信号频谱信息的 FRI 采样方法与获取矩的方法具有类似的发展历程。传统的 FRI 采样方案同样是基于采样核的结构,最早是 2002 年瑞士联邦理工学院的 Vetterli 等人提出的 Sinc 核,用于获取周期脉冲序列的频谱信息,但该采样核在时域是无限支撑的,即物理上是不可实现的。为了解决这个问题,2011 年,以色列理工学院的 Eldar 等人提出了 SoS 采样核,该采样核在时域上是紧支撑的,在频域上表现为一组 Sinc 函数的加权和。

基于采样核的 FRI 采样结构仅能够获取少量特定范围内的频谱信息,不利于信号恢复。为此,2010 年,以色列理工学院的 Eldar 团队提出了基于联合子空间的多通道欠采样方法,但该方法要求信号的时延参数在每个周期内是一个固定的常量。同年,Eldar 等人还提出了一种基于混频积分的多通道 FRI 采样方法,原理框架上基于模拟数字欠采样方法,硬件上基于混频器和积分器,目的是采集输入信号的傅里叶系数。该方法利用混频器和积分器在单个通道内直接计算和采样傅里叶系数,因此对于新息率较高的脉冲序列,所需的通道数量急剧增加,硬件规模十分庞大,而且通道之间的同步是个很大的问题。在 2013 年,Itzhak 等人提出了一种基于随机滤波的 FRI 采样方法,其核心思想是设计一个随机滤波器以获取信号任意频率位置的傅里叶系数,但在实际应用中这种滤波器是难以实现的。随着研究深入,2014 年,以色列理工学院的 Eldar 团队又提出了一种基于滤波器组的多通道 FRI 采样结构,并研制出了原型样机,该方法能够获取输入信号多个离散分布的子频带的傅里叶系数,具有参数估计精度高、抗噪性好等优势,为了避免频谱混叠,该方法将信号调制到较高的频段后,采用带通滤波器截取所需的傅里叶系数,再解调回基带进行低通滤波并匀速采样,其硬件结构复杂而冗余。

1.2.2　FRI 参数估计算法研究现状

无论是获取信号矩的 FRI 采样方法还是获取信号频谱信息的 FRI 采样方法,其参数估计过程实际上都可以归结于求解谱估计问题的过程,因此二者的参数估计算法基本一致,现有的算法主要有以下几种。

最经典的谱估计算法是零化滤波器法,该方法从理论上证明了求解谱估计问题所需要的最少测量样本数。然而,零化滤波器法的抗噪性比较差,噪声环境下的参数估计精度较低。为了解决这个问题,很多学者对零化滤波器法进行了改进。一种比较简单的改进思路是结合总体最小二乘(Total Least Squares, TLS)法,通过求方程的最小二乘解提高系统的抗噪性。但是,当测量矩阵含有噪声时,只采用 TLS 法难以提升重构效果。在这种情况下,研究人员提出了一种在求解谱估计问题之前进行预降噪处理的解决思路,即采用 Cadzow 算法对观测矩阵进行迭代,再用 TLS 法求得最小二乘解,记为 Cadzow - TLS 方法。

除了零化滤波器法,还可以采用其他的一些基于子空间的谱估计算法,如旋转不变子空间(Estimating Signal Parameters via Rotational Invariance Technique, ESPRIT)算法、多重信号分类(Multiple Signal Classification, MUSIC)算法等。相比于零化滤波器法,这些基于子空间的谱估计算法的抗噪性有了显著提高。然而,这类算法都需要大量的采样样本来构造协方差矩阵,降低了系统的采样率。Erdozain 和 Crespo 等人在上述子空间方法的基础之上提出一种状态空间方法,虽然该方法只需要少量的采样样本来构造傅里叶矩阵,采样率更高,但是算法的计算复杂度也更高。

此外,许多学者从提高抗噪性、鲁棒性和重构稳定性等方面对 FRI 参数估计算法进行了进一步研究,提出了大量非谱估计的算法:2008 年,Tan 等人针对数字噪声情况,提出了蒙特卡罗方法;2009 年,Ridolfi 等人针对模拟噪声情况,提出了多维搜索算法和基于奇异值分解的总体最小二乘法;自 2010 年起,也有学者将遗传算法、粒子群算法、梯度下降法等群智能算法引入 FRI 问题中,提出了随机性重构方法,提高了重构精度。虽然这些方法能够实现对未知参数的最大似然估计,但是由于群智能算法的寻优过程一般比较缓慢,因此只适用于处理新息率较小的信号,算法的优化过程中还有可能陷入局部最优解导致结果不稳定。2013 年,为了从离散分布的傅里叶系数中恢复输入信号的未知参数信息,以色列理工学院的 Eldar 团队提出了一种基于时域稀疏性的参数估计方法,该方法通过对模拟时域区间进行网格量化后,将参数估计问题转换为稀疏问题,从而采用正交匹配追踪算法进行求解。2015 年,香港中文大学的 Blu 等人针对周期性 Dirac 序列的参数估计问题,提出了基于多项式拟合的算法,这种算法通过建立误差最小化模型,提高了噪声环境下的参数估计效果。

1.2.3 波形未知 FRI 采样方法研究现状

目前,FRI 采样理论的研究大都是针对基函数唯一且波形先验已知的脉冲序列。在很多应用场景中,脉冲序列的基函数是不唯一且波形未知的。例如,心电图（Electrocardiogram，ECG）信号，心率脉冲的形状因人而异，且每次心跳的脉冲都有所不同；被动雷达侦察信号，因为是被动接收信号，所以脉冲波形是未知的，而且不同的辐射源产生的脉冲波形各不相同。此外，对于一些远距离传输的脉冲序列，脉冲波形可能在传输过程中发生畸变，导致波形未知。

对于波形未知脉冲序列的 FRI 采样方法，通常的方法是采用多个已知函数的线性组合来对基函数波形进行拟合，常用于拟合的函数有高斯函数、B - spline 函数、小波函数、洛伦兹函数等。基于这些函数，国内外学者提出了一些可适用于波形未知脉冲序列的扩展 FRI 采样方法。对于波形未知的脉冲序列，为了得到更好的恢复效果，一般需要采用大量的已知函数对其进行拟合，表现为拟合后的信号新息率较高，因此现有的 FRI 采样方法普遍采用获取信号频谱信息的方式。早在 2004 年，瑞士联邦理工学院的 Vetterli 等人采用多项式进行拟合的方式对脉冲信号进行建模，从而提出了一种基于 FRI 的超宽带（Ultra Wide Bund，UWB）信道估计方法，为了得到较好的重构效果，该方法需要采用极高阶次的多项式近似，这就导致了系统的采样率高，重构过程的运算复杂度高。2005 年，南洋理工大学的 Yanyan 等人通过将 ECG 信号建模为非均匀样条的线性组合，提出了一种基于 Sinc 核的 FRI 采样方法。2015 年，Nagesh 等人将未知的基函数建模为高斯脉冲及其导函数的线性组合，通过 SoS 采样核获取信号的频谱信息，从而提出了一种基于非对称脉冲的 FRI 采样方法，并将其应用于心电图 ECG 信号中，由于高斯脉冲及其导函数的脉宽是固定不变的，因此该方法的重构精度并不高。2016 年，帝国理工学院的 Dragotti 团队基于小波变换，提出了一种基于多频带调制 E - spline 采样核的波形未知脉冲序列 FRI 采样方法，其核心思想是利用输入信号的部分傅里叶系数恢复出信号的小波系数。该方法要求输入信号的每一个脉冲都是小波稀疏且稀疏度已知的，这极大地降低了该方法的实用性，此外该方法的信号重构过程过于复杂。2017 年，瑞士联邦理工学院的 Vetterli 等人将未知的基函数建模为有限个洛伦兹脉冲的线性组合，提出了一种基于可变脉宽的 FRI（VPW -FRI）采样理论，相比于高斯脉冲，洛伦兹脉冲的波形更加复杂，包含了正脉冲和负脉冲两部分，且脉宽参数可分别设置，因此 VPW - FRI 采样框架的信号恢复精度更高且适用性更为广泛。VPW - FRI 与其他波形未知脉冲序列的 FRI 采样方法一样，对于噪声及模型不匹配问题非常敏感，微小的模型匹配误差也可能导致错误的信号恢复结果。

在信号重构阶段，通过函数的拟合过程，波形未知的脉冲序列信号重构过程同样表现为求解一个谱估计问题。因此，对于波形未知的脉冲序列，其参数估计过程与波形已知的情况基本一样，所不同的是，在估计出未知参数后，还需要根据拟合的参数通过反向重组的方式恢复输入信号。

1.3　本书的研究内容与结构

本书针对航天系统信息处理技术中,基于传统奈奎斯特采样定理的超宽带信号采集所面临的采样率高、采样数据量大,但航天器空间及载荷能力有限的问题,研究面向航天超宽带信号采集的FRI采样技术。本书介绍了FRI采样理论基本原理及国内外研究现状,并重点研究了航天设备中使用频率较高的脉冲序列、多频点信号及相位调制信号的FRI采样问题。首先针对航天系统中常见的脉冲序列开展FRI采样技术研究,在脉冲波形已知和脉冲波形未知两种情况下分别介绍了不同的采样方法和参数估计方法,针对现有FRI采样结构物理可实现性较差、通用性较差及信号模型不易匹配等问题,提出了基于交错调制的多通道FRI采样方法、基于频谱扩展的通用脉冲序列FRI采样方法及基于优化模型的波形未知脉冲序列FRI采样方法;然后,针对非理想分段多项式信号的采样与重构问题,利用分段多项式信号可以通过微分转化为脉冲序列的特性,借鉴FRI采样理论中对脉冲畸变信号的采样思路,提出了基于微分VPW – FRI的非理想分段多项式信号采样方法;再将FRI信号模型扩展到频域,针对频域参数化信号欠采样条件下产生的频率模糊和镜像频率混叠问题,以典型的多频点信号为例,提出了基于双通道协作的频域参数化信号FRI采样方法;最后以航天通信、航天探测等领域广泛应用的相位调制信号为例,针对目前相位调制信号参数估计方法所需采样率较高、采样点数较多的问题,分别介绍了单通道FRI采样系统及参数估计、多通道反馈采样系统、多通道并行采样系统三种用于相位调制信号间断点、载频、相位等时频参数估计的FRI采样方法。

全书共7章。第1章介绍FRI采样理论基本原理,包括FRI信号模型、FRI采样过程和参数估计过程;然后对FRI采样理论国内外研究现状及本书的研究内容与结构进行介绍。第2章介绍基于交错调制的多通道FRI采样方法,首先是问题的提出与研究思想;然后详细阐述频率选择和频率混叠问题并介绍频率解混叠算法,介绍基于交错调制的多通道FRI采样结构和信号同步问题,给出基于时域稀疏性的参数估计算法,并对量化误差、噪声及模型不匹配等问题进行分析;最后对所述方法进行实验验证与分析。第3章介绍基于频谱扩展的通用脉冲序列FRI采样方法,首先是问题的提出;然后介绍随机解调的基本原理,详细阐述基于频谱拓展的脉冲序列FRI采样方法,给出相应的参数估计算法;最后对所述方法进行实验验证与分析。第4章介绍基于优化模型的波形未知脉冲序列FRI采样方法,首先是问题的提出;然后介绍VPW – FRI采样理论,并针对现有波形未知的脉冲序列FRI采样方法在噪声以及模型不匹配情况下信号重构精度较低的问题,详细阐述双通道欠采样结构和以最小化模型匹配误差的能量为优化目标的信号重构方法;最后对所述方法进行实验验证与分析。第 5 章介绍基于微分VPW – FRI 的非理想分段多项式信号采样方法,首先介绍非对称脉冲序列 FRI 采样理论;然后针对非理想分段多项式信号,将 VPW – FRI 采样方法扩展到微分形式,详细阐述改进的微分 VPW – FRI 采样方法,并介绍该方法在非理想分段多项式信号采样中的应用;最后通过仿真实验对采样过程进行验证与分析。第6章介绍基于双通道协作的频域参数化信号 FRI 采样方法,首先针对多频点信号参数的采样与估计,详细阐述时间交错 FRI 采样和反馈式 FRI 采样两种方法,解决频率模糊和镜像频率混叠问题,对各采样方法的性能进行比较;然后对所述方法进行实验验证与分析。第 7 章介绍相位调制信号 FRI 采样方法,首先是问题的提出;然后详细阐述单通道 FRI 采样系统及参数估计、多通道反馈采样系统、多通道并行采样系统三个相位调制信号采样系统,对采样系统进行详细的分析对比和仿真实验,并在理论分析的基础上对相位调制信号的 FRI 采样系统进行硬件实现。

1.4　本　章　小　结

随着空间科学技术的发展,航天系统所需传输、处理和存储的数据量迅速增长,对航天系统信息处理技术的要求也越来越高。本章以航天系统信息处理技术为背景,首先介绍了 FRI 采样理论基本原理,详细介绍了 FRI 信号模型、FRI 采样过程及相应的参数估计过程;然后系统地介绍和分析了 FRI 采样理论国内外研究现状,FRI 采样理论针对参数化信号而提出,大大降低超宽带信号采样率,能够解决基于传统奈奎斯特采样定理的超宽带信号采集所面临的采样率高、采样数据量大等问题,在现代及未来的航天信息处理系统中具有极大的应用潜力;最后总结了本书的研究内容与结构。

第 2 章

基于交错调制的多通道 FRI 采样方法

　　波形已知的脉冲序列在一些主动式探测领域比较常见,如脉冲雷达回波信号、超声脉冲回波信号、声呐脉冲回波信号等。如第 1 章所述,对于此类信号,当前比较有效的方案是近几年提出的基于滤波器组的多通道 FRI 采样方法,该方法能够获取输入信号多组离散分布的频谱信息,具有系统稳定性和抗噪性好、参数估计精度高等优势。但该方法为了避免频谱混叠,采用了多次调制和滤波的解决方案,系统结构复杂而冗余。为此,本章在对信号调制过程和频谱混叠问题进行分析的基础上,研究了一种结构简单的基于交错调制的多通道 FRI 采样方法,该方法在保持可比于基于滤波器组的多通道 FRI 采样方法参数估计精度的前提下,降低了采样系统的复杂度。

2.1　问题的提出与研究思想

2.1.1　问题的提出

　　本章考虑的是波形已知脉冲序列的 FRI 采样与重构问题,输入信号的具体表达式如下:

$$s(t) = \sum_{k=1}^{K} c_k h(t - t_k), \quad t \in [0, T) \tag{2.1}$$

式中,K 为时延参数的个数;T 为信号的持续时间长度;t_k 为时延参数,$t_k \in [0, T)$;c_k 为相应的幅值参数,$c_k \neq 0$;$h(t)$ 为先验已知的基函数。

显然,输入信号 $s(t)$ 中的未知参数为 $2K$ 个幅值和时延参数 $\{c_k, t_k\}_{k=1}^K$。由于输入信号 $s(t)$ 在任意长度为 T 的时间范围内自由度为 $2K$,因此其新息率可计算为

$$\rho = \frac{2K}{T} \tag{2.2}$$

脉冲序列是一种典型的 FRI 信号,传统的 FRI 采样方法也是针对脉冲序列而提出来的。根据 FRI 采样理论,采用特殊的采样核对输入信号 $s(t)$ 进行滤波后,便能以接近于信号新息率 ρ 的速率对其进行均匀采样并精确重构。一般情况下,输入信号 $s(t)$ 的新息率都要远小于其带宽,这意味着 FRI 采样率要远低于输入信号 $s(t)$ 的奈奎斯特频率。

针对脉冲序列 FRI 采样理论的研究大部分停留在理论仿真阶段,但随着研究的深入,近年来部分研究学者也开始了 FRI 采样的硬件实现技术研究。如第 1 章所述,FRI 采样的目的是获取输入信号的矩或频谱信息。由于获取信号矩的硬件实现比较困难,因此现有的 FRI 硬件实现方案都是以获取输入信号的频谱信息为目的。此外,利用频谱信息的 FRI 采样方法在参数估计时具有更高的估计精度和抗噪性能。因此,本章同样以获取脉冲序列 $s(t)$ 的频谱信息为目的设计采样结构。对输入信号 $s(t)(t \in [0, T])$ 求连续时间傅里叶变换(Continuous – Time Fourier Transform, CTFT)可得

$$S(\omega) = \int_{-\infty}^{\infty} \sum_{k=1}^K c_k h(t - t_k) e^{-j\omega t} dt = \sum_{k=1}^K c_k \int_{-\infty}^{\infty} h(t - t_k) e^{-j\omega t} dt = H(\omega) \sum_{k=1}^K c_k e^{-j\omega t_k} \tag{2.3}$$

式中,$H(\omega)$ 是已知的基函数 $h(t)$ 的 CTFT。

对角频率变量 ω 做离散化处理,即令 $\omega = m\omega_0$,其中 $\omega_0 = 2\pi/T, m \in \mathbf{Z}$,那么式(2.3)可以转换为

$$S(m\omega_0) = H(m\omega_0) \sum_{k=1}^K c_k e^{-jm\omega_0 t_k} \tag{2.4}$$

令 $S[m] = S(m\omega_0)$ 为输入信号 $s(t)$ 的傅里叶系数,$H[m] = H(m\omega_0)$ 为基函数 $h(t)$ 的傅里叶系数,当 $H[m] \neq 0$ 时,式(2.4)可以转换为

$$Z[m] = \frac{S[m]}{H[m]} = \sum_{k=1}^K c_k e^{-jm\omega_0 t_k} \tag{2.5}$$

由于基函数 $h(t)$ 与其 CTFT 变换 $H(\omega)$ 都是已知的,因此式(2.5)是一个典型的谱估计问题,可以通过诸如零化滤波器法、MUSIC 算法、ESPRIT 算法等谱估计算法进行求解。根据谱估计算法,输入信号 $s(t)$ 中的未知参数 $\{c_k, t_k\}_{k=1}^K$ 可以利用 $2K$ 个非零傅里叶系数 $S[m]$,通过求解式(2.5)得到。因此,对于时域参数化输入信号 $s(t)$,FRI 采样的目的就是获取至少 $2K$ 个非零傅里叶系数 $S[m]$。

目前,以获取非零傅里叶系数 $S[m]$ 为目的的 FRI 硬件实现方案主要有以下

几种。

1. 基于 Sinc 采样核的单通道 FRI 采样结构

为了获取一组非零傅里叶系数,最简单的方法是采用 Sinc 采样核,即理想低通滤波器(LPF)。基于 Sinc 采样核的单通道 FRI 采样结构如图 2.1 所示,对系统所获取的样本序列 $y[n]$ 进行离散傅里叶变换(Discrete Fourier Transform,DFT)运算即可得到所需的傅里叶系数。

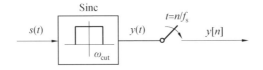

图 2.1　基于 Sinc 采样核的单通道 FRI 采样结构

基于 Sinc 采样核的单通道 FRI 采样结构存在 3 个缺陷:① 理想的 LPF 在实际中是不可实现的,只能采用非理想的 LPF 代替,这种滤波器的非理想特性会影响系统的性能;② LPF 仅能用于截取低频的基带信号,对于频率较高的带通信号无能为力,这严重限制了系统的适用范围;③ 单个 LPF 仅能够获取一组连续的傅里叶系数,频谱的利用率较低,而且采用多组离散分布的傅里叶系数有助于提高参数估计精度。

2. 基于随机滤波的单通道 FRI 采样结构

为了获取任意频点位置的傅里叶系数,有学者提出了一种基于随机滤波的单通道 FRI 采样结构,如图 2.2 所示,对样本序列 $y[n]$ 进行 DFT 运算即可得到一组离散的傅里叶系数。

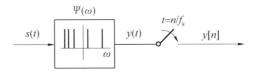

图 2.2　基于随机滤波的单通道 FRI 采样结构

基于随机滤波的单通道 FRI 采样结构的核心思想是基于以下滤波器:

$$\Psi(\omega) = \begin{cases} 非零, & \omega = \dfrac{2\pi k}{T}(k \in \kappa) \\ 0, & \omega = \dfrac{2\pi k}{T}(k \notin \kappa) \end{cases} \qquad (2.6)$$

式中,κ 表示随机选取的频点位置集合。

显然,该滤波器具有极高的频率选择特性,但是在实际应用中这种滤波器是难以实现的。而且,该结构无法适用于新息率较高的脉冲序列。

3. 基于混频积分的多通道 FRI 采样结构

传统的基于 Sinc 采样核的单通道 FRI 采样结构能获取的信息极其有限,而且采样核的物理实现一般都比较困难,为此,许多学者将单通道 FRI 采样结构扩展成了多通道 FRI 采样结构。多通道 FRI 采样结构不同于传统的单通道 FRI 采样结构,其没有明确意义上的采样核。采用多个通道,不仅可以降低单个通道采样核的设计难度,而且可以为多个通道提供额外的自由度,有利于提高参数估计精度和抗噪性。以色列理工学院的 Eldar 研究团队首先提出了一种从输入信号中直接提取傅里叶系数的基于混频积分的多通道 FRI 采样结构,如图 2.3 所示。该结构利用混频器和积分器在单个通道内直接计算和采样傅里叶系数,其优势在于采样值即为输入信号的傅里叶系数,省去了傅里叶变换等数据处理过程。然而,为了获取复数形式的傅里叶系数,需要采用 I/Q 正交的采样通道,即采样通道数必须是傅里叶系数个数的两倍,而且各通道之间的同步存在一定困难。此外,对于新息率较高的脉冲序列,该结构的通道数量急剧增加,硬件规模十分庞大。

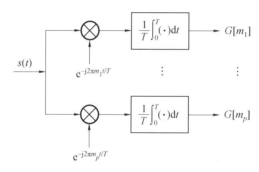

图 2.3　基于混频积分的多通道 FRI 采样结构

4. 基于滤波器组的多通道 FRI 采样结构

随着研究的深入,2013 年以色列理工学院的 Eldar 团队针对脉冲雷达回波信号提出了一种基于滤波器组的多通道 FRI 采样结构,并研制出了原型样机。该原型样机在 2014 年电气与电子工程师协会(Institute of Electrical and Electronics Engineers, IEEE)国际声学、语言与信号处理会议(International Conference on Acoustics, Speech and Signal Processing, ICASSP)上进行了大会展示,它标志着 FRI 采样理论的实用化技术特别是在雷达接收机领域的技术应用,向前迈进了实质性一步,引起了各国学者的极大关注。基于滤波器组的多通道 FRI 采样结构如图 2.4 所示,每个通道主要由 2 个乘法器、1 个带通滤波器(Band Pass Filter,BPF)和 1 个 LPF 组成,其目的是获取输入信号多个离散分布频带的傅里叶系数。值得注意的是,为了避免频谱混叠,该方案采取了一个复杂而冗余的方式来获取一个频带的傅里叶系数,即将输入信号想要获取的频谱调制到带通滤波器的中心频率位置,滤波后再解调回基带,最后通过 LPF 截取所需的频谱信息。

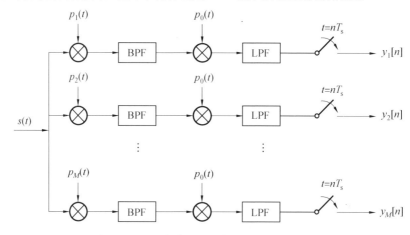

图 2.4 基于滤波器组的多通道 FRI 采样结构

总之,针对脉冲序列的 FRI 采样方法的研究,现有的成果大都仅停留在理论仿真阶段,仅有的几个 FRI 采样的硬件实现方案要么无法实现(基于 Sinc 采样核的单通道 FRI 采样结构和基于随机滤波的单通道 FRI 采样结构),要么无法适用新息率较高的场合(基于混频积分的多通道 FRI 采样结构),要么硬件结构复杂而冗余(基于滤波器组的多通道 FRI 采样结构)。为此,本章的目的是研究一种结构简单、高效且容易硬件实现的脉冲序列 FRI 采样方法,以获取输入信号离散分布的频谱信息,鉴于多通道采样框架的优势,研究内容将采取多通道的设计方案。

2.1.2 研究思想

为了获取输入信号离散分布的频谱信息,有一种简单的实现方式,首先,将所需要的频谱信息调制到基带,这可以通过余弦调制来实现;然后,采用 LPF 截取所需要的频谱信息;最后,以大于或等于 LPF 截止频率两倍的采样率对滤波后的信号均匀采样,对采样样本进行 DFT 运算即可得到所需要的频谱信息。由于实信号频谱的对称性,这种余弦调制过程很可能会导致信号的频谱发生混叠。为此,2.2 节在对调制过程频谱混叠问题进行分析的基础上,首先提出了一种频谱解混叠算法。利用该算法,能够从两个调制频率错开的采样通道中获取输入信号的一组傅里叶系数实部信息。

在该频谱解混叠算法的基础上,2.3 节提出了一种基于交错调制的多通道 FRI 采样结构。每两个采样通道为一对进行交错调制,采用频谱解混叠算法即可获取输入信号的一组傅里叶系数实部。对于 $2P$ 个通道的采样系统,能够获取 P 组离散分布的傅里叶系数实部。

最后,为了利用所获取的 P 组离散分布的傅里叶系数实部估计输入信号的未知参数,2.4 节提出了一种基于时域稀疏性的参数估计算法。

2.2　获取输入信号的频谱信息

2.2.1　频率选择和频谱混叠问题

为了获取输入信号 $s(t)$ 的一组连续的傅里叶系数,最简单且容易实现的方式是采用如图 2.1 所示的 Sinc 采样核结构。虽然 Sinc 采样核是不可实现的,但是可采用 LPF 代替,即通过 LPF 对输入信号 $s(t)$ 进行低通滤波后,采用 ADC 以不小于 LPF 截止频率两倍采样率均匀采样,对采样样本进行 DFT 运算即可得到所需的傅里叶系数。该方法仅适用于频谱位于基带的信号,对于带限信号无法适用。此外,采用离散分布的傅里叶系数进行重构,能够显著提高噪声环境下参数估计的精度。

为了获取输入信号 $s(t)$ 的一组任意频率位置的连续傅里叶系数,比较有效的方式是采用基于余弦调制和滤波的采样结构,如图 2.5 所示,对输入信号 $s(t)$ 的采样需要经历以下三个步骤,分别为余弦调制、低通滤波和均匀采样。

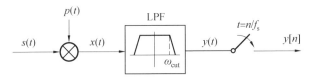

图 2.5　基于余弦调制和滤波的采样结构

1. 余弦调制

采用余弦信号 $p(t)$ 对输入信号 $s(t)$ 进行调制,调制后的信号为 $x(t) = s(t) \cdot p(t)$,调制的目的是将所需要的频谱信息搬移到基带。假设调制过程所采用的余弦信号 $p(t)$ 的数学表达式如下:

$$p(t) = \cos \omega_p t \qquad (2.7)$$

式中,ω_p 是余弦信号的频率,本章称为"调制频率"。

余弦信号 $p(t)$ 的 CTFT 可计算为

$$P(\omega) = \pi [\delta(\omega + \omega_p) + \delta(\omega - \omega_p)] \qquad (2.8)$$

式中,$\delta(\omega)$ 是 Dirac 函数。

根据卷积定理,信号在时域内的乘积对应频域内的卷积,调制后的信号

$x(t) = s(t) \cdot p(t)$ 在频域可表示为

$$X(\omega) = \frac{1}{2\pi}S(\omega) \cdot P(\omega) = \frac{1}{2}S(\omega) \cdot \left[\delta(\omega + \omega_p) + \delta(\omega - \omega_p)\right]$$

$$= \frac{1}{2}\left[S(\omega + \omega_p) + S(\omega - \omega_p)\right] \qquad (2.9)$$

式中,$X(\omega)$ 是调制后的信号 $x(t)$ 的 CTFT;$S(\omega)$ 是输入信号 $s(t)$ 的 CTFT。

从式(2.9)可以看出,采用频率为 ω_p 的余弦信号对输入信号 $s(t)$ 进行调制,实际上就是将输入信号 $s(t)$ 的频谱分别向左和向右搬移后,再叠加到一起。此过程很可能会导致信号的频谱发生混叠。

2. 低通滤波

调制后的输入信号 $x(t)$ 经过 LPF 滤波以截取一段连续的傅里叶系数。假设 LPF 是理想的,其截止频率为 ω_{cut},滤波后的信号为 $y(t)$,其频谱可表示为

$$Y(\omega) = \text{rect}\left(\frac{\omega}{2\omega_{cut}}\right)X(\omega) = \begin{cases} \frac{1}{2}\left[S(\omega + \omega_p) + S(\omega - \omega_p)\right], & |\omega| \leqslant \omega_{cut} \\ 0, & |\omega| > \omega_{cut} \end{cases}$$

$$(2.10)$$

由式(2.10)可以看出,信号经过 LPF 滤波后,频谱的数值上并没有发生改变,仅仅是频率有效范围变成了 $[-\omega_{cut}, \omega_{cut}]$。

3. 均匀采样

根据奈奎斯特采样定理,为了避免镜像频率混叠,以 $f_s \geqslant \omega_{cut}/\pi$ 的采样率对滤波后的信号 $y(t)$ 进行均匀采样,获得样本 $y(n)$,$n = 0, 1, \cdots, \lfloor Tf_s \rfloor$。由于滤波后信号的最大频率变成了 ω_{cut},该均匀采样过程并不会对频谱造成影响。对采样样本 $y(n)$ 进行 DFT 运算即可得到滤波后的信号 $y(t)$ 的傅里叶系数 $y(n)$,且有 $Y[m] = Y(m\omega_0)$,其中 m 的取值范围为

$$-\frac{\omega_{cut}T}{2\pi} \leqslant m \leqslant \frac{\omega_{cut}T}{2\pi}, \quad m \in \mathbf{Z} \qquad (2.11)$$

ω_0 表示频率间隔,$\omega_0 = 2\pi/T$。

根据以上分析,输入信号 $s(t)$ 经过如图 2.5 所示的采样结构以后,所得样本 $y(n)$ 的 DFT 即为滤波后信号 $y(t)$ 的傅里叶系数 $Y[m]$。然而,余弦调制过程可能会导致信号的频谱发生混叠,在频谱混叠的情况下,所得的傅里叶系数 $Y[m]$ 并不能够直接使用。下面简单介绍因余弦调制过程而导致的频谱混叠问题。令 ω_{max} 为输入信号 $s(t)$ 的最大频率,那么因余弦调制过程而导致的信号频谱变化可以分为以下 3 种情况。

（1）$\omega_p > \omega_{max} + \omega_{cut}$。在此情况下，调制后信号 $x(t)$ 的有效频谱位置在 LPF 通带频率范围之外，如图 2.6(b) 所示。经过 LPF 滤波后，所截取的频谱幅值均为 0，无法用于参数估计。

（2）$\omega_{max} \leqslant \omega_p \leqslant \omega_{max} + \omega_{cut}$。在此情况下，调制后信号 $x(t)$ 的有效频谱位置在 LPF 通带频率范围之内，如图 2.6(c) 所示。经过 LPF 滤波后，所截取的频谱是没有混叠的，可以直接用于参数估计。由于一般情况下 $\omega_{cut} \ll \omega_{max}$，这种调制过程极大地降低了输入信号频谱的利用率，参数估计的精度较低。

（3）$\omega_p < \omega_{max}$。在此情况下，通过调整调制频率 ω_p 的取值，可以获取输入信号 $s(t)$ 任意频带位置的频谱信息，极大地提高了频谱利用率，进而提高了参数估计的精度。这种情况下调制过程将产生频谱混叠，混叠的频谱范围为 $[-(\omega_{max} - \omega_p)，(\omega_{max} - \omega_p)]$，如图 2.6(d) 所示，混叠的频谱是无法直接用于参数估计的。因此，在下一节中，将讨论如何解决此频谱混叠问题。

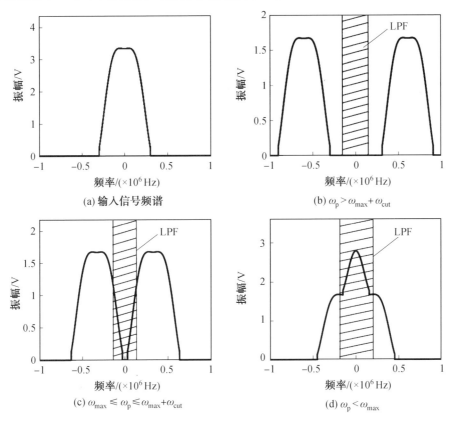

图 2.6　余弦调制过程的频谱变化示意图

2.2.2 频谱解混叠算法

如前所述,为了避免频谱混叠,需要设计调制信号 $p(t)$ 的频率 ω_p 满足 $\omega_p \geqslant \omega_{max}$,但是根据上一节的分析结果可知,这样会极大地降低信号频谱的利用率,影响参数估计效果。那么,能否在不对调制信号 $p(t)$ 的频率 ω_p 进行限制的前提下,即在不影响频谱利用率的前提下,从混叠的频谱 $Y(\omega)$ 中提取出可用于估计输入信号 $s(t)$ 中未知参数的信息呢? 答案是肯定的。

本章采用如图 2.7 所示的基于双通道余弦调制滤波的采样结构来解决调制过程产生的频谱混叠问题,从混叠的频谱中提取出输入信号的频谱信息。以下定理给出了利用该结构,从混叠的频谱 $Y(\omega)$ 中提取输入信号 $s(t)$ 的一组傅里叶系数实部的充分条件,即

$$p_1(t) = \cos \omega_p t$$

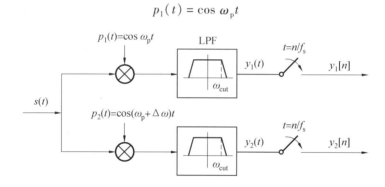

图 2.7 基于双通道余弦调制滤波的采样结构

定理 2.1 考虑如式(2.1)所示的脉冲序列(输入信号):

$$s(t) = \sum_{k=1}^{K} c_k h(t - t_k)$$

其最大频率为 ω_{max}。输入信号 $s(t)$ 通过功分器分流为两个通道后,分别采用余弦信号

$$\begin{cases} p_1(t) = \cos \omega_p t \\ p_2(t) = \cos (\omega_p + \Delta\omega) t \end{cases}$$

进行调制,调制后的信号经过截止频率为 ω_{cut} 的 LPF 滤波。假设调制频率分别满足

$$\begin{cases} 0 < \Delta\omega < \omega_{cut} \\ 0 < \omega_p < \omega_{max} - \Delta\omega \end{cases}$$

令 $M = \lfloor \omega_{cut}/\Delta\omega \rfloor$,$Y_1(\omega)$ 和 $Y_2(\omega)$ 分别为两个通道滤波后信号的 CTFT。那么,从这两个混叠的频谱 $Y_1(\omega)$ 和 $Y_2(\omega)$ 中可以求解出 $2M + 2$ 个输入信号 $s(t)$

的傅里叶系数实部,即

$$U = \{S_R(\omega_p + b\Delta\omega) \mid b = -M, 1-M, \cdots, M+1\}$$

式中,$S_R(\cdot)$ 是傅里叶系数 $S(\cdot)$ 的实部。

证明　根据假设条件可知,两个调制信号分别为

$$\begin{cases} p_1(t) = \cos \omega_p t \\ p_2(t) = \cos (\omega_p + \Delta\omega)t \end{cases}$$

式中,$0 < \Delta\omega < \omega_{cut}, 0 < \omega_p < \omega_{max} - \Delta\omega$。

根据式(2.10),调制过程将产生两个混叠的频谱,可表示为

$$\begin{cases} Y_1(\omega) = \dfrac{1}{2}[S(\omega + \omega_p) + S(\omega - \omega_p)] \\ Y_2(\omega) = \dfrac{1}{2}[S(\omega + \omega_p + \Delta\omega) + S(\omega - \omega_p - \Delta\omega)] \end{cases} \tag{2.12}$$

式中,$|\omega| < \omega_{cut}$;$Y_1(\omega)$、$Y_2(\omega)$ 分别是调制频率为 ω_p 和 $\omega_p + \Delta\omega$ 的两个通道滤波后信号的 CTFT。

为了利用式(2.12)解频谱混叠,首先需要找出频谱 $S(\omega)$ 和 $S(-\omega)$ 之间的关系。根据欧拉公式 $e^{-j\omega} = \cos\omega - j\sin\omega$,可将输入信号 $s(t)$ 的频谱 $S(\omega)$ 展开为

$$S(\omega) = \int_{-\infty}^{\infty} s(t) e^{-j\omega t} dt = \int_{-\infty}^{\infty} s(t)(\cos\omega t - j\sin\omega t) dt$$

$$= \int_{-\infty}^{\infty} s(t)\cos\omega t dt - j\int_{-\infty}^{\infty} s(t)\sin\omega t dt \tag{2.13}$$

令 $S^*(\omega)$ 为复数 $S(\omega)$ 的复共轭,那么有

$$S^*(\omega) = \int_{-\infty}^{\infty} s(t)\cos\omega t dt + j\int_{-\infty}^{\infty} s(t)\sin\omega t dt = S(-\omega) \tag{2.14}$$

将关系式 $S^*(\omega) = S(-\omega)$ 代入式(2.12)中,可得

$$\begin{cases} Y_1(\omega) = \dfrac{1}{2}[S(\omega_p + \omega) + S^*(\omega_p - \omega)] \\ Y_2(\omega) = \dfrac{1}{2}[S(\omega_p + \Delta\omega + \omega) + S^*(\omega_p + \Delta\omega - \omega)] \end{cases} \tag{2.15}$$

式中,$|\omega| < \omega_{cut}$。

接下来讨论利用式(2.15)来解决频谱混叠问题的具体实施步骤,按照此步骤将可以从混叠的频谱中获取一组输入信号 $s(t)$ 的傅里叶系数实部 $\{S_R(\omega_p)$, $S_R(\omega_p \pm \Delta\omega), S_R(\omega_p \pm 2\Delta\omega), \cdots\}$,其中,$S_R(\omega)$ 表示复数 $S(\omega)$ 的实部。

(1)计算初值。令 $\omega = 0$,那么式(2.15)可表示为

$$\begin{cases} Y_1(0) = \dfrac{1}{2}\big[S(\omega_p) + S^*(\omega_p)\big] = S_R(\omega_p) \\[2mm] Y_2(0) = \dfrac{1}{2}\big[S(\omega_p + \Delta\omega) + S^*(\omega_p + \Delta\omega)\big] = S_R(\omega_p + \Delta\omega) \end{cases} \tag{2.16}$$

这样就从混叠的频谱 $Y_1(\omega)$ 和 $Y_2(\omega)$ 中获得了两个输入信号 $s(t)$ 在频点 ω_p 和 $\omega_p + \Delta\omega$ 处的傅里叶系数实部信息,即初值为

$$\begin{cases} S_R(\omega_p) = Y_1(0) \\[1mm] S_R(\omega_p + \Delta\omega) = Y_2(0) \end{cases}$$

（2）迭代更新。令 $\omega = m\Delta\omega$,其中 $m = 1,2,\cdots,M(M = \lfloor \omega_{\mathrm{cut}}/\Delta\omega \rfloor)$,根据式 (2.16),第一个调制通道(调制频率为 ω_p)中滤波后的信号 $y_1(t)$ 的频谱可表示为

$$Y_1(m\Delta\omega) = \frac{1}{2}\big[S(\omega_p + m\Delta\omega) + S^*(\omega_p - m\Delta\omega)\big] \tag{2.17}$$

为了利用初值 $S_R(\omega_p)$ 求 $S_R(\omega_p - \Delta\omega)$,将 $S^*(\omega_p - m\Delta\omega)$ 移到式(2.17)左边并取其实部,有

$$S_R(\omega_p - m\Delta\omega) = 2Y_{1R}(m\Delta\omega) - S_R(\omega_p + m\Delta\omega) \tag{2.18}$$

同理,第二个调制通道(调制频率为 $\omega_p + \Delta\omega$)中滤波后的信号 $y_2(t)$ 的频谱可表示为

$$Y_2(m\Delta\omega) = \frac{1}{2}\big[S(\omega_p + (m+1)\Delta\omega) + S^*(\omega_p - (m-1)\Delta\omega)\big] \tag{2.19}$$

为了利用初值 $S_R(\omega_p + \Delta\omega)$ 求 $S_R(\omega_p + 2\Delta\omega)$,将 $S(\omega_p + (m+1)\Delta\omega)$ 移到式 (2.19) 左边并取其实部,有

$$S_R(\omega_p + (m+1)\Delta\omega) = 2Y_{2R}(m\Delta\omega) - S_R(\omega_p - (m-1)\Delta\omega) \tag{2.20}$$

因此,当 $M = \lfloor \omega_{\mathrm{cut}}/\Delta\omega \rfloor \geqslant 1$ 时,除了初值 $S_R(\omega_p)$ 和 $S_R(\omega_p + \Delta\omega)$ 以外,还能够从混叠的频谱 $Y_1(\omega)$ 和 $Y_2(\omega)$ 中获取额外的傅里叶系数实部信息 $S_R(\omega)$。

总之,利用式(2.16)计算出初值 $S_R(\omega_p)$ 和 $S_R(\omega_p + \Delta\omega)$ 之后,结合式 (2.17) 和式(2.19),能够很容易地推导出频谱解混叠的迭代公式为

$$\begin{cases} S_R(\omega_p) = Y_1(0) \\[1mm] S_R(\omega_p + \Delta\omega) = Y_2(0) \\[1mm] S_R(\omega_p - m\Delta\omega) = 2Y_{1R}(m\Delta\omega) - S_R(\omega_p + m\Delta\omega) \\[1mm] S_R(\omega_p + (m+1)\Delta\omega) = \\[1mm] \quad S_R(\omega_p + (m-1)\Delta\omega) - 2Y_{1R}((m-1)\Delta\omega) + 2Y_{2R}(m\Delta\omega) \end{cases} \tag{2.21}$$

式中,$m = 1,2,\cdots,M(M = \lfloor \omega_{\mathrm{cut}}/\Delta\omega \rfloor \geqslant 1)$。

通过式(2.21),即能够获取 $2M + 2$ 个输入信号 $s(t)$ 的傅里叶系数实部如下:

$$U = \{S_R(\omega_p + b\Delta\omega) \mid b = -M, 1 - M, \cdots, M + 1\} \qquad (2.22)$$

式中, U 是输入信号 $s(t)$ 的傅里叶系数实部。

定理证毕。

将定理 2.1 的频谱解混叠过程进行总结, 即可得到频谱解混叠算法, 如算法 2.1 所示。

输入: 调制频率 ω_p, 调制频率错开值 $\Delta\omega$, 混叠的频谱 $Y_1(\omega)$ 和 $Y_2(\omega)$, LPF 的截止频率 ω_{cut}。

输出: 一组输入信号 $s(t)$ 的傅里叶系数实部 U。

1　$S_R(\omega_p) = Y_1(0)$ (计算初值);

2　$S_R(\omega_p + \Delta\omega) = Y_2(0)$ (计算初值);

3　$M = \lfloor \dfrac{\omega_{cut}}{\Delta\omega} \rfloor$;

4　if $M = 0$ then

5　$\quad | U = \{S_R(\omega_p), S_R(\omega_p + \Delta\omega)\}$ (获取 2 个傅里叶系数实部);

6　end

7　else

8　$\quad$ for $m = 1$ to M do

9　$\quad\quad S_R(\omega_1 - m\Delta\omega) = 2Y_{1R}(m\Delta\omega) - S_R(\omega_1 + m\Delta\omega)$;

10　$\quad\quad S_R(\omega_p + (m + 1)\Delta\omega) = S_R(\omega_p + (m - 1)\Delta\omega) - 2Y_{1R}((m - 1)\Delta\omega) + 2Y_{2R}(m\Delta\omega)$;

11　$\quad$ end

12　$\quad U = \{S_R(\omega_p + b\Delta\omega) \mid b = -M, 1 - M, \cdots, M + 1\}$ (获取 $2M + 2$ 个傅里叶系数实部)。

13　end

算法 2.1　频谱解混叠算法

利用频谱解混叠算法, 能够很容易地从两个调制频率相近的采样通道中获取一组输入信号 $s(t)$ 的傅里叶系数实部集合。在 2.3 节中, 本书将基于该频谱解混叠算法, 提出一种基于交错调制的多通道 FRI 采样结构, 目的是获取输入信号 $s(t)$ 离散分布的任意频点位置的傅里叶系数实部信息。

2.3　基于交错调制的多通道 FRI 采样结构

2.3.1　系统描述

研究表明, 采用多段非连续的、离散分布的脉冲序列 $s(t)$ 的频谱信息, 能得到更高的参数估计精度以及更好的噪声鲁棒性。鉴于此,为了获取离散分布的傅里叶系数实部信息,本节提出一种多通道模拟预处理方案,如图 2.8 所示,该方案主要包含多通道 FRI 采样结构和数字信号处理过程两部分,首先,将输入的脉冲序列 $s(t)$ 分流至多个通道后,分别进行模拟预处理和低速 ADC 采样操作,模拟预处理的目的是获取输入信号离散分布的多个频带的频谱信息;在数字域,对采集到的样本执行 DFT 运算以获取混叠的傅里叶系数,然后执行频谱解混叠算法和参数估计算法,从而恢复输入信号 $s(t)$ 的未知参数信息。

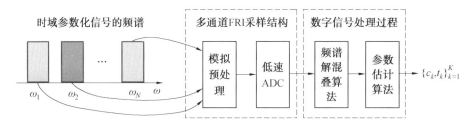

图 2.8   多通道模拟预处理方案

由于多通道 FRI 采样结构的调制频率可随机选取,因此将该结构称为基于交错调制的多通道 FRI 采样系统,如图 2.9 所示。该系统由 $2P(P \geqslant 1$ 且 $P \in \mathbf{Z})$ 个并行的采样通道组成,每个采样通道都是由 1 个乘法器、1 个 LPF 和 1 个低速 ADC 组成,硬件结构非常简单且容易实现。根据算法 2.1 可知,如果对于任意的两个通道 $2i - 1$ 和 $2i(i \in \{1,2,\cdots,P\})$,调制频率分别为 ω_i 和 $\omega_i + \Delta\omega$,满足关系式 $0 < \Delta\omega < \omega_{\text{cut}}$ 和 $0 < \omega_i < \omega_{\text{max}} - \Delta\omega$,其中 ω_{max} 是输入信号 $s(t)$ 的最大频率,ω_{cut} 是 LPF 的截止频率,那么利用频谱解混叠算法 2.1,就可以从采样通道 $2i - 1$ 和 $2i$ 中获取 $2M + 2(M = \lfloor \omega_{\text{cut}}/\Delta\omega \rfloor)$ 个输入信号 $s(t)$ 的傅里叶系数实部,即

$$U_i = \{S_{\text{R}}(\omega_i + b\Delta\omega) \mid b = -M, 1 - M, \cdots, M + 1\}$$

为了便于计算,令 $\omega_i = m_i\Delta\omega$,其中 m_i 是一个正整数。那么所获取的傅里叶系数实部可以表示为

$$U_i = \left\{S_{\text{R}}((m_i + b)\Delta\omega) \mid m_i = \frac{\omega_i}{\Delta\omega}; b = -M, 1 - M, \cdots, M + 1\right\} \quad (2.23)$$

此外,为了避免模拟数字转换过程中出现镜像频率混叠,根据奈奎斯特采样定理,ADC 的采样率必须满足 $f_s \geqslant 2f_{\text{cut}} = \omega_{\text{cut}}/\pi$。

基于交错调制的多通道 FRI 采样系统是由 $2P$ 个并行的采样通道组成,因此利用频谱解混叠算法 2.1 就可以获取输入信号 $s(t)$ 的 P 组离散分布的傅里叶系数实部信息。为了使这 P 组频谱信息互相区分开,即使任意的两组傅里叶系数实部之间无交叠,调制频率也必须满足以下条件,即

$$|\omega_i - \omega_j| \geqslant 2\omega_{\text{cut}} + \Delta\omega, \quad \forall i \neq j \tag{2.24}$$

式中，$i,j \in \{1,2,\cdots,P\}$。

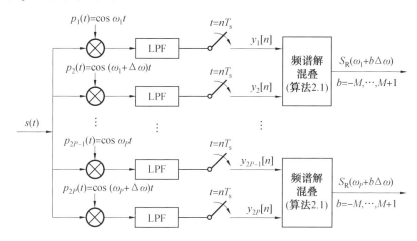

图 2.9　基于交错调制的多通道 FRI 采样系统

此时，从所有 $2P$ 个通道中获取的 $(2M+2)P$ 个傅里叶系数实部集合可表示为

$$U = \{U_1, U_2, \cdots, U_P\} \tag{2.25}$$

式中，集合 U 又称为采样系统的测量值。

数字信号处理过程主要包含频谱解混叠和参数估计两部分。其中，频谱解混叠过程采用上一节提出的频谱解混叠算法 2.1，而参数估计过程采用下一节将提出的参数估计算法 2.2。为了便于分析本章所提出的 FRI 采样系统的参数设置，这里提前给出该参数估计算法 2.2 的结论，即脉冲序列 $s(t)$ 中未知的时延和幅值参数能够由 $L = (2M+2)P \geqslant \varepsilon K \lg(N/K)$ 个傅里叶系数实部 $S_{\text{R}}[m]$ 唯一确定。此处，ε 为一较小的常数，N 为时域区间 $[0,T]$ 量化的网格个数。

为了更加清晰地描述本章所提出的多通道 FRI 采样系统，现给出所有系统参数的设置方法。

① 输入信号参数。输入信号为式（2.1）所示的脉冲序列 $s(t)$，由 K 个脉冲组成，其时域范围为 $[0,T]$，最大频率为 ω_{max}。

② 采样系统组成。系统包含多通道 FRI 采样结构和数字信号处理过程两部分。多通道 FRI 采样结构由 $2P(P \geqslant 1$ 且 $P \in \mathbf{Z})$ 个并行的采样通道组成，每个通道中包含了 1 个乘法器、1 个 LPF 和 1 个低速 ADC；数字信号处理过程则包含了频谱解混叠算法和参数估计算法两部分。

③ 多通道 FRI 采样结构参数。调制频率设置为 $\omega_i = m_i \Delta\omega$ 和 $\omega_i + \Delta\omega$，其中

$i = 1, 2, \cdots, P$；m_i 为正整数，且满足式（2.24）。LPF 的截止频率设置为 ω_{cut}，且满足 $0 < \Delta\omega < \omega_{cut} < \omega_{max}$；ADC 的采样率满足 $f_s \geqslant 2f_{cut} = \omega_{cut}/\pi$。

④ 数字信号处理过程参数。采用频谱解混叠算法 2.1，能够从 $2P$ 个采样通道的样本中获取 $L = (2M + 2)P$ 个傅里叶系数实部，其中 $M = \lfloor \omega_{cut}/\Delta\omega \rfloor$；在下一节介绍的参数估计算法中，时域间隔 $[0, T)$ 被量化为 N 个均匀的网格，为了估计出 $2K$ 个输入信号 $s(t)$ 未知参数 $\{c_k, t_k\}_{k=1}^{K}$，系统参数 P、ω_{cut} 和 $\Delta\omega$ 之间的关系应该满足

$$L = (2\lfloor \omega_{cut}/\Delta\omega \rfloor + 2)P \geqslant \varepsilon K \lg(N/K)$$

式中，ε 为一个依据经验选取的很小的常数。

2.3.2　信号的同步问题

本章提出的如图 2.9 所示的多通道采样结构要求各采样通道之间是精确同步的。然而，在实际应用中，由于物理元器件和传输通道之间的差异性，同步问题往往是无法避免的。为此，本节主要讨论各采样通道之间的同步问题以及解决方法。

解决各采样通道之间同步问题最直接的方法是在物理层面，如保持等长的传输延时线、选择无延时的物理元器件、采用精确的时钟触发控制信号等。

除了在物理层面减少同步问题的影响外，还可以通过校准的方式来解决同步问题。

在信号采样之前，采用已知信号输入到采样系统中，从而测量出各采样通道之间的相对延时。假设第 p 个采样通道的延时为 Δt_p，那么在信号不完全同步的情况下，该通道的实际输入信号可表示为

$$s'_p(t) = s(t - \Delta t_p) \tag{2.26}$$

该输入信号 $s'_p(t)$ 与余弦信号 $p(t) = \cos \omega_p t$ 相乘后，得到混频信号 $y'_p(t) = s'_p(t)p(t)$ 的频谱可表示为

$$\begin{aligned}
Y'_p(\omega) &= \int_{-\infty}^{\infty} s(t - \Delta t_p)p(t) e^{-j\omega t} dt \\
&= \frac{1}{2}\left[S(\omega + \omega_p) e^{-j(\omega+\omega_p)\Delta t_p} + S(\omega - \omega_p) e^{-j(\omega-\omega_p)\Delta t_p} \right] \\
&= \frac{1}{2}\left[S(\omega + \omega_p) e^{-j\omega_p \Delta t_p} + S(\omega - \omega_p) e^{j\omega_p \Delta t_p} \right] e^{-j\omega \Delta t_p} \tag{2.27}
\end{aligned}$$

将式（2.27）两边同时乘 $e^{j\omega \Delta t_p}$，可得

$$Y'_p(\omega) e^{j\omega \Delta t_p} = \frac{1}{2}\left[S(\omega + \omega_p) e^{-j\omega_p \Delta t_p} + S(\omega - \omega_p) e^{j\omega_p \Delta t_p} \right] \tag{2.28}$$

由于经过物理层面的调整后,各通道之间的延时 Δt_p 将变得非常小。假设延时满足 $\Delta t_p \ll 1/\omega_p$,那么有 $\mathrm{e}^{-\mathrm{j}\omega_p \Delta t_p} \to 1$ 和 $\mathrm{e}^{\mathrm{j}\omega_p \Delta t_p} \to 1$,结合式(2.12),消除同步影响后混叠信号的频谱可表示为

$$Y_p(\omega) \approx Y_p'(\omega) \mathrm{e}^{\mathrm{j}\omega \Delta t_p} \tag{2.29}$$

可见,经过测量得到延时 Δt_p 之后,混叠信号的频谱可以通过式(2.29)进行校准。将式(2.29)的计算结果作为频谱解混叠算法 2.1 的输入,同样可精确地计算出输入信号的傅里叶系数实部,从而消除同步问题的影响。

2.4　基于时域稀疏性的参数估计算法

根据 2.3 节分析,从本章所提出的基于交错调制的多通道 FRI 采样系统中能够获取离散分布的多组输入信号 $s(t)$ 的傅里叶系数实部信息,接下来本节将讨论如何利用所获取的傅里叶系数实部信息来估计出输入信号 $s(t)$ 的未知参数。

2.4.1　参数估计问题

根据 FRI 采样理论,要想从一组傅里叶系数 $S[m]$ 中估计出输入信号 $s(t)$ 的未知参数 $\{c_k, t_k\}_{k=1}^{K}$,只需采用谱估计算法求解式(2.5)即可,所需的傅里叶系数至少为 $2K$ 个。然而,根据 2.3 节分析,从本章所提出的采样结构中能够获得 $L = (2M+2)P$ 个输入信号 $s(t)$ 的傅里叶系数实部 $S_R(m\Delta\omega)$,即系统测量值为

$$U = \{S_R(m\Delta\omega)\}_{m \in \kappa}$$

式中,κ 为系统所获取的傅里叶系数频点位置集合,$\kappa = \{m_i + b \mid m_i = \omega_i/\Delta\omega; i = 1, 2, \cdots, P; b = -M, 1-M, \cdots, M+1\}$。

由于无法获取输入信号 $s(t)$ 的傅里叶系数虚部信息 $S_I(m\Delta\omega)$,因此需要对仅利用傅里叶系数实部信息 $S_R(m\Delta\omega)$ 的参数估计算法展开研究。

为了从傅里叶系数实部 $S_R(m\Delta\omega)$ 中估计输入信号 $s(t)$ 的参数信息,首先对 $S_R(m\Delta\omega)$ 的具体数学模型展开分析。由于基函数 $h(t)$ 的傅里叶系数 $H(m\Delta\omega)$ 是一个复数,可将其表示为如下复指数的形式:

$$H(m\Delta\omega) = \alpha_m \mathrm{e}^{\mathrm{j}\beta_m} \tag{2.30}$$

式中,$\alpha_m \sqrt{}\, \beta_m$ 分别表示复数 $H(m\Delta\omega)$ 的模和相位,是已知的。

根据欧拉公式,有

$$\mathrm{e}^{-\mathrm{j}m\Delta\omega t_k} = \cos m\Delta\omega t_k - \mathrm{j}\sin m\Delta\omega t_k$$

将其代入式(2.3)中,有

$$S(m\Delta\omega) = H(m\Delta\omega)\sum_{k=1}^{K}c_k e^{-jm\Delta\omega t_k} = \sum_{k=1}^{K}c_k\alpha_m e^{-j(m\Delta\omega t_k - \beta_m)}$$

$$= \sum_{k=1}^{K}c_k\alpha_m\big[\cos(m\Delta\omega t_k - \beta_m) - j\sin(m\Delta\omega t_k - \beta_m)\big] \quad (2.31)$$

对式(2.31)的两边同时取实部,可得

$$S_R(m\Delta\omega) = \sum_{k=1}^{K}c_k\alpha_m\cos(m\Delta\omega t_k - \beta_m) \quad (2.32)$$

从式(2.32)可以看出,傅里叶系数实部 $S_R(m\Delta\omega)$ 中包含了输入信号 $s(t)$ 的所有未知参数信息 $\{c_k,t_k\}_{k=1}^{K}$。因此可以通过给定一组傅里叶系数实部 $S_R(m\Delta\omega)$ 来对未知参数 $\{c_k,t_k\}_{k=1}^{K}$ 进行估计。在下一小节中,将讨论如何利用本章所提出的多通道 FRI 采样系统的测量值 $U = \{S_R(m\Delta\omega)\}_{m\in\kappa}$ 来估计输入信号 $s(t)$ 的未知参数 $\{c_k,t_k\}_{k=1}^{K}$。

2.4.2　参数估计算法

以下结论给出了脉冲序列的 $2K$ 个未知参数 $\{c_k,t_k\}_{k=1}^{K}$ 能够由输入信号的一组傅里叶系数实部精确估计的充分条件。

定理 2.2　考虑如式(2.1)所示的脉冲序列 $s(t) = \sum_{k=1}^{K}c_k h(t-t_k)$, $t\in[0,$ $T)$,其中,基函数 $h(t)$ 及时延参数 t_k 的个数 K 是已知的。将模拟时间区间 $t\in$ $[0,T)$ 量化为 N 个均匀的网格,那么未知的时延和幅值参数 $\{c_k,t_k\}_{k=1}^{K}$ 能够由 $L\geqslant\varepsilon K\lg(N/K)\ll N$($\varepsilon$ 为一个很小的常数)个输入信号 $s(t)$ 傅里叶系数实部 $S_R(m\Delta\omega)$ 精确估计。

下面对上述结论进行证明。

将模拟时间区间 $t\in[0,T)$ 量化为 N 个均匀的网格,假设网格大小为 $\delta = T/N$。那么,模拟时间量 t 可以近似表示为 $t = n\delta$,其中,$n = 0,1,\cdots,N-1$。未知的时延参数可以近似表示为 $t_k\approx n_k\delta$,其中 $n_k\in\{0,1,\cdots,N-1\}$ 代表时延参数 t_k 的量化数值。经过量化以后,式(2.32)可以近似表示为

$$S_R(m\Delta\omega) \approx \sum_{k=1}^{K}c_k\alpha_m\cos(m\Delta\omega n_k\delta - \beta_m) \quad (2.33)$$

式中,m 为本章所提出的采样系统所获取的傅里叶系数频点位置集合 κ 中的基本元素,$m = \kappa_1,\kappa_2,\cdots,\kappa_L$。

将式(2.33)写成矩阵 – 向量的形式:

$$\begin{bmatrix} u_{\kappa_1} \\ u_{\kappa_2} \\ \vdots \\ u_{\kappa_L} \end{bmatrix} = \begin{bmatrix} d_{\kappa_1,n_1} & \cdots & d_{\kappa_1,n_K} \\ d_{\kappa_2,n_1} & \cdots & d_{\kappa_2,n_K} \\ \vdots & \vdots & \vdots \\ d_{\kappa_L,n_1} & \cdots & d_{\kappa_L,n_K} \end{bmatrix} \begin{bmatrix} c_1 \\ c_2 \\ \vdots \\ c_K \end{bmatrix} \tag{2.34}$$

式中, $u_{\kappa_i} = S_R(\kappa_i \Delta \omega)$, $d_{\kappa_i,n_k} = \alpha_{\kappa_i} \cos(\kappa_i \Delta \omega n_k \delta - \beta_{\kappa_i})$ 为集合 κ 中的基本元素, $\kappa_i (i = 1, 2, \cdots, L)$。

　　由于输入信号 $s(t)$ 的时域取值范围为 $t \in [0, T)$, 以 δ 为间隔对时域区间 $[0, T)$ 进行量化处理后, 即可得到模拟时间量 t 的完备集合, 可表示为 $\eta = \{0, \delta, 2\delta, \cdots, (N-1)\delta\}$, 其中 $N = T/\delta$。又由于时延参数 t_k 的集合可表示为 $\gamma = \{n_1\delta, n_2\delta, \cdots, n_k\delta\}$, 其中 $K \ll N$。因此经过量化后, 时延参数 t_k 的集合 γ 是模拟时间量 t 的完备集合 η 的一个子集, 即 $\gamma \subset \eta$。如果用完备集合 η 来代替时延参数集合 γ, 那么式(2.34) 可以表示为一个稀疏向量线性组合的形式, 即

$$\begin{bmatrix} u_{\kappa_1} \\ u_{\kappa_2} \\ \vdots \\ u_{\kappa_L} \end{bmatrix} = d_{\kappa_L,0} \begin{bmatrix} d_{\kappa_1,0} & \cdots & d_{\kappa_1,N-1} \\ d_{\kappa_2,0} & \cdots & d \\ \vdots & \vdots & \vdots \\ d_{\kappa_L,0} & \cdots & d_{\kappa_L,N-1} \end{bmatrix} \begin{bmatrix} s_0 \\ s_1 \\ \vdots \\ s_{N-1} \end{bmatrix} \tag{2.35}$$

式中, $[s_0, s_1, \cdots, s_{N-1}]^T$ 是一个大小为 $N \times 1$ 的向量, 由 K 个非零的幅值参数元素 $\{c_k\}_{k=1}^K$ 和 $N - K$ 个零元素组成。

　　因此有 $s_{n_k} = c_k$, 其中 $k = 1, 2, \cdots, K$ 和 $n_k \in \{0, 1, \cdots, N-1\}$。这样就将求解式 (2.34) 所示的线性方程组问题转换为从向量 $[s_0, s_1, \cdots, s_{N-1}]^T$ 中寻找出 K 个非零元素 $\{c_k\}_{k=1}^K$ 的问题。为了简化起见, 将式(2.35) 写成矩阵 – 向量的形式:

$$\boldsymbol{u} = \boldsymbol{D}\boldsymbol{s} \tag{2.36}$$

式中, $\boldsymbol{u}$ 是一个大小为 $L \times 1$ 的向量, 由 L 个傅里叶系数实部 $u_{\kappa_i} = S_R(\kappa_i \Delta \omega)(i = 1, 2, \cdots, L)$ 组成; $\boldsymbol{D}$ 是一个大小为 $L \times N$ 的矩阵, 由向量组 $\boldsymbol{\phi}_{\kappa_i} = c_{\kappa_i}[\cos \varphi_{\kappa_i}, \cos(\kappa_i \Delta \omega \delta - \varphi_{\kappa_i}), \cdots, \cos(\kappa_i \Delta \omega (N-1)\delta - \varphi_{\kappa_i})]$ 组成, $\boldsymbol{D} = [\boldsymbol{\phi}_{\kappa_1}; \boldsymbol{\phi}_{\kappa_2}; \cdots; \boldsymbol{\phi}_{\kappa_L}]$, 其中 $\kappa_i (i = 1, 2, \cdots, L)$ 是本章所提出的采样系统所获取的傅里叶系数频点位置集合 κ 中的基本元素; $\boldsymbol{s}$ 是一个 K 稀疏的向量, $\boldsymbol{s} \in \mathbf{R}^{N \times 1}$, 其非零元素的索引即为量化后的时延参数值 $\{n_k\}_{k=1}^K$, 对应的非零元素值即为量化后的幅值参数值 $\{c_k\}_{k=1}^K$。

　　求解式(2.35) 最直接的方法是将其转化为一个 L_0 范数最小化问题, 可表示为

$$\begin{cases} \hat{\boldsymbol{s}} = \arg\min \parallel \boldsymbol{s} \parallel_0 \\ \text{s. t.} \quad \boldsymbol{u} = \boldsymbol{Ds} \end{cases} \tag{2.37}$$

式中,L_0 范数 $\parallel \boldsymbol{s} \parallel_0$ 表示稀疏向量 $\boldsymbol{s}$ 中的非零元素个数。

式(2.37)是一个典型的 NP 难题,可以由正交匹配追踪(Orthogonal Matching Pursuit,OMP)算法求解的前提条件是观测矩阵 $\boldsymbol{D}$ 满足有限等距约束 (Restricted Isometry Property,RIP)条件,其具体定义如下。

定义 2.1 考虑观测矩阵 $\boldsymbol{D}$,对于任意的 K 稀疏向量 $\boldsymbol{s}$,如果存在 $\delta_K \in (0, 1)$,使得不等式

$$(1 - \delta_K) \parallel \boldsymbol{s} \parallel_2^2 \leq \parallel \boldsymbol{Ds} \parallel_2^2 \leq (1 + \delta_K) \parallel \boldsymbol{s} \parallel_2^2 \tag{2.38}$$

恒成立,那么称矩阵 $\boldsymbol{D}$ 满足 K 阶 RIP 条件。

如果矩阵 $\boldsymbol{D}$ 满足 $2K$ 阶 RIP 条件,那么通过观测向量 $\boldsymbol{u}$ 能够唯一地恢复 K 稀疏向量 $\boldsymbol{s}$。事实上,由于观测矩阵 $\boldsymbol{D}$ 是由连续而非随机的频率成分构成,RIP 条件难以满足。幸运的是,依据一定准则合理地选择频率参数能够使观测矩阵 $\boldsymbol{D}$ 很大概率上满足 RIP 条件。记观测向量值 $\boldsymbol{u}$ 中各元素对应的频率成分为 $\{f_l\}_{l=1}^L$,其选择准则为

$$\delta = \frac{1}{\varepsilon \cdot \max\limits_{i,j=1,2,\cdots,L} \mid f_i - f_j \mid} \tag{2.39}$$

式中,ε 为经验常数,在本章下一节的仿真实验中,根据多次测试的经验设置 $\varepsilon = 5$。

在观测矩阵 $\boldsymbol{D}$ 满足 RIP 条件的前提下,当系统观测向量 $\boldsymbol{u}$ 的长度满足 $L \geq \varepsilon K \lg (N/K) \ll N$ 时,其中 ε 为一个很小的常数,采用 OMP 算法求解式(2.37),解可由 $\boldsymbol{u}$ 中精确地恢复出长度为 N 的 K 稀疏向量 $\boldsymbol{s}$ 来。

当恢复出 K 稀疏向量 $\boldsymbol{s}$ 之后,向量 $\boldsymbol{s}$ 中的 K 个非零元素的索引值即为时延参数的量化值 $n_k (k = 1, 2, \cdots, K)$,即时延参数可估计为 $\hat{t}_k = \hat{n}_k \delta$,对应的幅值参数值可估计为 $\hat{c}_k = \hat{s} [\hat{n}_k]$。由于输入信号 $s(t)$ 是一种基函数 $h(t)$ 先验已知的,可由时延参数和幅值参数唯一确定的脉冲序列,因此重构的信号可表示为

$$\hat{s}(t) = \sum_{k=1}^K \hat{c}_k h(t - \hat{t}_k), \quad t \in [0, T] \tag{2.40}$$

式中,T 为信号的时间长度。

将上述输入信号 $s(t)$ 的重构过程进行总结,即可得到基于时域稀疏性的参数估计算法 2.2。利用该算法,能够很容易地从一组傅里叶系数实部中估计出未知的时延和幅值参数 $\{\hat{c}_k, \hat{t}_k\}_{k=1}^K$,进而恢复输入信号 $s(t)$。然而该算法要求时延参数 $\{t_k\}_{k=1}^K$ 都正好在量化的网格上,即忽略量化误差的影响,这种情况在实际中并不常见。为此,在下一节中,将分析量化误差对于参数估计算法 2.2 精度的影响。

输入:基函数频谱 $H(\omega)$;脉冲个数 K;信号的时域长度 T;对时域区间 $[0,T]$ 量化的网格数 N;从
　　采样系统获取的 L 个傅里叶系数实部 $U = \{S_R(m\Delta\omega)\}_{m\in\kappa}$,其中 $L \geqslant \varepsilon K\lg(N/K) \ll N$。

输出:估计的时延和幅值参数 $\{\hat{c}_k,\hat{t}_k\}_{k=1}^{K}$。

1　$\delta = T/N$(对时域区间 $[0,T]$ 进行等间隔量化)。

2　for $m = 1$ to M do

3　　$m = \kappa_i$;

4　　$\alpha_m = abs(H(m\Delta\omega))$(计算复数 $H(k\Delta\omega)$ 的模);

5　　$\beta_m = angle(H(m\Delta\omega))$(计算复数 $H(k\Delta\omega)$ 的相位);

6　　$\boldsymbol{\phi}_m = \alpha_m[\cos\beta_m, \cos(m\Delta\omega\delta - \beta_m), \cdots, \cos(m\Delta\omega(N-1)\delta - \beta_m)]$;

7　end

8　$\boldsymbol{D} = [\boldsymbol{\phi}_{\kappa_1}; \boldsymbol{\phi}_{\kappa_2}; \cdots; \boldsymbol{\phi}_{\kappa_L}]$(组成观测矩阵 $\boldsymbol{D}$);

9　$\hat{\boldsymbol{s}} = \arg\min \|\boldsymbol{s}\|_0$, s.t. $\boldsymbol{u} = \boldsymbol{Ds}$(采用 OMP 算法求解 L_0 范数优化问题);

10　$\{\hat{n}_k\}_{k=1}^{K} = find(\hat{\boldsymbol{s}} \neq 0)$(找出非零元素的索引值);

11　for $k = 1$ to K do

12　　$\hat{t}_k = \hat{n}_k\delta$(估计时延参数);

13　　$\hat{c}_k = \hat{\boldsymbol{s}}[\hat{n}_k]$(估计幅值参数)。

14　end

算法 2.2　基于时域稀疏性的参数估计算法

2.4.3　量化误差的影响分析

考虑到在实际应用中,信号 $s(t)$ 的时延参数不一定正好在网格上。当时延参数不在网格上时,可将其表示为 $t_k = n_k\delta + \sigma_k$,其中 $n_k \in \{0, 1\cdots, N-1\}$ 是时延参数 t_k 的量化数值,$\sigma_k \in [0, \delta)$ 是量化误差。引入了量化误差之后,式(2.32)可重写为

$$
\begin{aligned}
S_R(m\Delta\omega) &= \sum_{k=1}^{K} c_k\alpha_m\cos(m\Delta\omega n_k\delta + m\Delta\omega\sigma_k - \beta_m) \\
&= \sum_{k=1}^{K} c_k\alpha_m[\cos(m\Delta\omega n_k\delta - \beta_m)\cos m\Delta\omega\sigma_k - \\
&\quad \sin(m\Delta\omega n_k\delta - \beta_m)\sin m\Delta\omega\sigma_k]
\end{aligned}
\tag{2.41}
$$

由于系统采样样本的 DFT 提供了所需的傅里叶系,为了保持频率间隔的一致性,将频率间隔设置为 $\Delta\omega = 2\pi/T$。由于 $0 \leqslant m\sigma_k < L\delta \ll N\delta = T$,可得 $\sin m\Delta\omega\sigma_k \to 0$ 和 $\cos m\Delta\omega\sigma_k \to 1$。令 $c_k^* = c_k\cos m\Delta\omega\sigma_k$,那么式(2.41)可以转换为

$$
S_R(m\Delta\omega) \approx \sum_{k=1}^{K} c_k^* \alpha_m\cos(m\Delta\omega n_k\delta - \beta_m)
\tag{2.42}
$$

显然,式(2.33)是式(2.42)的近似形式,量化误差将导致估计的幅值参数是原幅值参数的衰减形式,即

$$\hat{c}_k = c_k^* = \mu_k c_k, \quad k = 1, 2, \cdots, K$$

式中

$$\mu_k = \cos m\Delta\omega\sigma_k \to 1$$

估计的时延参数可以表示为 $\hat{t}_k = \hat{n}_k\delta$,其中 $k = 1, 2, \cdots, K$。当测量值(输入信号 $s(t)$ 的傅里叶系数实部)的数量满足 $L \geqslant \varepsilon K\lg(N/K)$ 时,$\hat{n}_k \approx n_k$。所以有 $\hat{t}_k \approx n_k\delta = t_k - \sigma_k$,量化误差将导致估计的时延参数出现偏差。注意到量化误差要小于量化间隔,即 $0 \leqslant \sigma_k < \delta = T/N$,或者 $t_k - T/N < \hat{t}_k \leqslant t_k$,因此可以通过增加量化网格数 N 来减小时延参数 t_k 的估计误差。如果将时延参数 t_k 的估计误差定义为

$$\text{error}_k = \frac{|\hat{t}_k - t_k|}{|t_k|} \tag{2.43}$$

为了使估计误差 $\text{error}_k \leqslant E$,其中 $E \in [0, 1]$,量化的网格数 N 必须满足

$$N \geqslant \frac{T}{E \cdot \min\{t_1, t_2, \cdots, t_K\}} \tag{2.44}$$

式中,$\min\{t_1, t_2, \cdots, t_K\}$ 表示时延参数 $\{t_k\}_{k=1}^K$ 中的最小值。

2.4.4　噪声以及模型不匹配的影响分析

在无噪声干扰的环境下,采用提出的基于时域稀疏性的参数估计算法2.2即能够精确地估计出输入信号 $s(t)$ 的时延参数和幅值参数。接下来将讨论噪声或模型不匹配情况对本章方法的影响。

首先,考虑在噪声环境下,脉冲序列包含了加性噪声,可建模为

$$g(t) = s(t) + n(t) \tag{2.45}$$

式中,$n(t)$ 为加性噪声,是未知的。

结合式(2.32)可得噪声环境下系统所获取的傅里叶系数实部表达式为

$$G_R(m\Delta\omega) = S_R(m\Delta\omega) + N_R(m\Delta\omega) = \sum_{k=1}^K c_k\alpha_m\cos(m\Delta\omega t_k - \beta_m) + n_m \tag{2.46}$$

式中,$n_m = N_R(m\Delta\omega)$;$N_R(\omega)$ 是加性噪声信号 $n(t)$ 的 CTFT。

然后,考虑模型不匹配的情形,在很多实际应用场景中,受到物理元器件非理想特性以及传输过程的影响,脉冲序列的波形可能会产生形变,导致实际的基函数与理想的基函数 $h(t)$ 出现偏差,即为模型不匹配问题。如在无线通信领域,信号在传输过程中通常会出现幅值衰减和多个信号混叠的情形。将波形发生形变的实际基函数表示为 $\tilde{h}(t)$,其傅里叶系数为

$$\widetilde{H}(m\Delta\omega) = H(m\Delta\omega) + r_m e^{j\theta_m} = \alpha_m e^{j\beta_m} + r_m e^{j\theta_m} \qquad (2.47)$$

式中, $r_m e^{j\theta_m}$ 为实际的基函数傅里叶系数 $\widetilde{H}(m\Delta\omega)$ 与理想的基函数傅里叶系数 $H(m\Delta\omega)$ 之间的偏差; r_m 为偏差的幅值; θ_m 为偏差的相位。

根据式(2.3),模型不匹配情形下输入信号 $s(t)$ 的傅里叶系数可计算为

$$\widetilde{G}(m\Delta\omega) = \widetilde{H}(m\Delta\omega) \sum_{k=1}^{K} c_k e^{-jm\Delta\omega t_k} = \sum_{k=1}^{K} c_k \alpha_m e^{-j(m\Delta\omega t_k - \beta_m)} + \sum_{k=1}^{K} c_k r_m e^{-j(m\Delta\omega t_k - \theta_m)}$$

$$(2.48)$$

因此,模型不匹配情形下输入信号 $s(t)$ 的傅里叶系数实部可表示为

$$\widetilde{G}_R(m\Delta\omega) = \sum_{k=1}^{K} c_k \alpha_m \cos(m\Delta\omega t_k - \beta_m) + b_m \qquad (2.49)$$

式中

$$b_m = \sum_{k=1}^{K} c_k r_m \cos(m\Delta\omega t_k - \theta_m)$$

显然,模型不匹配情形下的观测方程式(2.49)与噪声环境下的观测方程式(2.46)具有相类似的数学模型。实际上,噪声问题可以看作是一种特殊的模型不匹配问题,抗噪方法同样适用于模型不匹配的情况。为了提高本章采样方法在存在噪声以及模型不匹配的情况下的稳定性和鲁棒性,可以采用以下措施。

(1)通过随机选取调制频率 $\{\omega_i\}_{i=1}^{P}$ 来提高频率孔径,增大频率孔径将有助于提高系统抗噪性。

(2)系统所获取的样本数越多,信号重构效果越好。为了获取更多的样本,可以通过改变系统参数设置,如选择更大截止频率的 LPF、增加采样通道数等措施来实现。

(3)为了增加时延参数的分辨率并避免相互混淆,采用更大的网格数 N 对时域区间 $[0, T]$ 进行量化,网格数 N 的选择方法可参考相关文献。

(4)在求解如式(2.37)所示的 L_0 范数优化问题时,采用改进的 OMP 算法或其他抗噪性更好的重构算法。

2.5　实验验证与分析

2.5.1　实验参数设置

在前面给出基于交错调制的多通道 FRI 采样方法及参数估计算法的基础上,本节将给出相应的实验验证与分析,实验所采用的被测信号有两种:① 高斯脉冲序列,此类信号的时域形式比较简单,频谱能量主要集中在基带;② 非对称脉冲

序列,此类信号的时域形式较为复杂,频谱形式不固定。值得注意的是,根据前面的分析可知,信号参数的估计过程与基函数的形式即脉冲波形无关,因此本次实验的两个被测信号分别选取高斯脉冲序列和非对称脉冲序列作为基函数。

1. 高斯脉冲序列

考虑如下形式的高斯脉冲序列:

$$s(t) = \sum_{k=1}^{K} c_k \mathrm{e}^{-\frac{(t-t_k)^2}{2\sigma^2}}, \quad t \in [0, T] \qquad (2.50)$$

式中,T 为信号时长,$T = 1\ \mu\mathrm{s}$;K 为脉冲个数,$K \in \mathbf{Z}_+$,具体取值视情况而定;c_k 为幅值参数,$c_k \in (0, 1]$,如无特殊说明则随机选取;t_k 为时延参数,$t_k \in [0, T)$,如无特殊说明则随机选取。

基函数 $h(t)$ 为高斯信号:

$$h(t) = \mathrm{e}^{-\frac{t^2}{2\sigma^2}} \qquad (2.51)$$

式中,$\sigma = 4.774\ 6 \times 10^{-10}$。

被测高斯脉冲序列的基函数 $h(t)$ 的时域信号及幅度谱如图 2.10 所示,其最大频率约为 1 GHz,奈奎斯特频率约为 2 GHz,而新息率可计算为 $\rho = 2K/T = 2K \times 10^6$。因此当脉冲个数 $K < 1\ 000$ 时,新息率 ρ 要小于其奈奎斯特频率,此时 FRI 采样方法所需的最低采样率要低于传统奈奎斯特采样方法的最低采样率。

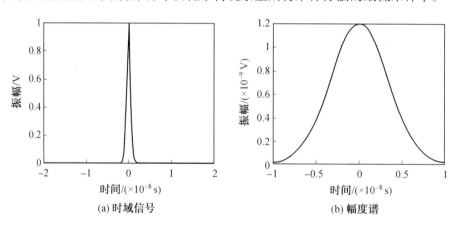

(a) 时域信号　　　　　　　　　(b) 幅度谱

图 2.10　被测高斯脉冲序列的基函数 $h(t)$ 的时域信号及幅度谱

2. 非对称脉冲序列

通过一系列正交/双正交小波基的线性组合可用于生成非对称脉冲序列,相比于高斯脉冲序列,这种非对称脉冲序列的波形和频谱更为复杂。考虑如下形式的非对称脉冲序列:

$$s(t) = \sum_{k=1}^{K} c_k h(t - t_k), \quad t \in [0, T) \tag{2.52}$$

式中，T 为信号时长，$T = 1\ \mu s$；K 为脉冲个数，$K \in \mathbf{Z}_+$，具体取值视情况而定；c_k 为幅值参数，$c_k \in (0, 1]$，如无特殊说明则随机选取；t_k 为时延参数，$t_k \in [0, T)$，如无特殊说明则随机选取。

基函数 $h(t)$ 为小波稀疏信号：

$$h(t) = \sum_{k=1}^{K_{J+1}} a_{J,n_k} \phi_{J,n_k}(t) + \sum_{m=1}^{J} \sum_{k=1}^{K_m} b_{m,n_{m,k}} \psi_{m,n_{m,k}}(t) \tag{2.53}$$

式中，J 为小波分解层数，$J = 2$；小波系数个数 $K_1 = 32$、$K_2 = 16$、$K_3 = 16$，小波系数除了 $b_{2,6} = 1.2$、$b_{2,7} = 0.6$ 以外其他都为 0；$\phi(t)$ 和 $\psi(t)$ 分别是 "db2" 小波（2 阶多贝西小波）尺度函数和小波函数。

被测非对称脉冲序列的基函数 $h(t)$ 的时域信号及幅度谱如图 2.11 所示，其最大频率约为 1 GHz，奈奎斯特频率约为 2 GHz，新息率可计算为 $\rho = 2K/T = 2K \times 10^6$。因此当脉冲个数 $K < 1\ 000$ 时，新息率 ρ 要小于其奈奎斯特频率，此时 FRI 采样方法所需的最低采样率要低于传统的奈奎斯特采样方法的最低采样率。

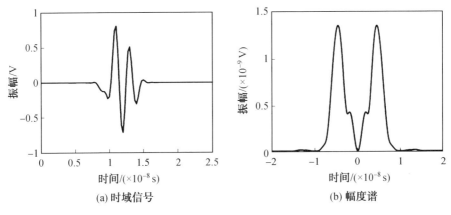

(a) 时域信号　　　　　　　　　　(b) 幅度谱

图 2.11　被测非对称脉冲序列的基函数 $h(t)$ 的时域信号及幅度谱

对于脉冲序列，如前所述，基于频谱信息的 FRI 采样方法性能稳定且更容易实现，当前具有代表性的方法有，基于 LPF 的单通道 FRI 采样方法和基于滤波器组的多通道 FRI 采样方法。因此，将本章方法与这两种方法进行实验对比与分析，为了保证实验的公平性，各采样通道的 ADC 采样率保持一致，各方法的系统结构如下。

（1）基于 LPF 的单通道 FRI 采样方法（记为 LPF – FRI 方法）。系统结构如图 2.1 所示，由单个采样通道构成，包含了 1 个 LPF 和 1 个 ADC。其中，LPF 的截止频率设置为 $f_{cut} = 100$ MHz，为了避免频谱混叠，ADC 的采样率 f_s 至少为 f_{cut} 的两倍,因此设置为 $f_s = 200$ MHz。在参数估计阶段,分别采用零化滤波器法(记为 LPF – 零化滤波器法)和 OMP 算法(记为 LPF – OMP 方法)估计未知参数。

（2）基于滤波器组的多通道 FRI 采样方法(记为滤波器组 – FRI 方法)。系统结构如图 2.4 所示,由 4 个并行的采样通道组成,每个通道中包含了 2 个乘法器、1 个 BPF、1 个 LPF 和 1 个 ADC。其中,BPF 的中心频率在(0,1)GHz 内选取,带宽都是 100 MHz,LPF 的截止频率都设置为 $f_{cut} = 100$ MHz,ADC 的采样率都设置为 $f_s = 200$ MHz,各乘法器输入余弦调制信号其频率由 BPF 的参数决定。

（3）本章方法。系统结构如图 2.9 所示,由 4 个并行的采样通道组成,每个通道中包含了 1 个乘法器、1 个 LPF 和 1 个 ADC。其中,各乘法器输入的调制信号为

$$\begin{cases} p_1(t) = \cos \omega_1 t \\ p_2(t) = \cos (\omega_1 + \Delta\omega)t \\ p_3(t) = \cos \omega_2 t \\ p_4(t) = \cos (\omega_2 + \Delta\omega)t \end{cases} \tag{2.54}$$

式中,ω_1、ω_2 为调制频率 $\omega_1 = 2\pi f_1$,$\omega_2 = 2\pi f_2$,f_1 和 f_2 在(0,1)GHz 内选取;$\Delta\omega$ 为两相邻通道之间的调制频率间隔,$\Delta\omega = 2\pi f_0$,$f_0 = 10$ MHz。

LPF 的截止频率都设置为 $f_{cut} = 100$ MHz,ADC 的采样率都设置为 $f_s = 200$ MHz。

为了便于比较各采样方法的性能,定义系统等效采样率为

$$f_{sys} = \frac{N_{total}}{T} \tag{2.55}$$

式中,N_{total} 表示采样系统所获取的总样本数。

同时定义欠采样比为

$$Q = \frac{f_{sys}}{f_{Nyq}} \times 100\% \tag{2.56}$$

式中,f_{Nyq} 是被测脉冲序列 $s(t)$ 的奈奎斯特频率。

欠采样比 Q 的取值越小,表示采样方法的欠采样程度越高。特别地,对于奈奎斯特采样方法,其系统的等效采样率为 $f_{sys} = f_{Nyq}$,欠采样比为 $Q = 100\%$。

将时域样本转换为频域的过程中,为了使各采样系统的频谱位置一致,将频率间隔统一设置为 $f_0 = 10$ MHz,此时,LPF – FRI 方法能够获取 $2M + 1 = 201$ 个傅里叶系数,其中 $M = \lfloor f_{cut}/f_0 \rfloor = 100$;滤波器组 – FRI 方法能够获取 $(2M + 1) \times 4 = 804$ 个傅里叶系数;本章方法能够获取 $(2M + 2) \times 2 = 404$ 个傅里叶系数实部。各采样方法的实验参数设置见表 2.1。从表中可以看出,LPF – FRI 方法的结构最

简单,等效采样率最低,为 $Tf_s/T = 200$ MHz,欠采样比为 $200/2\,000 \times 100\% = 10\%$;而本章方法与滤波器组 – FRI 方法的每个通道的欠采样比都是 10% ,4 个通道的等效欠采样比为 40% 。

表 2.1　各采样方法的实验参数设置

采样系统	采样方式	等效采样率 /kHz	欠采样比 /%	频域样本数
LPF – FRI 方法	单通道采样	200	10	201
滤波器组 – FRI 方法	四通道并行采样	800	40	804
本章方法	四通道并行采样	800	40	404

在参数估计阶段,各系统均采用 OMP 算法进行参数估计,对模拟时间轴的量化间隔为 $\delta = 0.001$ μs。噪声环境下,为了定量地评价噪声环境下各采样方法的重构效果,采用归一化均方误差(Normalized Mean Squared Error,NMSE)作为评价指标,为了便于比较,采用其对数形式。假设实验重复运行 Num 次,那么时延参数的 NMSE 可计算为

$$\text{NMSE}[\,\text{dB}\,] = 10\lg\left(\frac{1}{K \cdot \text{Num}}\sum_{k=1}^{K}\sum_{i=1}^{\text{Num}}\left(\frac{t_k - \hat{t}_k^i}{t_k}\right)^2\right) \tag{2.57}$$

式中,K 为脉冲个数;t_k 为输入信号 $s(t)$ 真实的时延参数;$\hat{t}_k^i(i = 1,2,\cdots,\text{Num})$ 为第 i 次实验中时延参数 t_k 的估计结果。

此外,为了定量地评价各采样方法在噪声环境下的稳定性,采用样本方差作为评价指标,时延参数的方差可计算为

$$\text{VAR}[\,s^2\,] = \frac{1}{K \cdot \text{Num}}\sum_{k=1}^{K}\sum_{i=1}^{\text{Num}}(\hat{t}_k^i - \bar{t}_k)^2 \tag{2.58}$$

式中,$\bar{t}_k$ 表示 Num 次实验中时延参数 t_k 估计结果的均值。由于脉冲序列 $s(t)$ 的幅值参数误差与时延参数误差是成正比的关系,因此仅采用时延参数的 NMSE 和方差作为评价指标。

接下来,本节将分别针对高斯脉冲序列和非对称脉冲序列进行仿真实验,实验内容分为以下三个部分。

(1)在无噪声环境下,对本章方法的有效性进行验证,目的是验证本章方法理论的正确性,以及对新息率较高的脉冲序列的有效性。

(2)在含高斯白噪声的噪声环境下,对本章方法系统参数的影响进行分析,以此作为系统参数的选择依据。首先,分析频谱能量大小对参数估计精度和系统稳定性的影响,采用能量更高的频谱信息有利于提高噪声环境下的参数估计精度,这个实验的目的是验证这个结论对于本章方法是否适用;然后,分析时域

量化误差对参数估计精度和系统稳定性的影响,根据前面分析,提高量化的网格数有助于提高参数估计精度,本次实验的目的是验证该结论的正确性。

（3）在含高斯白噪声的噪声环境下,将本章方法与同样是获取频谱信息的三种FRI采样方法,包括LPF－零化滤波器法、LPF－OMP方法和滤波器组－FRI方法,在参数估计精度和系统稳定性两方面进行比较实验。

2.5.2　无噪声环境下的有效性验证

为了验证本章方法的有效性,在无噪声干扰的环境下进行如下仿真实验。

实验2.1　考虑如式（2.50）所示的高斯脉冲序列和式（2.52）所示的非对称脉冲序列,这两个被测脉冲序列的未知参数保持一致,统一设置脉冲个数为 $K = 100$,脉冲幅值参数 c_k 和时延参数 t_k 均在取值范围内随机生成。将这两个被测脉冲序列分别输入到本章提出的如图2.9所示的采样系统中,其中,调制频率为 $\omega_1 = 210$ MHz、$\omega_2 = 350$ MHz。

脉冲个数为100时本章方法的参数估计结果如图2.12所示,其中实线表示被测信号 $s(t)$ 的幅值和时延参数,虚线表示本章方法对高斯脉冲序列的参数估计值,黑色×号表示本章方法对非对称脉冲序列的参数估计值。实验结果及描述由图可见,实线、虚线和黑色×号在脉冲顶端都是重合在一起的,这表示本章方法所估计的时延参数和幅值参数均非常准确。根据新息率的计算式（2.2）可知,脉冲序列的新息率 ρ 与脉冲个数 K 是成正比的关系,因此可以得到结论,在无噪声的环境下,本章方法对于信号新息率较高的脉冲序列是有效的。

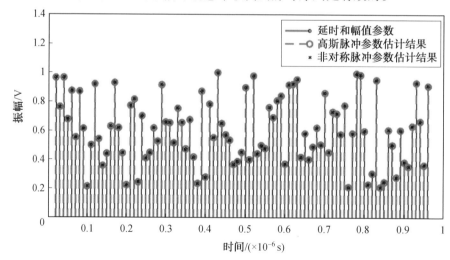

图 2.12　脉冲个数为100时本章方法的参数估计结果（见附录彩图）

2.5.3　系统参数的影响分析

首先,分析频谱能量大小对本章方法的影响。如图 2.13 所示,以高斯脉冲和非对称脉冲幅度谱的振幅大小为依据,将振幅大于或者等于最大振幅 50% 的频率区间称为高能量区,而将振幅小于最大振幅 50% 的频率区间称为低能量区。采用高能量区的频谱信息有助于提高噪声环境下的参数估计精度,为了验证这个结论,并以此作为本章方法中调制频率参数的选择依据,进行了以下两个实验。

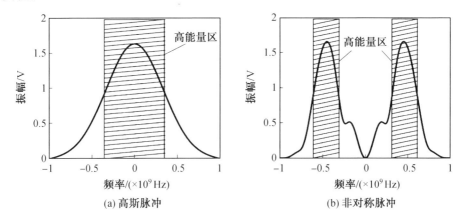

图 2.13　高斯脉冲和非对称脉冲的频谱高能量区

实验 2.2　考虑如式(2.50)所示的高斯脉冲序列,其中脉冲个数为 $K = 10$,脉冲幅值参数 c_k 和时延参数 t_k 均在取值范围内随机生成。实验在噪声环境下进行,给被测的高斯脉冲序列添加高斯白噪声,其信噪比(Signal-to-Noise Ratio,SNR) 从 -10 dB 到 30 dB 逐步递增,递增步长为 2 dB。将含噪声的被测信号输入到本章提出的如图 2.9 所示的采样系统中,其中,高能量区实验的调制频率为 $\omega_1 = 210$ MHz、$\omega_2 = 350$ MHz,低能量区实验的调制频率为 $\omega_1 = 600$ MHz、$\omega_2 = 800$ MHz,重复实验 1 000 次后取平均结果。图 2.14(a) 和图 2.14(b) 分别是随着输入噪声 SNR 的递增,本章方法估计的时延参数 NMSE 对比和方差(Variance,VAR) 对比。从图 2.14 中可以看出以下结论。

(1) 当 SNR 较低时(SNR < 0 dB),在量化的网格数固定的前提下,频谱能量高低是影响系统重构性能的主导因素,采用高能量区的频谱信息能够得到更高的参数估计精度和系统稳定性。

(2) 随着 SNR 的增加(0 dB $\leq$ SNR $<$ 20 dB),频谱能量的影响开始减小,两条 NMSE 曲线之间的差距逐渐缩小,这表示参数估计精度在逐步靠拢;而两条方差曲线都是 0,可见此时系统性能比较稳定。

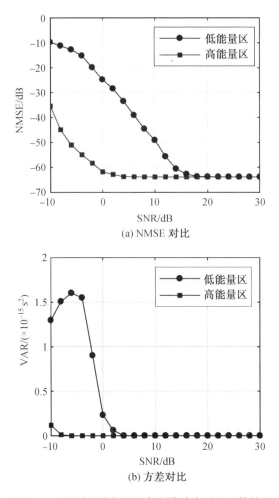

图 2.14　不同频谱范围下高斯脉冲序列的重构结果

（3）当 SNR 足够大时（SNR ≥ 20 dB），噪声的影响减小，系统重构性能主要由样本数和网格量化精度决定，因此高能量区和低能量区的参数估计精度和系统稳定性趋于一致。

实验 2.3　考虑如式（2.52）所示的非对称脉冲序列，其中脉冲个数为 $K = 10$，脉冲幅值参数 c_k 和时延参数 t_k 均在取值范围内随机生成。实验在噪声环境下进行，给被测的非对称脉冲序列添加高斯白噪声，其 SNR 从 − 10 dB 到 30 dB 逐步递增，递增步长为 2 dB。将含噪声的被测信号输入到如图 2.9 所示的采样系统中，其中，高能量区实验的调制频率为 $\omega_1 = 350$ MHz、$\omega_2 = 650$ MHz，低能量区实验的调制频率为 $\omega_1 = 210$ MHz、$\omega_2 = 800$ MHz，重复实验 1 000 次后取平均结果。图 2.15（a）和图 2.15（b）分别是随着输入噪声 SNR 的递增，本章方法估计的时延参数 NMSE 对比和方差对比。从图 2.15 中可以看出如下结论。

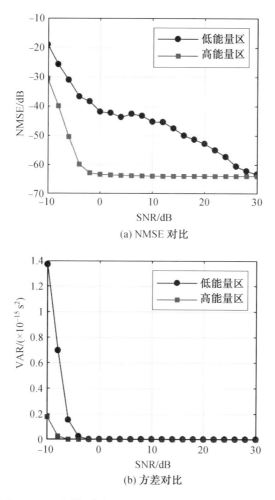

图 2.15　不同频谱范围下非对称脉冲序列的重构结果

（1）当 SNR 较低时（SNR < 0 dB），与高斯脉冲序列类似，在量化的网格数固定的前提下，频谱能量高低是影响系统性能的主导因素。从图中可以看出，频谱能量越高，参数恢复效果和系统稳定性越好。

（2）随着 SNR 的增加（0 dB ≤ SNR < 30 dB），此时频谱能量的影响开始减弱，两条 NMSE 曲线之间的差距逐渐缩小，这表示参数估计效果在逐步接近。由于非对称脉冲序列的信号形式比高斯脉冲序列更为复杂，低能量区的恢复效果提升的程度要慢一些，但是总体趋势还是一样的。从两条方差曲线来看，此时系统的性能稳定。

（3）当 SNR 足够大时（SNR ≥ 30 dB），噪声的影响减小，系统性能主要由样本数和网格量化精度决定，因此高能量区和低能量区的参数估计精度和系统稳定性趋于一致,这一点和高斯脉冲序列的结论是一致的。

总之,从实验 2.2 和实验 2.3 可以得到结论,在设计采样系统结构时,为了得到更好的重构效果,调制频率需要根据输入脉冲信号的频谱特性进行选择,尽可能选择频谱能量高的频域区间。

由于本章所提出的参数估计算法需要对模拟时间轴进行量化处理,因此有必要分析含噪声环境下量化误差对本章所提出的重构算法的影响。如前所述,提高量化的网格数有助于提高参数估计精度,为了验证这个结论,并以此作为本章方法中量化网格数的选择依据,进行了以下两个实验。

实验 2.4 考虑如式(2.50)所示的高斯脉冲序列,其中脉冲个数为 $K = 10$,脉冲幅值参数 c_k 和时延参数 t_k 均在取值范围内随机生成。实验在噪声环境下进行,给被测的高斯脉冲序列添加高斯白噪声,其 SNR 从 -10 dB 到 30 dB 逐步递增,递增步长为 2 dB。将含噪声的被测信号输入到如图 2.9 所示的采样系统中,其中,调制频率为 $\omega_1 = 210$ MHz、$\omega_2 = 350$ MHz。在参数估计过程中,对时域区间 $[0,1)$ μs 的量化网格数 N 分别取 1 000、2 000 和 5 000,形成 3 组实验数据,重复实验 1 000 次后取平均结果。图 2.16(a) 和图 2.16(b) 分别是随着输入噪声 SNR 的递增,本章方法估计的时延参数 NMSE 对比和方差对比。从图 2.16 中可以看出如下结论。

(1)当 SNR 较低时(SNR < 0 dB),在频谱范围固定的前提下,网格量化精度是影响系统性能的主导因素,提高量化的网格数能够提高参数估计精度和系统稳定性。

(2)随着 SNR 的增加(SNR ≥ 0 dB),噪声的影响减小,3 组实验数据的 NMSE 曲线和方差曲线均趋于稳定,系统的参数估计精度仅取决于量化的网格数,网格数 N 越大,参数估计精度越高。

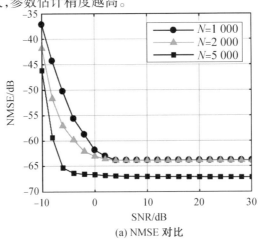

(a) NMSE 对比

图 2.16 高斯脉冲序列不同网格剖分下本章方法的重构结果

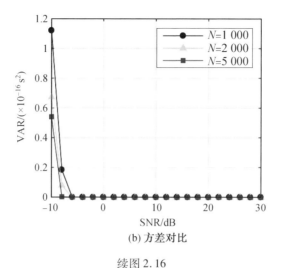

(b) 方差对比

续图 2.16

实验 2.5　考虑如式(2.52)所示的非对称脉冲序列,其中脉冲个数为 $K =$ 10,脉冲幅值参数 c_k 和时延参数 t_k 均在取值范围内随机生成。实验在噪声环境下进行,给被测的高斯脉冲序列添加高斯白噪声,其 SNR 从 -10 dB 到 30 dB 逐步递增,递增步长为 2 dB。将含噪声的被测信号输入到本章提出的如图 2.9 所示的采样系统中,其中,调制频率为 $\omega_1 = 350$ MHz、$\omega_2 = 600$ MHz。在参数估计过程中,对时域区间 $[0,1)$ μs 的量化网格数 N 分别取 1 000、2 000 和 5 000,形成 3 组实验数据,重复实验 1 000 次后取平均结果。图 2.17(a) 和图 2.17(b) 分别是随着输入噪声 SNR 的递增,本章方法估计的时延参数 NMSE 对比和方差对比。从图 2.17 中可以看出如下结论。

(1) 当 SNR 较低时(SNR < 0 dB),与高斯脉冲序列类似,在频谱信息范围固定的前提下,网格量化精度是影响系统性能的主导因数,提高量化的网格数 N 能够提高参数估计精度和系统稳定性。

(2) 随着 SNR 的增加(0 dB $\leqslant$ SNR < 10 dB),网格量化精度对系统稳定性的影响开始减弱,此时网格数 $N = 5\ 000$ 对应的 NMSE 曲线已经比较稳定,而网格数 $N = 2\ 000$ 和 $N = 1\ 000$ 对应的 NMSE 曲线还在逐步下降,即趋于稳定。从方差曲线来看,三条方差曲线都为 0,可见此时系统性能比较稳定。

(3) 当 SNR 较大时(SNR $\geqslant 10$ dB),噪声的影响减小,3 组实验数据的 NMSE 曲线和方差曲线均比较稳定,系统的参数估计精度仅取决于量化的网格数,网格数 N 越大,参数估计精度越高。

从实验 2.4 和实验 2.5 可以得到结论,提高量化的网格数 N,有助于降低量化误差对本章方法的影响,提高参数估计精度和系统稳定性。然而,越大的网格数意味着越高的计算复杂度。因此在实际应用中,需要综合考虑参数估计精度和运算资源,合理地选择网格数 N。

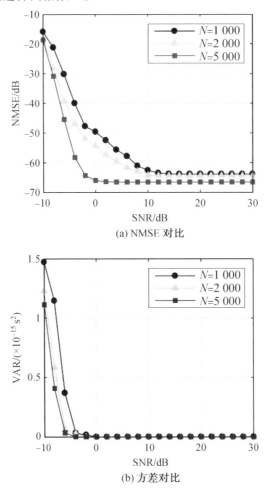

(a) NMSE 对比

(b) 方差对比

图 2.17　非对称脉冲序列不同网格剖分下本章方法的重构结果

2.5.4　噪声环境下各采样方法的对比实验

为了进一步比较各采样方法的重构性能,在噪声环境下,将本章方法与同样是获取频谱信息的三种 FRI 采样方法,包括 LPF – 零化滤波器法、LPF – OMP 方法和滤波器组 – FRI 方法,在参数估计精度和系统稳定性两方面,进行了以下两个实验。

实验 2.6　考虑如式(2.50)所示的高斯脉冲序列,其中脉冲个数为 $K = 10$,脉冲幅值参数 c_k 和时延参数 t_k 均在取值范围内随机生成。实验在噪声环境下进行,给被测的高斯脉冲序列添加高斯白噪声,其 SNR 从 – 10 dB 到 30 dB 逐步递增,递增步长为 2 dB。将含噪声的被测信号输入各采样方法中,其中,滤波器组 – FRI 方法的调制频率为 $\omega_1 = 80$ MHz、$\omega_2 = 210$ MHz、$\omega_3 = 280$ MHz、$\omega_4 = 350$ MHz,本章方法的调制频率为 $\omega_1 = 210$ MHz、$\omega_2 = 350$ MHz。重复实验 1 000 次后取平均结果,图 2.18(a) 和 图 2.18(b) 分别是随着输入噪声 SNR 的递增,各采样方法估计的时延参数 NMSE 对比和方差对比。从图中可以看出如下结论。

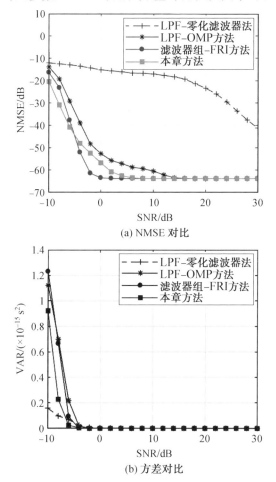

图 2.18　高斯脉冲序列 4 种方法的仿真实验结果对比

(1) 当 SNR 较低时(SNR < 0 dB),LPF – 零化滤波器法的参数估计精度最低,可见抗噪性最差,但是该方法的方差是最小的,这是由于零化滤波器法是一种确定性算法,参数估计结果的波动较小;LPF – OMP 方法的参数估计精度比 LPF – 零化滤波器法要高一些,但是系统稳定性却要差很多,可见,虽然 OMP 算法比零化滤波器法抗噪性更好,但是稳定性却更差;滤波器组 – FRI 方法的重构

效果要优于基于 LPF - FRI 的两种方法,这是由于相比于单通道采样结构,多通道结构具有额外的自由度,能够获取频率范围分布更广的多组傅里叶系数集合,傅里叶系数的频率范围分布越大,重构效果越好;本章方法的稳定性要优于滤波器组 - FRI 方法,但是参数估计精度却相差不大,当 SNR 取 [-10,-5] dB 范围内时,本章方法更优一些,当 SNR 取 [-5,0] dB 范围内时,滤波器组 - FRI 方法更优。

(2) 随着 SNR 的增加(0 dB ≤ SNR < 20 dB),LPF - 零化滤波器法的参数估计精度仍然不高,其他采样方法的 NMSE 曲线都逐渐趋于稳定,参数估计精度开始逐渐靠近最大值;从方差曲线来看,在这个阶段各采样方法均比较稳定。

(3) 当 SNR 足够大时(SNR ≥ 20 dB),噪声的影响减小,除了抗噪性较差的 LPF - 零化滤波器法,在无噪声环境下 OMP 算法的重构性能主要由网格量化精度决定,因此 LPF - OMP 方法、滤波器组 - FRI 方法和本章方法的参数估计精度和系统稳定性趋于一致。

实验 2.7 考虑如式(2.52)所示的非对称脉冲序列,其中脉冲个数为 $K = 10$,脉冲幅值参数 c_k 和时延参数 t_k 均在取值范围内随机生成。实验在噪声环境下进行,给被测的高斯脉冲序列添加高斯白噪声,其 SNR 从 -10 dB 到 30 dB 逐步递增,递增步长为 2 dB。将含噪声的被测信号输入各采样方法中,其中,滤波器组 -FRI 方法的调制频率为 $\omega_1 = 300$ MHz、$\omega_2 = 400$ MHz、$\omega_3 = 500$ MHz、$\omega_4 = 600$ MHz,本章方法的调制频率为 $\omega_1 = 350$ MHz、$\omega_2 = 650$ MHz,重复实验 1 000 次后取平均结果。图 2.19(a) 和图 2.19(b) 分别是随着输入噪声 SNR 的递增,各采样方法估计的时延参数 NMSE 对比和方差对比。从图 2.19 中可以看出如下结论。

(1) 当 SNR 较低时(SNR < 0 dB),对比 LPF - 零化滤波器法和 LPF - OMP 方法这两种单通道 FRI 采样方法,可见 LPF - 零化滤波器法的参数估计精度更低一些,但是系统稳定性却更好。事实上,对于非对称脉冲这种带通信号,由于 LPF 获取的频谱信息能量较低,这两种方法的参数估计精度都不会太高;滤波器组 - FRI 方法的重构效果要优于基于 LPF - FRI 的两种方法,不仅是由于滤波器组 - FRI 方法的多个采样通道能够获取多组离散分布的傅里叶系数,而且还由于该方法获取的频谱信息的能量要高于基于 LPF - FRI 方法获取的频谱信息的能量;本章方法的参数估计精度和稳定性都要比滤波器组 - FRI 方法更优一些。

(2) 随着 SNR 的增加(0 dB ≤ SNR < 20 dB),LPF - 零化滤波器法的参数估计精度仍然不高,LPF - OMP 方法的参数估计精度和系统稳定性都在逐渐提高,由于 LPF 获取的频谱能量较小,提升的速度比较慢;而滤波器组 - FRI 方法和本章方法的参数估计精度和系统稳定性均趋于稳定。

(3) 当 SNR 足够大时(SNR ≥ 20 dB),噪声的影响减小,除了抗噪性较差的

LPF – 零化滤波器法,系统性能主要由网格量化精度决定,因此 LPF – OMP 方法、滤波器组 – FRI 方法和本章方法的参数估计精度和系统稳定性趋于一致。

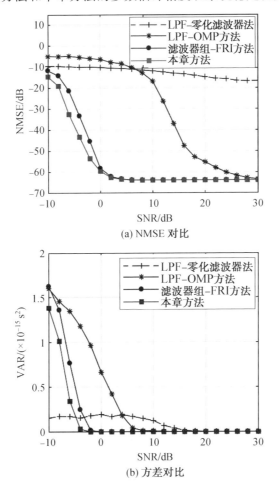

图 2.19　非对称脉冲序列 4 种方法的仿真实验结果对比

从实验 2.6 和实验 2.7 可知,针对高斯脉冲序列和非对称脉冲序列,相比于滤波器组 – FRI 方法,本章方法的参数估计精度分别平均提高了 0.78% 和 3.42%,系统稳定性接近。因此可以得到结论,本章方法在保持可比于滤波器组 – FRI 方法的参数估计精度和系统稳定性的前提下,降低了系统复杂度。

2.6　本章小结

针对现有波形已知的脉冲序列 FRI 采样方法硬件实现方案复杂且冗余的问

题,本章提出了一种简化的基于交错调制的多通道FRI采样方法。该方法利用混叠频谱的直流分量等于输入信号调制频率所对应的傅里叶系数实部的特性,以递推估计的方式解决了因调制过程而导致的频谱混叠问题。然后在此基础上提出了一种基于交错调制的多通道采样结构,目的是获取输入脉冲序列多组离散分布的傅里叶系数实部信息。由于不需要通过多次调制和滤波的方式来避免频谱混叠,该方法大大降低了系统的复杂度。仿真实验结果表明,对于高斯脉冲序列和非对称脉冲序列,本章提出的 FRI 采样方法能够以单个采样通道 10% 的欠采样比实现对未知参数的精确估计,在含高斯白噪声的环境下,相比于滤波器组 – FRI 方法,本章方法的参数估计精度分别平均提高了 0.78% 和 3.42%,而系统稳定性接近。

第 3 章

基于频谱扩展的通用脉冲序列 FRI 采样方法

如第 1 章所述,针对波形已知的脉冲序列,现有的 FRI 采样方法,包括本书第 2 章中提到的基于滤波器组的多通道 FRI 采样方法和基于交错调制的多通道 FRI 采样方法等,都需要根据输入脉冲信号的频谱特性来设计采样结构,系统的通用性较差。在实际应用中,当输入脉冲序列的频谱比较复杂,或者需要处理多组不同类型的脉冲序列时,现有的方法采样率较低,不利于信号的实时处理。为此,本章研究了一种基于频谱扩展的通用脉冲序列 FRI 采样方法,该方法的系统结构与输入脉冲信号的频谱特性无关,从而提高了系统的通用性。

3.1　问题的提出

与第 2 章一样,本章同样考虑波形已知脉冲序列的 FRI 采样与重构问题,输入信号的具体表达式如下:

$$s(t) = \sum_{k=1}^{K} c_k h(t - t_k), \quad t \in [0, T) \tag{3.1}$$

式中,K 为时延参数的个数;T 为信号的持续时间长度;t_k 为时延参数,$t_k \in [0, T)(k = 1, 2, \cdots, K)$;$c_k$ 为相应的幅值参数,$c_k \neq 0$;$h(t)$ 为先验已知的基函数。

显然,输入信号 $s(t)$ 中的未知参数为 $2K$ 个幅值和时延参数 $\{c_k, t_k\}_{k=1}^{K}$。如第 2 章所述,输入信号 $s(t)$ 中的未知参数 $\{c_k, t_k\}_{k=1}^{K}$ 可以利用 $2K$ 个非零傅里叶系数 $S(m)$,采用诸如零化滤波器法、MUSIC 算法、ESPRIT 算法等谱估计方法求解式 (2.5) 得到。

$$S(m) = H(m) \sum_{k=1}^{K} c_k e^{-jm\frac{2\pi}{T}t_k} \tag{3.2}$$

式中,$H(m)$ 是已知的基函数 $h(t)$ 的傅里叶系数。

因此,对于波形已知的脉冲序列 $s(t)$,FRI 采样的目的就是获取至少 $2K$ 个非零傅里叶系数 $S(m)$。

在无噪声环境下,为了以欠采样的方式获取脉冲序列 $s(t)$ 的一组连续的非零傅里叶系数 $S(m)$,比较简单的方式是在采样之前采用滤波器滤除不需要的频谱信息,对采样样本进行 DFT 变换即可得到所需要的傅里叶系数。然而,由于不同类型脉冲序列之间频谱的差异性,滤波器需要根据脉冲的频谱特性进行设计,系统通用性较差。例如,对于一个如图 3.1(a) 所示的基带脉冲信号,采用一个适当截止频率的 LPF 即可获取一组连续的傅里叶系数;对于如图 3.1(b) 所示的带通脉冲信号,则需要设计一个具有适当中心频率和带宽的 BPF;此外,对于如图 3.1(c) 所示的频谱更为复杂的非带限脉冲信号,采用 LPF 或者 BPF 均可获取一组非零傅里叶系数。

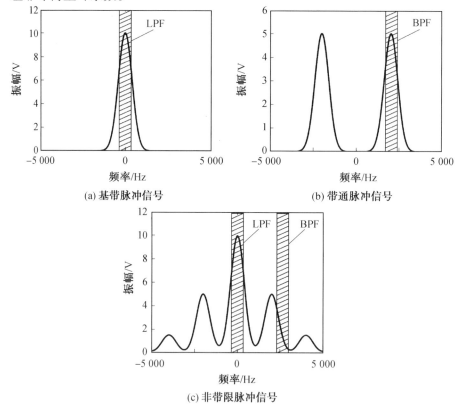

图 3.1　不同频谱类型的信号滤波过程示意图

在噪声环境下,根据研究所示,采用能量越大的频谱信息越有利于提高噪声环境下的参数估计精度。为了更好地说明这个结论,通过以下实例来验证,不同频谱范围的参数估计结果如图 3.2 所示。从图中可以得到以下结论。

　　(1) 从图 3.2(a) 和图 3.2(b) 可以看出,在无噪声环境下,频谱能量的高低对参数估计结果并无影响。

　　(2) 从图 3.2(c) 和图 3.2(d) 可以看出,噪声环境下,能量越大的频谱信息的参数估计结果越高。

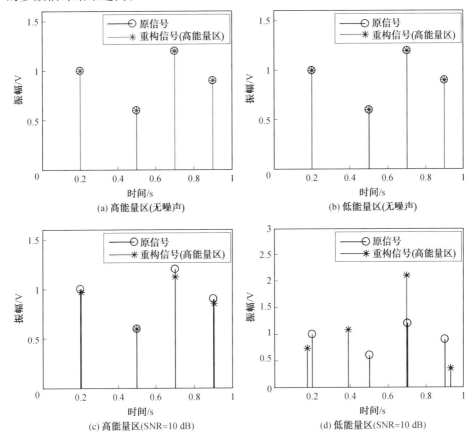

图 3.2　不同频谱范围的参数估计结果

【例 3.1】　考虑式(3.1) 所示的脉冲序列,其中,基函数 $h(t) = e^{-t^2/2\alpha^2}$,为高斯脉冲,系数为 $\alpha = 0.006$,信号时长为 $T = 1$ s,脉冲个数为 $K = 4$,时延参数为 $t_k = [0.2, 0.5, 0.7, 0.9]$ s,幅值参数为 $c_k = [1, 0.6, 1.2, 0.9]$。为信号添加信噪比为 10 dB 的高斯白噪声后进行仿真实验,采样系统分别获取信号的高能量区和低能量区的频谱信息,参数估计采用零化滤波器法。

综上所述,针对波形已知的脉冲序列,为了获取非零的傅里叶系数并且提高噪声环境下的参数估计精度,现有的 FRI 采样方法普遍需要根据输入信号的频谱特性来设计采样结构,以获取能量更高的非零傅里叶系数,系统的通用性较差。为此,本章的目的是研究一种适用于任意波形已知脉冲序列的 FRI 采样方法,期望借鉴随机解调方法中的频谱扩展技术,在保持一定参数估计精度的前提下,提高 FRI 采样系统的通用性。

3.2 随机解调的基本原理

本节介绍随机解调(Random Demodulation,RD)理论。随机解调是一种基于压缩感知(CS)理论的模拟信息转换(Analog to Information Conversion,AIC)技术,其采样系统如图 3.3 所示,主要由 1 个伪随机(Pseudo Random,PR)信号发生器、1 个乘法器、1 个 LPF 和 1 个 ADC 组成。

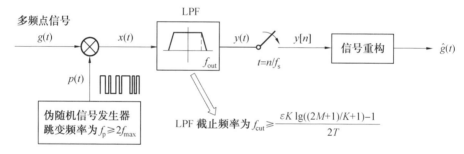

图 3.3 随机解调采样系统

1.信号模型

随机解调考虑的是多频点信号的 CS 采样与重构问题,该信号具有以下三个特性。

(1)频带有限。信号的最大频率是有界的。

(2)周期性。信号在时域上是周期的。

(3)稀疏性。信号的频谱仅由若干个频率分量组成,其非零频率的个数要远小于频谱中的频率总数。

多频点信号的数学模型为

$$g(t) = \sum_{m=-M}^{M} G[m] e^{jm\frac{2\pi}{T_g}t} \qquad (3.3)$$

式中,T_g 为多频点信号 $g(t)$ 的周期,$g(t)$ 的最大频率为 f_{max},$f_{max} = M/T_g$;$G[m](m = -M, 1-M, \cdots, M)$ 为信号 $g(t)$ 的傅里叶级数系数。

在随机解调采样系统中,多频点信号 $g(t)$ 首先与一个 PR 序列 $p(t)$ 在模拟乘法器中相乘,实现混频。PR 序列是一种幅值在 +1 和 -1 之间随机跳变的二值序列,序列中不同元素的取值相互独立且概率都等于 50%。PR 序列的数学模型为

$$p(t) = \alpha_n, \quad \frac{n}{f_p} \leq t \leq \frac{n+1}{f_p}, \quad n = 0, 1, \cdots, \lfloor T_p f_p \rfloor - 1 \tag{3.4}$$

式中,α_n 为随机产生的 ±1 值,$\alpha_n \in \{+1, -1\}$;f_p 为 PR 序列 $p(t)$ 在 +1 与 -1 之间的切换频率;T_p 为 PR 序列 $p(t)$ 的持续时间长度。

根据要求,PR 序列 $p(t)$ 的切换频率 f_p 至少应为多频点信号 $g(t)$ 最大频率的两倍,即要求

$$f_p \geq 2f_{max} \tag{3.5}$$

当多频点信号 $g(t)$ 的频率很高时,这个条件难以满足。

2. 信号采样过程

随机解调的整个信号采样过程可分为混频、低通滤波和均匀采样三个步骤。首先,将多频点信号 $g(t)$ 与 PR 序列 $p(t)$ 输入到乘法器中,得到混频后的信号可表示为 $x(t) = g(t)p(t)$;然后,混频后的信号 $x(t)$ 通过 LPF 滤波,给定 LPF 的单位脉冲响应为 $a(t)$,那么滤波后的信号可表示为

$$y(t) = g(t)p(t) * a(t)n = \int_{-\infty}^{\infty} g(\tau)p(\tau)a(t-\tau)\mathrm{d}\tau n$$

$$= \sum_{m=-M}^{M} G[m] \int_{-\infty}^{\infty} p(\tau)a(t-\tau) e^{jm\frac{2\pi}{T}\tau} \mathrm{d}\tau \tag{3.6}$$

最后,采用 ADC 对滤波后的信号均匀采样。假设 LPF 的截止频率为 f_{cut},根据奈奎斯特定理,为了避免频谱混叠,ADC 的采样率应满足 $f_s \geq 2f_{cut}$,采集到的样本为

$$y[n] = y(t) \mid_{t=n/f_s} = \sum_{m=-M}^{M} G[m] \theta_n[m], \quad n = 0, 1, \cdots, N-1 \tag{3.7}$$

式中,$\theta_n[m] = \int_{-\infty}^{\infty} p(\tau)a(t-\tau) e^{jm\frac{2\pi}{T}\tau} \mathrm{d}\tau \mid_{t=n/f_s}$;$N$ 为系统所获取的时域样本数,$N = \lfloor Tf_s \rfloor + 1$。

3. 信号重构过程

在信号重构阶段,为了便于处理,将式(3.7)转换为矩阵 – 向量的形式,即

$$\boldsymbol{y} = \boldsymbol{\Theta g} \tag{3.8}$$

式中

$$\boldsymbol{y} = [y[0], y[1], \cdots, y[N-1]]^{\mathrm{T}} \tag{3.9}$$

$$\boldsymbol{\Theta} = \begin{bmatrix} \theta_0[-M] & \theta_0[1-M] & \cdots & \theta_0[M] \\ \theta_1[-M] & \theta_1[1-M] & \cdots & \theta_1[M] \\ \vdots & \vdots & & \vdots \\ \theta_{N-1}[-M] & \theta_{N-1}[1-M] & \cdots & \theta_{N-1}[M] \end{bmatrix} \quad (3.10)$$

$$\boldsymbol{g} = \begin{bmatrix} G[-M], G[1-M], \cdots, G[M] \end{bmatrix}^{\mathrm{T}} \quad (3.11)$$

对于多频点信号 $g(t)$,向量 $\boldsymbol{g}$ 是稀疏的,因此求解式(3.8)最直接的方法是将其转化为一个 L_0 范数最小化问题,可表示为

$$\begin{cases} \hat{\boldsymbol{g}} = \arg\min \parallel \boldsymbol{g} \parallel_0 \\ \mathrm{s.\,t.} \ \boldsymbol{y} = \boldsymbol{\Theta g} \end{cases} \quad (3.12)$$

式中,L_0 范数 $\parallel \boldsymbol{g} \parallel_0$ 表示稀疏向量 $\boldsymbol{g}$ 中的非零元素个数。

式(3.12)是一个典型的 NP 难题,可以通过正交匹配追踪(OMP)算法进行求解。根据研究,当系统测量值组成的向量 $\boldsymbol{y}$ 的长度满足 $N \geqslant \varepsilon K \lg((2M+1)/K+1)$ 时,其中,常数 $\varepsilon \approx 1.7$,采用 OMP 算法能够由 $\boldsymbol{y}$ 中精确地恢复出长度为 $(2M+1)$ 的 K 稀疏向量 $\boldsymbol{g}$。

下面推导随机解调系统对 LPF 截止频率 f_{cut} 的选择要求。假设随机解调系统中 ADC 的采样率为 $f_s = 2f_{\mathrm{cut}}$,采样时长为 T,那么系统能够获取到的样本数为

$$N = \lfloor 2Tf_{\mathrm{cut}} \rfloor + 1 \quad (3.13)$$

式中,$\lfloor \cdot \rfloor$ 表示对数值($\cdot$)进行向下取整运算。

如上所述,多频点信号 $g(t)$ 的傅里叶级数系数向量 $\boldsymbol{g}$ 能够被精确恢复的充分条件是,所获取的样本数满足 $N \geqslant \varepsilon K \lg((2M+1)/K+1)$,结合式(3.13)有

$$f_{\mathrm{cut}} \geqslant \frac{\varepsilon K \lg((2M+1)/K+1) - 1}{2T} \quad (3.14)$$

3.3　基于频谱扩展的脉冲序列 FRI 采样方法

3.3.1　系统描述

脉冲序列的频谱一般是非稀疏的,因此不属于多频点信号,随机解调方法无法直接应用。事实上,本章的目的仅仅是借鉴随机解调中的频谱扩展技术来避免得到值为零的傅里叶系数,以提高 FRI 采样系统的通用性。值得注意的是,该通用性是指系统采样结构不需要根据输入脉冲的频谱特性进行调整,因此可以适用多种类型的脉冲序列。但是同一时间只能处理一种类型的脉冲序列,并不能同时处理多种类型的脉冲序列混合的情况。基于频谱扩展的脉冲序列 FRI 采样系统如图 3.4 所示,虽然本章方法在系统硬件组成上与传统的随机解调类似,

主要由 1 个 PR(伪随机)信号发生器、1 个乘法器、1 个 LPF 和 1 个 ADC 组成,但是在各元器件参数设置上与传统的随机解调不同,主要体现在 PR 信号发生器、LPF 和 ADC 的参数设置上。此外,在信号重构阶段,随机解调的目的是恢复输入的多频点信号的频谱信息,而本章方法的目的是估计输入的脉冲序列的未知参数。

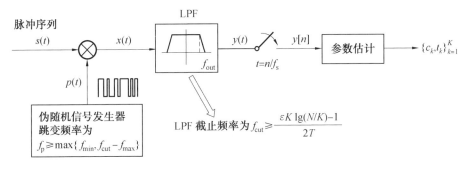

图 3.4　基于频谱扩展的脉冲序列 FRI 采样系统

在如图 3.4 所示的采样系统中,输入的脉冲序列 $s(t)$ 首先与一个周期的 PR 序列 $p(t)$ 在模拟乘法器中相乘,实现混频。这种输入信号与 PR 序列混频的思想来源于通信领域中的频谱扩展技术,本章方法正是借鉴了这种频谱扩展技术。该 PR 序列的数学模型为

$$p(t) = \alpha_n, \quad \frac{n}{f_p} \leq t \leq \frac{n+1}{f_p}(n \in \mathbf{Z}) \tag{3.15}$$

式中,α_n 为随机产生的 ± 1 值,$\alpha_n \in \{+1, -1\}$;f_p 为 PR 序列 $p(t)$ 在 $+1$ 与 -1 之间的切换频率。

该 PR 序列的周期为 T,即对任意 $n \in \mathbf{Z}$,有 $p(t+nT) = p(t)$。将 PR 序列 $p(t)$ 展开为傅里叶级数的形式,有

$$p(t) = \sum_{m=-\infty}^{\infty} P[m] e^{j\frac{2\pi}{T}mt} \tag{3.16}$$

式中,$P[m](m \in \mathbf{Z})$ 为 PR 序列 $p(t)$ 的傅里叶级数系数。除了周期性以外,本章采样结构对 PR 序列的跳变频率要求也与传统的随机解调不同,本章方法对 PR 序列的随机 ± 1 跳变频率并不需要太高,PR 序列的参数选择将在下一小节中详细分析。

与随机解调一致,系统的整个信号采样过程同样可分为混频、低通滤波和均匀采样三个步骤。3.2 节已经对这些过程的时域数学模型进行了分析,此处则对该采样过程在频域进行分析。频域分析有两个目的:① 为了分析系统参数的选择;② 为了解释后续的重构过程。假设 LPF 的截止频率为 f_{cut},那么在频域上混频和滤波过程可表示为

$$Y[l] = \int_{-\infty}^{\infty} s(t)p(t)e^{-j2\pi lt/T}dt = \sum_{m=-\infty}^{\infty} P[m]S[l-m]n$$

$$= \sum_{m=-M}^{M} S[m]P[l-m], \quad l \le L(l \in \mathbf{Z}) \tag{3.17}$$

式中,$Y[l](l = -L, 1-L, \cdots, L)$ 是混频后信号 $y(t) = s(t)p(t)$ 的傅里叶系数;$L = \lfloor Tf_{cut} \rfloor$;$M = \lfloor Tf_{max} \rfloor$,$f_{max}$ 为输入信号 $s(t)$ 的最大频率;$S[m]$ 为输入信号 $s(t)$ 的傅里叶系数。

从如图 3.4 所示的采样系统中可以获取 $2L + 1$ 个混叠的傅里叶系数 $Y[l](l = -L, 1-L, \cdots, L)$,这些傅里叶系数可通过对系统的采样样本 $y[n]$ 进行 DFT 运算得到。

为了便于后续的数据处理,将式(3.17)写成矩阵 – 向量的形式,定义观测向量为

$$\mathbf{y} = [Y[-L], Y[1-L], \cdots, Y[L]]^T \tag{3.18}$$

观测矩阵为

$$\mathbf{P} = \begin{bmatrix} P[-L+M] & \cdots & P[-L-M] \\ \vdots & & \vdots \\ P[L+M] & \cdots & P[L-M] \end{bmatrix} \tag{3.19}$$

式中,观测矩阵 $\mathbf{P}$ 是一个大小为 $(2L+1) \times (2M+1)$ 的矩阵,其第 lm 个元素为 $P[l-m](l = -L, \cdots, L; m = -M, \cdots, M)$。那么式(3.17)可表示为

$$\mathbf{y} = \mathbf{Ps} \tag{3.20}$$

式中,$\mathbf{s}$ 是混频信号 $x(t)$ 的傅里叶系数构成的大小为 $(2M+1) \times 1$ 的向量,$\mathbf{s} = [S[-M], S[1-M], \cdots, S[M]]^T$。

在信号重构阶段,随机解调需要重构整个信号的频谱,而本章方法的信号重构过程就是输入脉冲序列的参数估计过程。

3.3.2 系统参数设置

根据卷积定理,两个连续时间信号时域上的乘积在频域上表现为频谱的卷积。混频后的信号的时域形式为 $x(t) = s(t)p(t)$,频域形式为

$$X(\omega) = \frac{1}{2\pi} S(\omega) \cdot P(\omega) \tag{3.21}$$

因此,输入信号与 PR 序列相乘会扩展其频谱范围。图 3.5 所示为混频过程频谱变化示意图。图 3.5(a) 所示为输入信号 $s(t)$ 的频谱;图 3.5(b) 所示为 PR 序列 $p(t)$ 的频谱,它是由无数个随机幅值的频点构成;图 3.5(c) 所示为混频信号 $x(t)$ 的频谱。由于卷积的作用,混频后信号频谱中的每一个频率分量都包含了输入信号 $s(t)$ 的所有频谱信息,而输入信号 $s(t)$ 频谱中的每一个频率分量都包

含了脉冲序列的所有未知参数信息。因此,经过混频过程以后,采用 LPF 即可获取一组非零的混叠傅里叶系数,且每一个混叠傅里叶系数中都包含了输入信号 $s(t)$ 的所有未知参数信息。

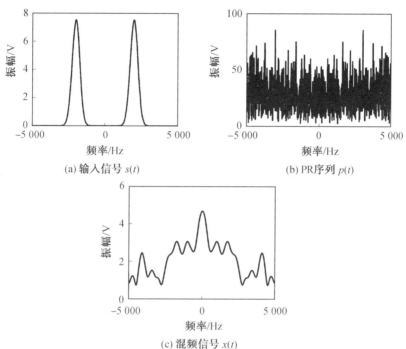

(a) 输入信号 $s(t)$

(b) PR序列 $p(t)$

(c) 混频信号 $x(t)$

图 3.5　混频过程频谱变化示意图

然后研究图 3.4 中 PR 序列的参数选择。假设输入信号 $s(t)$ 的频谱范围为

$$f \in \left[-f_{\max}, -f_{\min} \right] \cup \left[f_{\min}, f_{\max} \right]$$

式中 $f_{\max}$、$f_{\min}$ 分别表示输入信号 $s(t)$ 的最大频率和最小频率。

PR 序列 $p(t)$ 的功率谱密度函数为

$$P(\omega) = 2\pi \left[\sum_{n=-\infty}^{\infty} S_{c}^{2}(\omega T_{c}/2) \delta \left(\omega - \frac{2\pi n}{T} \right) + \frac{1}{Q^{2}} \delta(\omega) \right] \tag{3.22}$$

式中,T_{c} 为 ± 1 的持续时间长度,$T_{c} = T/Q$;$S_{c}(\omega T_{c}/2) = \sin(\omega T_{c}/2)/(\omega T_{c}/2)$。

因此,PR 序列 $p(t)$ 的频谱范围为 $f \in \left[-f_{p}, f_{p} \right]$,其中 $f_{p} = 1/T_{c} = Q/T$。经过混频过程以后,混频信号 $x(t)$ 的频谱范围为

$$f \in \left[-f_{\max} - f_{p}, -f_{\min} + f_{p} \right] \cup \left[f_{\min} - f_{p}, f_{\max} + f_{p} \right]$$

为了避免得到非零傅里叶系数,混频信号 $x(t)$ 的频谱范围至少应该覆盖 LPF 的有效频域区间,即

$$\begin{cases} f_{\min} - f_{p} \leqslant 0 \\ f_{\max} + f_{p} \geqslant f_{\mathrm{cut}} \end{cases} \tag{3.23}$$

因此,与随机解调对 PR 序列的高速切换速率要求不同,本章方法要求 PR 序列 $p(t)$ 的切换速率满足

$$f_{\mathrm{p}} \geqslant \max \{f_{\min}, f_{\mathrm{cut}} - f_{\max}\} \tag{3.24}$$

由于 LPF 的截止频率 f_{cut} 一般要远小于输入脉冲序列的最大频率 $f_{\max}$,本章方法对 PR 序列随机 ± 1 切换速率的要求要比随机解调低很多,只需要满足 $f_{\mathrm{p}} \geqslant f_{\min}$ 即可,硬件上更加容易实现。

在信号重构阶段,输入信号 $s(t)$ 能够被精确恢复的充分条件是 LPF 的截止频率满足

$$f_{\mathrm{cut}} \geqslant \frac{\varepsilon K \lg (N/K) - 1}{2T} \tag{3.25}$$

式中,N 为模拟时间区间 $t \in [0, T)$ 量化的均匀网格数,N 的大小影响时延参数的估计精度。

3.4 参数估计算法

3.4.1 算法原理及步骤

接下来本节将讨论如何利用所获取的 $2K + 1$ 个混叠的傅里叶系数 $Y[k]$ 来恢复原输入脉冲序列 $s(t)$ 的 $2K$ 个未知参数。以下结论给出了脉冲序列未知参数能够被唯一确定的充分条件。

考虑式(3.1)所示的脉冲序列 $s(t)$,经过如图 3.3 所示的采样系统,其中 PR 序列的跳变频率满足式(3.24)。系统所获取的样本为 $y[n]$,对其进行 DFT 运算可得一组混叠的傅里叶系数 y,如式(3.17)所示。将模拟时间区间 $t \in [0, T)$ 量化为 N 个均匀的网格,如果 LPF 的截止频率满足

$$f_{\mathrm{cut}} \geqslant [\varepsilon K \lg (N/K) - 1]/2T$$

式中,ε 为一个很小的常数。

那么未知的时延和幅值参数 $\{c_k, t_k\}_{l=1}^{K}$ 能够由 $2L + 1$ 个混叠的傅里叶系数 $Y[l] l \in \{-L, 1 - L, \cdots, L\}$ 精确估计,其中,$L = \lfloor T f_{\mathrm{cut}} \rfloor$。下面对上述结论进行证明。

首先,将模拟时间区间 $t \in [0, T)$ 量化为 N 个均匀的网格,假设网格大小为 $\delta = T/N$。那么,模拟时间量 t 可以近似表示为 $t = n\delta$,其中,$n = 0, 1, \cdots, N - 1$。未知的时延参数可以近似表示为 $t_k \approx n_k \delta$,其中 $n_k \in \{0, 1 \cdots, N - 1\}$ 代表时延参数 t_k 的量化数值。经过量化以后,式(3.2)可以近似表示为

$$S[m] \approx H[m] \sum_{k=1}^{K} c_k e^{-j\frac{2\pi}{T}Mn_1\delta}, \quad 0 \leqslant n_k < N \tag{3.26}$$

式中，$m = -M, 1-M, \cdots, M$。

为了便于处理，将式(3.26)写成矩阵 – 向量的形式为

$$s = H \begin{bmatrix} e^{j\frac{2\pi}{T}Mn_1\delta} & \cdots & e^{j\frac{2\pi}{T}Mn_k\delta} \\ \vdots & & \vdots \\ e^{-j\frac{2\pi}{T}Mn_1\delta} & \cdots & e^{-j\frac{2\pi}{T}Mn_k\delta} \end{bmatrix} \begin{bmatrix} c_1 \\ \vdots \\ c_K \end{bmatrix} \tag{3.27}$$

式中，s 是一个大小为 $(2M+1) \times 1$ 的向量，$s = [S[-M], S[1-M], \cdots, S[M]]^{\mathrm{T}}$；

$$H = \begin{bmatrix} H[-M] & \\ & H[M] \end{bmatrix} \tag{3.28}$$

是一个大小为 $(2M+1) \times (2M+1)$ 的对角矩阵。

由于混频信号 $x(t)$ 的时域取值范围为 $t \in [0, T)$，以 δ 为间隔对时域区间 $[0, T)$ 进行量化处理后，即可得到模拟时间量 t 的完备集合，可表示为 $\eta = \{0, \delta, 2\delta, \cdots, (N-1)\delta\}$，其中 $N = T/\delta$。又由于时延参数 t_k 的集合可表示为 $\gamma = \{n_1\delta, n_2\delta, \cdots, n_k\delta\}$，其中 $K \ll N$。因此，经过量化后，时延参数 t_k 的集合 γ 是模拟时间量 t 的完备集合 η 的一个子集，即 $\gamma \subset \eta$。如果用完备集合 η 来代替时延参数集合 γ，定义

$$\Psi = \begin{bmatrix} 1 & e^{j\frac{2\pi}{T}M\delta} & \cdots & e^{j\frac{2\pi}{T}M(N-1)\delta} \\ 1 & e^{j\frac{2\pi}{T}(M-1)\delta} & \cdots & e^{j\frac{2\pi}{T}(M-1)(N-1)\delta} \\ \vdots & \vdots & & \vdots \\ 1 & e^{-j\frac{2\pi}{T}M\delta} & \cdots & e^{-j\frac{2\pi}{T}M(N-1)\delta} \end{bmatrix} \tag{3.29}$$

式中，Ψ 是一个大小为 $(2M+1) \times N$ 的矩阵，第 mn 个元素（$m = -M, 1-M, \cdots, M$；$n = 0, 1, \cdots, N-1$）由 $e^{-j\frac{2\pi}{T}mn\delta}$ 构成。那么式(3.27)可以表示为一个稀疏矩阵的形式，即

$$s = H\Psi c \tag{3.30}$$

式中，c 是一个 K 稀疏向量，其非零元素的位置代表 $\{n_k\}_{k=1}^{K}$，对应的非零元素值代表 $\{c_k\}_{k=1}^{K}$，$c \in \mathbf{R}^{N \times 1}$。

结合式(3.20)和式(3.30)，可得

$$y = PH\Psi c = \Phi c \tag{3.31}$$

式中，Φ 是一个大小为 $(2K+1) \times N$ 的观测矩阵，$\Phi = PH\Psi$。

本章算法的目的是从观测向量 y 中找出稀疏向量 c 的非零元素值。

求解式(3.31)最直接的方法是将其转化为一个 L_0 范数最小化问题，可表示为

$$\begin{cases} \hat{\boldsymbol{c}} = \arg\min \parallel \boldsymbol{c} \parallel_0 \\ \text{s. t. } \boldsymbol{y} = \boldsymbol{\Phi cn} \end{cases} \tag{3.32}$$

式中,L_0 范数 $\parallel \boldsymbol{c} \parallel_0$ 表示稀疏向量 $\boldsymbol{c}$ 中的非零元素个数。

式(3.32)是一个典型的 NP 难题,可以由 OMP 算法求解的前提条件是观测矩阵 $\boldsymbol{\Phi}$ 满足如式(2.38)所示的 RIP 约束条件。但是,如何判定观测矩阵 $\boldsymbol{\Phi}$ 是否满足 RIP 约束条件,这是一件异常复杂困难的事。幸运的是,独立同分布的随机矩阵,能够高概率地满足 RIP 约束条件。随机解调理论的相关文献指出,借助 PR 序列构成的随机观测矩阵 $\boldsymbol{\Phi}$,同样能够高概率地满足 RIP 约束条件。在观测矩阵 $\boldsymbol{\Phi}$ 满足 RIP 条件的前提下,采用经典的 OMP 算法求解式(3.32),这个长度为 N 的 K 稀疏向量 $\boldsymbol{c}$ 能够由至少 $\varepsilon K\lg(N/K) \ll N$ 个观测值精确恢复,其中 $\varepsilon \approx 1.7$ 是一个较小的常数。如前所述,从如图 3.4 所示的采样系统中可以获取 $(2L+1) = 2\lfloor Tf_{\text{cut}} \rfloor + 1$ 个观测值(混叠的傅里叶系数)。因此,当 LPF 的截止频率满足 $f_{\text{cut}} \geqslant [\varepsilon K\lg(N/K)-1]/2T$ 时,有 $(2L+1) \geqslant \varepsilon K\lg(N/K)$,此时采用 OMP 算法能够由 $\boldsymbol{y}$ 中精确地恢复出长度为 N 的 K 稀疏向量 $\boldsymbol{c}$。

将上述脉冲序列 $s(t)$ 的参数估计过程进行总结,即可得到时域稀疏性重构算法 3.1。利用该算法,能够很容易地从一组混叠的傅里叶系数中估计出未知的幅值参数和时延参数 $\{\hat{c}_k, \hat{t}_k\}_{k=1}^K$。然而该算法要求时延参数 $\{t_k\}_{k=1}^K$ 都正好在量化的网格上,即忽略量化误差的影响,这种情况在实际中并不常见。为此,在下一节中,将分析量化误差对于算法 3.1 参数估计精度的影响。

输入:脉冲序列的持续时间长度 T,脉冲的个数 K,PR 序列的傅里叶系数 $P[m]$ $(m = -L-M, 1-L-M, \cdots, L+M)$,采样系统所获取的混叠的傅里叶系数 $Y[l]$ $(l = -L, 1-L, \cdots, L)$,量化的网格数 N。

输出:估计的幅值参数和时延参数 $\{\hat{c}_k, \hat{t}_k\}_{k=1}^K$。

1　$\delta = T/N$(对时域区间 $t \in [0,T)$ 等间隔量化);

2　$\boldsymbol{y} = [Y[-L], Y[1-L], \cdots, Y[L]]^{\text{T}}$(构造观测向量 $\boldsymbol{y}$);

3　$\boldsymbol{\Phi} = \boldsymbol{PH\Psi}$,其中 $\boldsymbol{P}$ 根据式(3.19)生成,$\boldsymbol{H}$ 根据式(3.28)生成,$\boldsymbol{\Psi}$ 根据式(3.29)生成(构造观测矩阵 $\boldsymbol{\Phi}$);

4　$\hat{\boldsymbol{c}} = \arg\min \parallel \boldsymbol{c} \parallel_0$, s.t. $\boldsymbol{y} = \boldsymbol{\Phi c}$(采用 OMP 算法求解 L_0 范数优化问题);

5　$\{\hat{n}_k\}_{k=1}^K = \text{find}(\hat{\boldsymbol{c}} \neq 0)$(找出非零元素的索引值);

6　For $k = 1$ to K do

7　　$\hat{t}_k = \hat{n}_k \delta$(估计时延参数);

8　　$\hat{c}_k = \hat{\boldsymbol{c}}[\hat{n}_k]$(估计幅值参数)。

9　end

算法 3.1　稀疏性重构算法

3.4.2　量化误差的影响分析

考虑到在实际应用中,输入信号 $s(t)$ 的时延参数不一定正好在网格上。当时延参数不在网格上时,可将其表示为 $t_k = n_k\delta + \sigma_k$,其中 $n_k \in \{0,1\cdots,N-1\}$ 是时延参数 t_k 的量化数值,$\sigma_k \in [0,\delta)$ 是量化误差。引入了量化误差之后,式 (3.26) 可重写为

$$S[m] = H[m]\sum_{k=1}^{K} c_k \mathrm{e}^{-\mathrm{j}\frac{2\pi}{T}m(n_k\delta+\sigma_k)} = H[m]\sum_{k=1}^{K}\left(c_k\mathrm{e}^{-\mathrm{j}\frac{2\pi}{T}m\sigma_k}\right)\mathrm{e}^{-\mathrm{j}\frac{2\pi}{T}mn_k\delta} \quad (3.33)$$

执行算法 3.1 后,估计的幅值参数和时延参数可以分别表示为 $\hat{c}_k = c_k\mathrm{e}^{-\mathrm{j}\frac{2\pi}{T}m\sigma_k}$ 和 $\hat{t}_k = n_k\delta$。因此,量化误差将导致幅值参数的相位发生偏移。幸运的是,对于实脉冲序列,幅值参数为实数,因此,该量化误差对幅值参数的影响可以通过对估计结果取模而消除,即令 $\tilde{c}_k = |\hat{c}_k|$。总之,量化误差对幅值参数的最终估计结果并无影响。由于时域区间 $[0,T)$ 被等间隔量化为 N 个均匀的网格,有 $T = N\delta$ 和 $0 \leqslant \sigma_k < \delta$ 成立。当选择频点位置 $m < N/4$ 时,有关系式 $-\pi/2 < -2\pi m\sigma_k/T \leqslant 0$ 成立。定义 r_k 和 θ_k 分别为复数 $\hat{c}_k$ 的模和相位,那么幅值参数的估计值应纠正为

$$\tilde{c}_k = \begin{cases} r_k, & -\dfrac{\pi}{2} < \theta_k \leqslant 0 \\ -r_k, & \text{其他} \end{cases} \quad (3.34)$$

时延参数的估计值可以表示为 $\hat{t}_k = \hat{n}_k\delta$,其中 $k = 1,2,\cdots,K$。当测量值(混叠的傅里叶系 $Y[l]$)的数量 $2L+1 \geqslant \varepsilon K\lg(N/K)$ 时,时延参数的估计值可近似为

$$\hat{t}_k \approx n_k\delta = t_k - \sigma_k \quad (3.35)$$

从式(3.35)可知,量化误差将导致时延参数的估计值出现偏差。注意到量化误差要小于量化间隔,即 $0 \leqslant \sigma_k < \delta = T/N$,结合式(3.35),可得 $t_k - T/N < \hat{t}_k \leqslant t_k$。显然,$N$ 的取值越大,时延参数的估计值 $\hat{t}_k$ 越接近时延参数的真实值 t_k。因此可以得到结论,增加量化网格数 N,有助于减小时延参数 t_k 的估计误差。如果将时延参数 t_k 的估计误差定义为

$$\mathrm{error}_k = \frac{|\hat{t}_k - t_k|}{|t_k|} \quad (3.36)$$

为了使估计误差 $\mathrm{error}_k \leqslant E$,其中 $E \in [0,1)$,量化的网格数 N 必须满足

$$N \geqslant \frac{T}{E \cdot \min\{t_1,t_2,\cdots,t_K\}} \quad (3.37)$$

式中,$\min\{t_1,t_2,\cdots,t_K\}$ 表示时延参数 $\{t_k\}_{k=1}^{K}$ 中的最小值。

3.4.3 噪声以及模型不匹配的影响分析

在无噪声干扰的环境下,采用基于时域稀疏性的参数估计算法3.1即能够精确地估计出输入信号 $s(t)$ 的时延参数和幅值参数。接下来将讨论噪声或模型不匹配情况对本章方法的影响。

首先,考虑在噪声环境下,脉冲序列包含了加性噪声,可建模为

$$g(t) = s(t) + n(t) \tag{3.38}$$

式中, $n(t)$ 为加性噪声,是未知的。

结合式(3.2)可得噪声环境下脉冲序列的傅里叶系数表达式为

$$G[m] = H[m] \sum_{k=1}^{K} c_k e^{-jm\frac{2\pi}{T}t_k} + n_m \tag{3.39}$$

式中, $n_m = N(2\pi m/T)$, $N(\omega)$ 是加性噪声信号 $n(t)$ 的 CTFT。

然后,再考虑模型不匹配的情形。在很多实际应用场景中,受到物理元器件非理想特性以及传输过程的影响,脉冲序列的波形可能会产生形变,导致实际的基函数与理想的基函数 $h(t)$ 出现偏差,即为模型不匹配问题。如在无线通信领域,信号在传输过程中通常会出现幅值衰减和多个信号混叠的情形。将波形发生形变的实际基函数表示为 $\tilde{h}(t)$,其傅里叶系数为

$$\tilde{H}[m] = H[m] + \alpha_m e^{j\beta_m} \tag{3.40}$$

式中, $\tilde{H}[m] = \tilde{H}(2\pi m/T)$, $\tilde{H}(\omega)$ 是实际基函数 $\tilde{h}(t)$ 的 CTFT; $\alpha_m e^{j\beta_m}$ 为实际基函数傅里叶系数 $\tilde{H}[m]$ 与理想基函数傅里叶系数 $H[m]$ 之间的偏差, α_m 代表偏差的幅值, β_m 代表偏差的相位。

根据式(3.2),模型不匹配情形下脉冲序列 $s(t)$ 的傅里叶系数可计算为

$$\tilde{G}[m] = \tilde{H}[m] \sum_{k=1}^{K} c_k e^{-jm\frac{2\pi}{T}t_k} = H[m] \sum_{k=1}^{K} c_k e^{-jm\frac{2\pi}{T}t_k} + b_m n \tag{3.41}$$

式中, $b_m = \alpha_m e^{j\beta_m}$。

显然,模型不匹配情形下的观测方程式(3.41)与噪声环境下的观测方程式(3.39)具有相类似的数学模型。实际上,噪声问题可以看作是一种特殊的模型不匹配问题,因此抗噪方法同样适用于模型不匹配的情况。为了提高本章采样方法在噪声以及模型不匹配情况下的稳定性和鲁棒性,可以采用以下措施。

(1)系统所获取的样本数越多,信号重构效果越好,为了获取更多的样本,可以通过选取更大截止频率的 LPF 和更大采样率的 ADC 来实现。

(2)为了提高时延参数的分辨率并避免相互混淆,采用更大的网格数 N 对时域区间 $[0, T)$ 进行量化。

(3)在求解如式(3.32)所示的 L_0 范数优化问题时,可采用改进的 OMP 算法或其他抗噪性更好的重构算法。

3.5　实验验证与分析

3.5.1　实验参数设置

在给出基于频谱扩展的 FRI 采样方法及参数估计算法的基础上,本节将给出相应的实验验证与分析,实验所采用的被测信号为本书第 2 章中给出的如式(2.50)所示的高斯脉冲序列和如式(2.52)所示的非对称脉冲序列。

对于脉冲序列的 FRI 采样,目前比较稳定且容易实现的方法都是通过获取输入信号的频谱信息来实现的,当前具有代表性的方法有 LPF – FRI 方法、滤波器组 – FRI 方法,以及本书第 2 章提出的基于交错调制的多通道 FRI 采样方法(记为交错调制 – FRI 方法)。因此,将本章方法与这三种方法进行实验对比与分析,为了公平地进行比较,本章方法的参数设置是:系统结构如图 3.4 所示,由单个采样通道构成,包含了 1 个乘法器、1 个 LPF 和 1 个 ADC,其中,乘法器输入的信号为式(3.4)所示的 PR 序列 $p(t)$,由随机 ±1 组成,跳变频率为 500 MHz;LPF 的截止频率设置为 $f_{cut} = 100$ MHz;为了避免频谱混叠,ADC 的采样率 f_s 至少为 f_{cut} 的两倍,因此设置为 $f_s = 200$ MHz。

根据式(2.55)和式(2.56)可以计算本章方法的等效采样率为 $f_{sys} = Tf_s/T =$ 200 MHz,系统欠采样比为

$$Q = f_{sys}/f_{Nyq} \times 100\% = \frac{200}{2\,000} \times 100\% = 10\%$$

与 LPF – FRI 方法类似,本章方法同样能够获取 201 个傅里叶系数,各采样方法的系统参数设置见表 3.1。

表 3.1　各采样方法的系统参数设置

采样方法	采样方式	等效采样率 /MHz	欠采样比 /%	频域样本数
LPF – FRI 方法	单通道采样	200	10	201
滤波器组 – FRI 方法	四通道并行采样	800	40	804
交错调制 – FRI 方法	四通道并行采样	800	40	404
本章方法	单通道采样	200	10	201

在参数估计阶段,各系统均采用 OMP 算法进行参数估计,对模拟时间轴的量化间隔为 $\delta = 0.001$ μs。噪声环境下,为了定量地评价噪声环境下各采样方法的重构效果,采用时延参数的 NMSE(式(2.57))和方差(式(2.58))作为评价指标。

本节将分别针对高斯脉冲序列和非对称脉冲序列进行仿真实验,实验内容分为以下三个部分。

(1) 在无噪声环境下,对本章方法的有效性进行验证,目的是验证本章方法理论的正确性。

(2) 在含高斯白噪声的噪声环境下,分析时域量化误差对本章方法参数估计精度和系统稳定性的影响,以此作为参数估计算法中量化网格数的选取依据。

(3) 在含高斯白噪声的噪声环境下,将本章方法与同样是获取频谱信息的三种 FRI 采样方法,包括 LPF – OMP 方法、滤波器组 – FRI 方法和交错调制 – FRI 方法,在参数估计精度和系统稳定性两方面进行比较实验。

3.5.2　无噪声环境下的有效性验证

为了验证本章方法的有效性,在无噪声干扰的环境下进行如下两个仿真实验。

实验3.1　考虑如式(2.50)所示的高斯脉冲序列和式(2.52)所示的非对称脉冲序列,这两个被测脉冲序列的未知参数保持一致,统一设置为脉冲个数 $K = 10$,脉冲幅值参数 c_k 随机生成;在保持最小分辨率为 0.001 μs 的前提下,时延参数 t_k 在取值范围内随机生成,目的是保证时延参数在量化的网格上。将这两个被测脉冲序列分别输入到本章提出的如图 3.4 所示的采样系统中。时延参数在网格上的参数估计结果见表 3.2,从表中可以看出,当时延参数在量化的网格上时,本章方法的幅值参数和时延参数估计值非常准确。

表 3.2　时延参数在网格上的参数估计结果

脉冲 k	时延参数 /μs			幅值参数		
	真实值	高斯脉冲	非对称脉冲	真实值	高斯脉冲	非对称脉冲
1	0.081 0	0.081 0	0.081 0	0.612 9	0.612 9	0.612 9
2	0.135 0	0.135 0	0.135 0	0.380 2	0.380 2	0.380 2
3	0.231 0	0.231 0	0.231 0	0.346 9	0.346 9	0.346 9
4	0.313 0	0.313 0	0.313 0	0.373 0	0.373 0	0.373 0
5	0.344 0	0.344 0	0.344 0	0.541 7	0.541 7	0.541 7
6	0.401 0	0.401 0	0.401 0	0.976 4	0.976 4	0.976 4
7	0.423 0	0.423 0	0.423 0	0.857 2	0.857 2	0.857 2
8	0.646 0	0.646 0	0.646 0	0.495 4	0.495 4	0.495 4
9	0.770 0	0.770 0	0.770 0	0.223 6	0.223 6	0.223 6
10	0.969 0	0.969 0	0.969 0	0.353 4	0.353 4	0.353 4

实验 3.2　考虑如式 (2.50) 所示的高斯脉冲序列和式 (2.52) 所示的非对称脉冲序列，这两个被测脉冲序列的未知参数保持一致，统一设置为脉冲个数 $K = 10$，脉冲幅值参数 c_k 和时延参数 t_k 均在取值范围内随机生成。将这两个被测脉冲序列分别输入到本章提出的如图 3.4 所示的采样系统中。时延参数不在网格上的参数估计结果见表 3.3，从表中可以看出，当时延参数不在量化的网格上时，本章方法的幅值参数和时延参数估计值均存在微小误差。由于本章方法量化的最小单位为 0.001 μs，时延参数的估计误差为 0 ~ 0.001 μs 之间。

表 3.3　时延参数不在网格上的参数估计结果

脉冲 k	时延参数 / μs			幅值参数		
	真实值	高斯脉冲	非对称脉冲	真实值	高斯脉冲	非对称脉冲
1	0.081 1	0.081 0	0.081 0	0.612 9	0.618 1	0.612 9
2	0.134 8	0.135 0	0.135 0	0.380 2	0.380 2	0.379 5
3	0.230 8	0.231 0	0.231 0	0.346 9	0.345 4	0.346 7
4	0.312 8	0.313 0	0.313 0	0.373 0	0.376 86	0.370 9
5	0.344 2	0.344 0	0.344 0	0.541 7	0.539 9	0.529 9
6	0.401 1	0.401 0	0.401 0	0.976 4	0.976 5	0.976 1
7	0.422 8	0.423 0	0.423 0	0.857 2	0.857 8	0.849 0
8	0.645 8	0.646 0	0.646 0	0.495 4	0.495 2	0.494 4
9	0.769 7	0.770 0	0.770 0	0.223 6	0.223 2	0.219 1
10	0.968 8	0.969 0	0.969 0	0.353 4	0.360 6	0.350 2

从实验 3.1 和实验 3.2 可以得到结论，当时延参数在网格上时，本章方法能够实现对脉冲幅值和时延参数的精确估计；当时延参数不在网格上时，本章方法的参数估计结果存在微小误差，其中时延参数的估计误差为 0 ~ 0.001 μs 之间。因此，在忽略量化误差影响的情况下，本章方法能够实现对高斯脉冲序列和非对称脉冲序列的时延参数和幅值参数的准确估计。

3.5.3　量化网格数的影响分析

由于本章所提出的参数估计算法需要对模拟时间轴进行量化处理，有必要分析含噪声环境下量化误差对本章所提出的重构算法的影响。如前所述，提高量化的网格数有助于提高参数估计精度，为了验证这个结论，并以此作为本章方法中量化网格数的选择依据，进行了以下两个实验。

实验 3.3　考虑如式 (2.50) 所示的高斯脉冲序列，其中脉冲个数为 $K = 10$，脉冲幅值参数 c_k 和时延参数 t_k 均在取值范围内随机生成。实验在噪声环境下进行，给被测的高斯脉冲序列添加高斯白噪声，其 SNR 从 − 10 dB 到 30 dB 逐步递增,递增步长为2 dB。将含噪声的被测信号输入到本章提出的如图3.4所示的采样系统中。在参数估计过程中,对时域区间$[0,1)$μs的量化网格数N分别取1 000、2 000 和5 000,形成3 组实验数据,重复实验1 000 次后取平均结果。图3.6(a) 和图3.6(b) 所示分别是随着输入噪声SNR 的递增,本章方法估计的时延参数 NMSE 对比和方差对比。从图中可以看出如下结论。

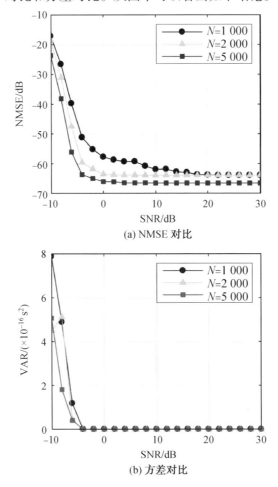

(a) NMSE 对比

(b) 方差对比

图3.6 高斯脉冲序列不同网格剖分下本章方法的重构结果

(1) 当SNR 较低时(SNR < 0 dB),随着量化的网格数N的递增,NMSE 值变小,即参数估计精度逐步提升;方差变小,表示稳定性逐步提升。因此,提高量化的网格数N能够提高参数估计精度和系统稳定性。

(2) 随着SNR 的增加(0 dB ≤ SNR < 20 dB),$N = 1\,000$ 对应的 NMSE 曲线逐渐向最小值逼近,而$N = 2\,000$ 和$N = 5\,000$ 对应的 NMSE 曲线一直稳定在一个最小值。从方差曲线来看,系统性能都比较稳定。

（3）随着 SNR 的增加（$SNR \geqslant 20\ dB$），噪声的影响减小，3 组实验数据都达到了比较稳定的状态。其中，NMSE 曲线仍然是随着量化网格数的递增而降低。

实验 3.4 考虑如式（2.52）所示的非对称脉冲序列，其中脉冲个数为 $K =$ 10，脉冲幅值参数 c_k 和时延参数 t_k 均在取值范围内随机生成。实验在噪声环境下进行，给被测的非对称脉冲序列添加高斯白噪声，其 SNR 从 $-10\ dB$ 到 $30\ dB$ 逐步递增，递增步长为 $2\ dB$。将含噪声的被测信号输入到本章提出的如图 3.4 所示的采样系统中。在参数估计过程中，对时域区间 $[0,1)\ \mu s$ 的量化网格数 N 分别取 1 000、2 000 和 5 000，形成 3 组实验数据，重复实验 1 000 次后取平均结果。图 3.7（a）和图 3.7（b）所示分别是随着输入噪声 SNR 的递增，本章方法估计的时延参数 NMSE 对比和方差对比。从图中可以看出如下结论。

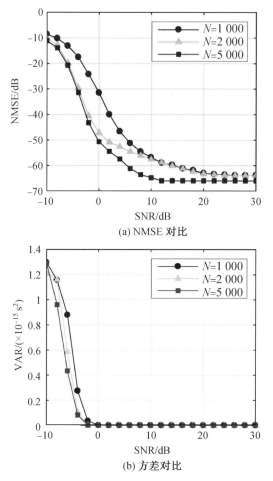

(a) NMSE 对比

(b) 方差对比

图 3.7　非对称脉冲序列不同网格剖分下本章方法的重构结果

（1）当 SNR 较低时（SNR < 0 dB），NMSE 曲线和方差曲线都随着量化网格数 N 的增加而减小，可见提高量化的网格数能够提高参数估计精度和系统稳定性。

（2）随着 SNR 的增加（0 dB ≤ SNR < 20 dB），3 条 NMSE 曲线都逐渐向各自的最优值靠近，而方差曲线则一直保持在零点，即重构性能稳定。

（3）随着 SNR 的增加（SNR ≥ 20 dB），噪声的影响减小，3 组实验数据的 NMSE 曲线和方差曲线均趋于稳定，系统的参数估计精度仅取决于量化的网格数，网格数 N 越大，参数估计精度越高。

从实验 3.3 和实验 3.4 可以得到结论，提高量化的网格数 N，有助于降低量化误差对本章方法的影响，提高噪声环境下的参数估计精度和系统稳定性。然而，越大的网格数意味着越高的计算复杂度。因此在实际应用中，需要综合考虑参数估计精度和运算资源，合理地选择网格数 N。

3.5.4　噪声环境下各采样方法的对比实验

为了进一步比较各采样方法的重构性能，在噪声环境下，将本章方法与同样是获取频谱信息的三种 FRI 采样方法，包括 LPF – OMP 方法、滤波器组 – FRI 方法和本书第 2 章提出的交错调制 – FRI 方法，在参数估计精度和系统稳定性两方面，进行了以下两个实验。

实验 3.5　考虑如式（2.50）所示的高斯脉冲序列，其中脉冲个数为 $K = 10$，脉冲幅值参数 c_k 和时延参数 t_k 均在取值范围内随机生成。实验在噪声环境下进行，给被测的高斯脉冲序列添加高斯白噪声，其 SNR 从 – 10 dB 到 30 dB 逐步递增，递增步长为 2 dB。将含噪声的被测信号分别输入到各采样方法中，系统参数设置见表 3.1。其中，为了考察不同能量区间的频谱信息对重构性能的影响，滤波器组 – FRI 方法的调制频率设置是：位于低能量区，即 $\omega_1 = 400$ MHz、$\omega_2 = 500$ MHz、$\omega_3 = 600$ MHz、$\omega_4 = 700$ MHz，记为滤波器组 a 方法；位于高能量区，即 $\omega_1 = 80$ MHz、$\omega_2 = 210$ MHz、$\omega_3 = 280$ MHz、$\omega_4 = 350$ MHz，记为滤波器组 b 方法。同理，交错调制 – FRI 方法的调制频率设置是：位于低能量区，即 $\omega_1 = 550$ MHz、$\omega_2 = 750$ MHz，记为交错调制 a 方法；位于高能量区，即 $\omega_1 = 210$ MHz、$\omega_2 = 350$ MHz，记为交错调制 b 方法。重复实验 1 000 次后取平均结果。图 3.8（a）和图 3.8（b）所示分别是随着输入噪声 SNR 的递增，各种采样方法估计的时延参数 NMSE 对比和方差对比。从图中可以看出如下结论。

（1）当 SNR 较低时（SNR < 10 dB），首先，对比滤波器组 a 和滤波器组 b 这两种方法，可见选择高能量区的滤波器组 b 方法的参数估计精度和稳定性都要比选择低能量区的滤波器组 a 方法更优；对比交错调制 a 和交错调制 b 这两种方法可得到类似的结论，即选择高能量区的频谱信息有助于提高噪声环境下的参数估计精度和系统稳定性，因此滤波器组 – FRI 方法和交错调制 – FRI 方法都需要根

据输入信号的频谱特性尽可能地选择能量高的频谱信息,系统通用性较差。然后,对比 LPF – OMP 方法和本章方法,二者都是采用 LPF 获取信号频谱信息。由于高斯脉冲序列高能量区的频谱信息都位于基带,二者的重构效果都还可以,但是要低于交错调制 b 和滤波器组 b 这两种方法。这主要是由于相比于单通道采样结构,多通道采样结构具有额外的自由度,能够获取频率范围分布更广的多组傅里叶系数集合,重构效果更好。

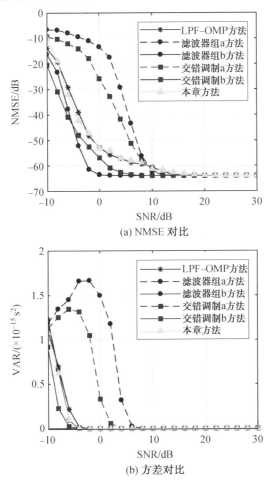

图 3.8　高斯脉冲序列 6 种方法的仿真实验结果对比

(2) 随着 SNR 的增加(SNR ⩾ 10 dB),噪声的影响减小,由于各采样方法在重构阶段都应用了 OMP 算法,其系统重构性能主要由网格量化精度决定,因此各采样方法的参数估计精度和系统稳定性趋于一致。

实验 3.6　考虑如式(2.50)所示的非对称脉冲序列,其中脉冲个数为 $K = 10$,脉冲幅值参数 c_k 和时延参数 t_k 均在取值范围内随机生成。实验在噪声环境下进行,给被测的高斯脉冲序列添加高斯白噪声,其 SNR 从 – 10 dB 到 30 dB 逐步递增,递增步长为 2 dB。将含噪声的被测信号分别输入到各种采样方法中,系统参数设置见表 3.1。其中,为了考察不同能量区间的频谱信息对重构性能的影响,滤波器组 – FRI 方法的调制频率设置是:位于低能量区,即 $\omega_1 = 100$ MHz、$\omega_2 = 200$ MHz、$\omega_3 = 800$ MHz、$\omega_4 = 900$ MHz,记为滤波器组 a 方法;位于高能量区,即 $\omega_1 = 300$ MHz、$\omega_2 = 400$ MHz、$\omega_3 = 500$ MHz、$\omega_4 = 600$ MHz,记为滤波器组 b 方法。同理,交错调制 – FRI 方法的调制频率设置是:位于低能量区,即 $\omega_1 = 210$ MHz、$\omega_2 = 750$ MHz,记为交错调制 a 方法;位于高能量区,即 $\omega_1 = 300$ MHz、$\omega_2 = 550$ MHz,记为交错调制 b 方法。重复实验 1 000 次后取平均结果。图 3.9(a) 和图 3.9(b) 所示分别是随着输入噪声 SNR 的递增,各种采样方法估计的时延参数 NMSE 对比和方差对比。从图中可以看出如下结论。

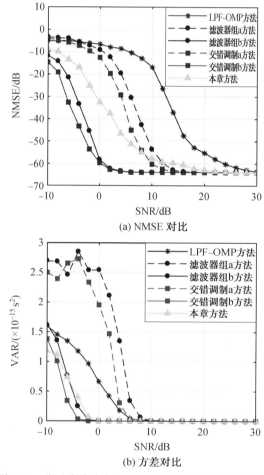

(a) NMSE 对比

(b) 方差对比

图 3.9　非对称脉冲序列 6 种方法的仿真实验结果对比

(1) 当 SNR 较低时(SNR < 10 dB),首先,对比滤波器组 a 和滤波器组 b 这两种方法,或者对比交错调制 a 和交错调制 b 这两种方法,可以得到和上一个实验类似的结论,即对于非对称脉冲序列,选择高能量区的频谱信息有助于提高噪声环境下的参数估计精度和系统稳定性;然后,对比 LPF - OMP 方法和本章方法,二者都是采用 LPF 获取信号频谱信息,由于非对称脉冲序列高能量区的频谱信息并不在基带上,因此 LPF - OMP 方法的重构效果较差,同时也可以看出 LPF - OMP 方法的通用性较差,而本章方法通过对输入脉冲序列进行随机调制,从而将频谱扩展到了基带,经过频谱扩展过程以后,频谱能量变得比较均衡,因此即使是采用低频频谱信息,信号重构效果也较好,可见本章方法的通用性好;最后,对比滤波器组 b 方法、交错调制 b 方法和本章方法,可见本章方法的参数估计精度和系统稳定性略低于滤波器组 - FRI 方法和交错调制 - FRI 方法,这主要是由于多通道结构能够获取更多的样本数,因此重构效果更好。

(2) 随着 SNR 的增加(SNR > 10 dB),噪声的影响减小,LPF - OMP 方法的重构效果仍然较差,但是当 SNR = 30 dB 时,参数估计精度和其他方法一样;由于无噪声或者高信噪比时,系统重构性能主要由网格量化精度决定,而各采样方法的量化网格数相同,因此参数估计精度和系统稳定性趋于一致。

从实验 3.5 和实验 3.6 可知,LPF - OMP 方法、滤波器组 - FRI 方法和交错调制 - FRI 方法的通用性都比较差,而本章方法的通用性较好。针对高斯脉冲序列和非对称脉冲序列,相比于低能量区的滤波器组 - FRI 方法,本章方法的参数估计精度分别平均提高了 24.93% 和 18.69%;相比于高能量区的滤波器组 - FRI 方法,本章方法的参数估计精度分别平均降低了 7.06% 和 14.24%。因此可以得到结论,本章方法在保持较高的参数估计精度和系统稳定性的前提下,提高了系统的通用性。

3.6　本章小结

针对现有波形已知的脉冲序列 FRI 采样方法需要根据输入脉冲信号的频谱特性来设计采样结构,针对系统的通用性较差的问题,本章提出了一种基于频谱扩展的通用脉冲序列 FRI 采样方法。该方法借鉴随机解调中的频谱扩展技术将任意类型脉冲序列的频谱信息扩展到基带,从而可以采用低通滤波器获取一组包含输入信号频谱信息的混叠傅里叶系数。由于不需要恢复输入信号的整个频谱,本章方法对 PR 序列随机 ±1 切换速率的要求要比随机解调低很多,硬件上更加容易实现。在信号重构阶段,为了从系统获取的混叠傅里叶系数中恢复原输入脉冲序列的未知参数信息,本章还提出了一种基于时域稀疏性的参数估计算法。仿真实验结果表明,对于高斯脉冲序列和非对称脉冲序列,本章提出的 FRI 采样方法能够以 10% 的欠采样比实现对未知参数的精确估计。在含高斯白噪声的环境下,相比于低能量区的滤波器组 – FRI 方法,本章方法的参数估计精度分别平均提高了 24.93% 和 18.69%;相比于高能量区的滤波器组 – FRI 方法,则分别平均降低了 7.06% 和 14.24%。可见本章方法在保持一定参数估计精度和系统稳定性的前提下,提高了采样系统的通用性。

第4章

基于优化模型的波形未知脉冲序列 FRI 采样方法

第 2、3 章针对波形已知脉冲序列的 FRI 采样方法进行了研究,然而在实际应用中,特别是在一些被动探测场景中,由于发射信号源往往是未知的,因此更常见的是波形未知的脉冲序列,本章主要针对此类信号的 FRI 采样方法展开研究。虽然早已有学者将 FRI 采样方法扩展到波形未知的脉冲序列当中,然而现有的方案对于噪声都非常敏感,在噪声以及模型不匹配情况下重构误差较大,难以应用到实际信号中。为此,本章研究了一种基于优化模型的波形未知脉冲序列 FRI 采样方法,该方法能够较大地改善噪声以及模型不匹配情况下的信号重构效果。

4.1　问题的提出

本章考虑波形未知脉冲序列的采样与重构问题。对于此类信号的 FRI 采样,通常的手段是采用多个已知函数的线性组合来对未知的基函数进行拟合,常用于拟合的函数有高斯函数、B – 样条函数、小波函数、洛伦兹函数等。其中,洛伦兹函数是由脉宽和幅值参数均可任意调整的对称脉冲部分和非对称脉冲部分组成,相比于其他函数,洛伦兹函数通过适当的线性组合能够表示更丰富的信号波形。因此,本章将波形未知的脉冲序列建模为有限个洛伦兹函数与模型匹配误差的线性组合形式,即

$$s(t) = \sum_{k=1}^{K} f_k(t) + \sigma(t), \quad t \in [0, T] \tag{4.1}$$

式中,K 表示洛伦兹函数的个数;T 表示输入信号 $s(t)$ 的持续时间长度;$\sigma(t)$ 表示模型匹配误差,$f_k(t)(k=1,2,\cdots,K)$ 表示脉宽可变的洛伦兹函数,其表达式为

$$f_k(t) = f_k^s(t) + f_k^a(t) \tag{4.2}$$

式中

$$f_k^s(t) = c_k \frac{r_k}{\pi(r_k^2 + (t-t_k)^2)}, \quad r_k > 0 \, (t_k \in [0,T)) \tag{4.3}$$

$$f_k^a(t) = d_k \frac{t-t_k}{\pi(r_k^2 + (t-t_k)^2)}, \quad r_k > 0 \, (t_k \in [0,T)) \tag{4.4}$$

这里 $f_k^s(t)$ 和 $f_k^a(t)$ 分别表示洛伦兹函数 $f_k(t)$ 的对称部分和非对称部分。显然,每个洛伦兹函数都可由 4 个参数唯一确定,4 个参数分别是对称部分的幅值 c_k、非对称部分的幅值 d_k、脉宽 r_k 和时延 t_k。相比于对称脉冲模型(每个脉冲仅由幅值和时延两个参数唯一确定),洛伦兹函数模型能够组合出更多的函数波形,具有更高的灵活性和更广的适用范围。由于实际信号不可能完全等价于洛伦兹函数的线性组合,这里引入模型匹配误差信号 $\sigma(t)$ 来表示模型匹配的偏差程度。

图 4.1 所示为一个实际心电图 ECG 信号按照式(4.1)的建模结果,其中,图 4.1(a)所示为实际心电图 ECG 信号 $s(t)$,图 4.1(b)所示为 8 个洛伦兹函数的线性组合形式 $\sum\limits_{k=1}^{8} f_k(t)$,图 4.1(c)所示为模型匹配误差信号 $\sigma(t)$。信号 $\sigma(t)$ 的幅值越接近于零表示模型匹配程度越高。由图 4.1 可见,经过适当的设置,式(4.1)的数学模型能够近似地表示一个实际的心电图 ECG 信号。

当输入信号 $s(t)$ 能够完全由洛伦兹函数的线性组合来表示时,称此输入信号 $s(t)$ 完全符合可变脉宽 FRI(VPW-FRI)模型。此时,式(4.1)中洛伦兹函数的个数 K 是已知的,模型匹配误差信号 $\sigma(t)=0$,输入信号 $s(t)$ 是一种完全由 $4K$ 个未知参数唯一确定的 FRI 信号。根据 VPW-FRI 采样理论,输入信号 $s(t)$ 中的 $4K$ 个未知参数可以由 $2K+1$ 个输入信号 $s(t)$ 的傅里叶系数精确估计。输入信号 $s(t)$ 的傅里叶系数可表示为

$$S[m] = \sum_{k=1}^{K} \frac{c_k - \mathrm{j}d_k}{T} \mathrm{e}^{-2\pi m(r_k + \mathrm{j}t_k)/T} = \sum_{k=1}^{K} v_k u_k^m, \quad m \in \mathbf{Z}(m \geqslant 0) \tag{4.5}$$

式中

$$v_k = (c_k - \mathrm{j}d_k)/T, \quad u_k = \mathrm{e}^{-2\pi m(r_k + \mathrm{j}t_k)/T}$$

同时,为了方便计算,在参数估计时仅取频率非负的傅里叶系数,即令 $m \geqslant 0$。显然,式(4.5)属于经典的谱估计问题,采用零化滤波器法或其他谱估计算法即可精确地估计出未知参数 $\{v_k, u_k\}_{k=1}^{K}$。在求得 $\{v_k, u_k\}_{k=1}^{K}$ 之后,输入信号 $s(t)$ 中的未知参数可估计为

$$
\begin{cases}
c_k = \mathrm{real}(v_k T) \\[2mm]
d_k = -\,\mathrm{imag}(v_k T) \\[2mm]
r_k = \dfrac{T\ln|u_k|}{2\pi} \\[3mm]
t_k = -\dfrac{T\angle u_k}{2\pi}
\end{cases}
\tag{4.6}
$$

式中,$\mathrm{real}(\cdot)$、$\mathrm{imag}(\cdot)$ 分别表示复数 $(\cdot)$ 的实部和虚部;$\ln(\cdot)$ 表示数值的自然对数;$\angle(\cdot)$ 表示复数 $(\cdot)$ 的辐角主值,取值范围为 $0 \leqslant \angle(\cdot) < 2\pi$。

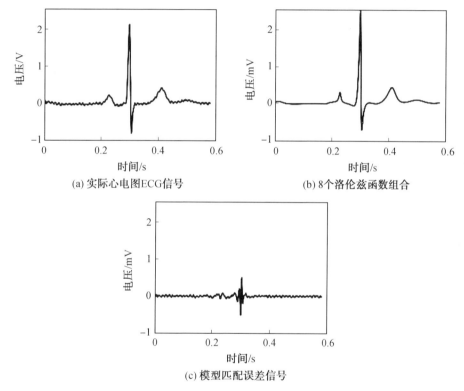

图 4.1　实际心电图 ECG 信号建模实例

当输入信号 $s(t)$ 并不能够完全表示为洛伦兹函数线性组合时,即输入信号 $s(t)$ 并不完全符合 VPW - FRI 模型。此时,式(4.1)中洛伦兹函数的个数 K 是未知的,模型匹配误差信号 $\sigma(t) \neq 0$,输入信号 $s(t)$ 由洛伦兹函数个数 K、$4K$ 个未知参数 $\{c_k,d_k,r_k,t_k\}_{k=1}^{K}$ 和模型匹配误差信号 $\sigma(t)$ 共同确定。在实际应用中,由于信号的波形经常是未知的,而且信号在获取过程中也可能受到噪声的干扰,因此 VPW - FRI 模型不能够完全匹配。对于模型不匹配的情况,传统的 VPW - FRI 需要根据经验选取一个合适的 K 值,然而 K 值选取不当将会导致极大的重构误差。此外,模型不匹配问题将会导致式(4.5)的求解不稳定。如用零化滤波器法求解式(4.5)时,解的不稳定性表现为滤波器的根 $u_k = \mathrm{e}^{-2\pi m(r_k + jt_k)/T}$ 很可能落在单位圆外,导致估计的洛伦兹函数脉宽 $r_k < 0$。

本章的目的是研究波形未知脉冲序列 $s(t)$ 的 FRI 采样方法,输入信号 $s(t)$ 的数学模型如式(4.1)所示,其中洛伦兹函数的个数 K 是未知的,模型匹配误差信号 $\sigma(t) \neq 0$。

4.2 VPW – FRI 采样理论

本节介绍 VPW – FRI 采样理论。一般的,VPW – FRI 的信号模型为洛伦兹函数的线性组合,可表示为

$$f(t) = \sum_{k=1}^{K} \left[f_k^{\mathrm{s}}(t) + f_k^{\mathrm{a}}(t) \right], \quad 0 \le t < T \tag{4.7}$$

式中,洛伦兹函数 $f_k(t)$ 的个数 K 是已知的,其对称部分 $f_k^{\mathrm{s}}(t)$ 如式(4.3)所示,非对称部分 $f_k^{\mathrm{a}}(t)$ 如式(4.4)所示。显然,当且仅当模型匹配误差信号 $\sigma(t) = 0$ 时,有 $f(t) = s(t)$。

为了获取信号 $f(t)$ 的一组连续的傅里叶系数,可以采用如图 4.2 所示的 VPW – FRI 采样系统,其中,采样核 $\varphi(-t/T_s)$ 等价于理想的低通滤波器,对采样样本 $y[n]$ 进行 DFT 运算即可得到所需的信号 $f(t)$ 的傅里叶系数。

采样核

$$f(t) \rightarrow \boxed{\varphi\left(\dfrac{-t}{T_s}\right)} \xrightarrow{y(t)} \overset{T_s}{\diagup} \xrightarrow{y[n]}$$

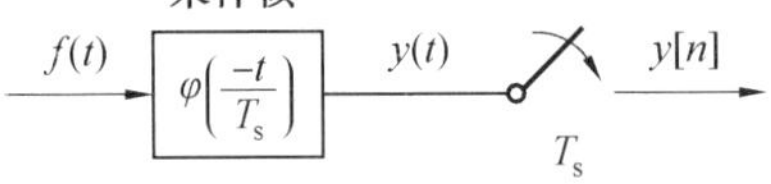

图 4.2 VPW – FRI 采样系统

信号 $f(t)$ 的傅里叶系数可表示为

$$F[m] = \sum_{k=1}^{K} \{ F_k^{\mathrm{s}}[m] + F_k^{\mathrm{a}}[m] \} \tag{4.8}$$

式中

$$F_k^{\mathrm{s}}[m] = \frac{c_k}{T} \mathrm{e}^{-2\pi(r_k|m| + jt_k m)/T}, \quad m \in \mathbf{Z} \tag{4.9}$$

$$F_k^{\mathrm{a}}[m] = -\frac{jd_k}{T} \mathrm{sgn}(m) \mathrm{e}^{-2\pi(r_k|m| + jt_k m)/T}, \quad m \in \mathbf{Z} \tag{4.10}$$

式中,对 m 取绝对值是为了确保频谱的共轭对称性;$F_k^{\mathrm{s}}[m]$、$F_k^{\mathrm{a}}[m]$ 分别是洛伦兹函数 $f_k(t)$ 的对称部分 $f_k^{\mathrm{s}}(t)$ 和非对称部分 $f_k^{\mathrm{a}}(t)$ 的傅里叶系数。

实际上，$F_k^s[m]$ 是 $F_k^a[m]$ 的希尔伯特（Hilbert）变换。

重构时采用零化滤波器法，令 $u_k = e^{-2\pi m(r_k + jt_k)/T}$，滤波器为

$$A(z) = \prod_{k=1}^{K} (1 - u_k z^{-1}) = \sum_{l=0}^{K} A[l] z^{-l} \tag{4.11}$$

那么

$$(A \cdot F)[m] = \sum_{l=0}^{K} A[l] F[m-l] = \sum_{l=0}^{K} \sum_{k=1}^{K} (c_k - jd_k) A[l] u_k^{m-l}$$

$$= \sum_{k=1}^{K} (c_k - jd_k) \underbrace{\left(\sum_{l=0}^{K} A[l] u_k^{-l} \right)}_{A(u_k)} u_k^m = 0 \tag{4.12}$$

此处为了方便计算，限定只使用非负频率的傅里叶系数，即令 $m \geqslant 0$。采用零化滤波器法求解式（4.12），至少需要 $2K + 1$ 个频率非负的连续的傅里叶系数 $F[m]$。在求得滤波器系数 $A[l]$（$l = 0, 1, \cdots, K$）之后，根据式（4.11），参数 $u_k = e^{-2\pi m(r_k + jt_k)/T}$ 即为滤波器 $A(z)$ 的根，洛伦兹函数 $f_k(t)$ 中未知的脉宽和时延参数可计算为

$$\begin{cases} r_k = \dfrac{T \ln |u_k|}{2\pi} \\[3mm] t_k = -\dfrac{T \angle u_k}{2\pi} \end{cases} \tag{4.13}$$

其他参数 c_k 和 d_k 则可以通过式（4.8）求解。传统的 FRI 采样系统是稳定的，但是 VPW – FRI 采样系统却可能出现稳定性问题。当存在噪声或模型不匹配问题时，零化滤波器 $A(z)$ 的根 $u_k = e^{-2\pi m(r_k + jt_k)/T}$ 可能落于单位圆之外，此时，估计的洛伦兹函数的脉宽参数 $r_k < 0$，而负脉宽的洛伦兹函数显然是不存在的。

4.3　系统描述及参数设置

本节主要研究波形未知脉冲序列 $s(t)$ 的 FRI 采样方法，为了接近实际情况，将信号按照式（4.1）建模，其中洛伦兹函数的个数 K 是未知的，模型匹配误差信号 $\sigma(t) \neq 0$。

4.3.1　系统描述

为了获取式（4.1）所示的连续时间输入信号 $s(t)$ 的一组连续的傅里叶系数，采用低通滤波和匀速采样的结构，其中匀速采样的采样率大于或等于 LPF 截

止频率的两倍。对采样样本进行 DFT 运算即可得到所需的输入信号 $s(t)$ 的傅里叶系数。除了傅里叶系数以外，还需要设计一个额外的采样通道直接采集输入信号 $s(t)$ 的离散时域样本 $s[n']$。这个额外的采样通道又称为辅助采样通道，其目的是对主采样通道的参数估计结果进行优化。本节所提出的基于优化模型的 FRI 采样系统如图4.3所示，该系统由两个并行的采样通道组成，分别称为主采样通道和辅助采样通道。主采样通道由1个LPF和1个低速ADC组成，辅助采样通道仅由1个低速ADC组成。

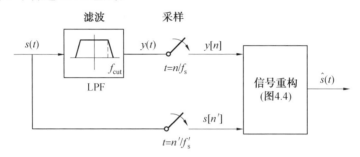

图 4.3　基于优化模型的 FRI 采样系统

在主采样通道中，连续时间输入信号 $s(t)$ 经过单位冲激响应为 $h(t)$ 的 LPF 之后，滤波后的信号为 $y(t) = s(t) * h(t)$。然后对滤波后的信号 $y(t)$ 以 $f_s \geq 2f_{cut}$ 的采样率均匀采样，其中 f_{cut} 为 LPF 的截止频率。采集到的样本为

$$y[n] = s(t) * h(t)\big|_{t=n/f_s}, \quad 0 \leq n < N-1 (n \in \mathbf{Z}) \tag{4.14}$$

式中，N 是样本 $y[n]$ 的数量，$N = \lfloor Tf_s \rfloor + 1$。

对主采样通道的样本 $y[n](n = 0,1,\cdots,N-1)$ 进行 DFT 运算即可获得输入信号 $s(t)$ 的傅里叶系数。首先，基于离散序列 $y[n]$ 的 DFT，可得到滤波后信号 $y(t)$ 的傅里叶系数为

$$Y[m] = \frac{1}{f_s} \sum_{n=0}^{N-1} y[n] e^{-j\frac{2\pi}{N}mn}, \quad m = 0,1,\cdots,N-1 \tag{4.15}$$

假设所采用的 LPF 是理想的，那么滤波后信号 $y(t)$ 的频谱与输入信号 $s(t)$ 的频谱之间的关系可表示为

$$Y(f) = \text{rect}\left(\frac{f}{2f_{cut}}\right) S(f) = \begin{cases} S(f), & |f| \leq f_{cut} \\ 0, & |f| > f_{cut} \end{cases} \tag{4.16}$$

式中，$Y(f)$ 是滤波后信号 $y(t)$ 的 CTFT；$S(f)$ 是输入信号 $s(t)$ 的 CTFT。

令 $f = mf_0$，其中 $f_0 = 1/T, m \in \mathbf{Z}$，根据式(4.16)有

$$S[m] = Y[m], \quad m = 0,1,\cdots,M-1 \tag{4.17}$$

式中，$S[m] = S(mf_0)$；$Y[m] = Y(mf_0)$；$M = \lfloor Tf_{cut} \rfloor + 1$，此处 $\lfloor \cdot \rfloor$ 为向下取整

函数。

如前所述，为了便于计算，输入信号 $s(t)$ 的傅里叶系数 $S[m]$ 被限制为非负频率，即 $m \geq 0$。因此，从主采样通道的样本 $y[n](n = 0, 1, \cdots, N-1)$ 中，可以得到 $M = \lfloor Tf_{cut} \rfloor + 1$ 个输入信号 $s(t)$ 的傅里叶系数 $S[m](m = 0, 1, \cdots, M-1)$。

在辅助采样通道中，直接对连续时间输入信号 $s(t)$ 低速均匀采样，采样率为 $f'_s = 1/T'_s$，采集到的样本可表示为

$$s[n'] = s(t) \mid_{t = n'/f'_s}, \quad 0 \leq n' < N'-1(n' \in \mathbf{Z}) \tag{4.18}$$

式中，N' 为辅助采样通道所获取的样本数，$N' = \lfloor Tf'_s \rfloor + 1$。

本章的目的是设计一个适用于波形未知脉冲序列的欠采样系统，那么如何避免信号混叠是一个值得考虑的问题。如图 4.3 所示，本章提出的采样系统是由两个并行的采样通道组成。主采样通道用于获取输入信号的一组连续的傅里叶系数，在此通道中，LPF 用于避免频谱混叠。根据奈奎斯特采样定理，当 ADC 采样率大于或等于 LPF 截止频率两倍时，就可以避免频率混叠。辅助采样通道用于获取输入信号的少量离散的时域样本，虽然欠采样会导致频域混叠，但并不会导致时域混叠。在信号重构过程中，仅需要主采样通道获取的部分频域样本和辅助采样通道获取的少量时域样本即可完整地恢复输入信号。因此，如果系统参数选择得当，将不会发生信号混叠问题。

4.3.2　目标优化函数

为了根据系统所获取的频域样本 $S[m]$ 和时域样本 $s[n']$ 来寻找式 (4.1) 中的最优参数 K 和 $\{c_k, d_k, r_k, t_k\}_{k=1}^{K}$，本节建立了一个以最小化模型匹配误差信号 $\sigma(t)$ 的能量为目标的优化函数，具体可描述为

$$\min \int_0^T \sigma^2(t) \mathrm{d}t \tag{4.19}$$

由于模型匹配误差信号可表示为 $\sigma(t) = s(t) - \sum_{k=1}^{K} f_k(t)$，式 (4.19) 可转换为

$$\min \int_0^T \left(s(t) - \sum_{k=1}^{K} f_k(t) \right)^2 \mathrm{d}t \tag{4.20}$$

由于输入信号 $s(t)$ 是未知的，式 (4.20) 所示的优化问题无法求解。但是采用如图 4.3 所示的采样系统，可获取输入信号 $s(t)$ 的离散时域样本 $s[n'](n' = 0, 1, \cdots, \lfloor Tf'_s \rfloor)$。因此，令 $t = n'f'_s$，可将式 (4.20) 表示为可解的离散形式，即

$$\min \sum_{n'=0}^{N'-1} \left(s[n'] - \sum_{k=1}^{K} f_k[n'] \right)^2 \tag{4.21}$$

式中,$\sum\limits_{k=1}^{K}f_k[n']$ 为洛伦兹函数线性组合的离散形式,可表示为

$$\sum_{k=1}^{K}f_k[n'] = \sum_{k=1}^{K}f_k(t)\mid_{t=n'/f'_s}$$

根据式(4.2)可知,洛伦兹函数的线性组合 $\sum\limits_{k=1}^{K}f_k(t)$ 可由 $4K$ 个未知参数 $\{c_k,d_k,r_k,t_k\}_{k=1}^{K}$ 唯一确定。如果辅助采样通道的采样率 $f'_s=1/T'_s$ 是已知的,那么离散的洛伦兹函数线性组合 $\sum\limits_{k=1}^{K}f_k[n']$ 同样可由 $4K$ 个未知参数 $\{c_k,d_k,r_k,t_k\}_{k=1}^{K}$ 唯一确定。因此式(4.21)所示的函数优化问题可等价于:

$$\min \text{fitness}(K,\{c_k,d_k,r_k,t_k\}_{k=1}^{K}) \tag{4.22}$$

式中

$$\text{fitness}(K,\{c_k,d_k,r_k,t_k\}_{k=1}^{K}) = \sum_{n'=0}^{N'-1}\left(s[n'] - \sum_{k=1}^{K}f_k[n']\right)^2 \tag{4.23}$$

本章的目标是通过最小化目标函数 $\text{fitness}(K,\{c_k,d_k,r_k,t_k\}_{k=1}^{K})$ 来寻找最优的洛伦兹函数个数 K 和其他脉冲参数 $\{c_k,d_k,r_k,t_k\}_{k=1}^{K}$。

4.3.3 系统的参数设置

对于一个FRI采样系统,最基本的要求是所获取的采样样本能够为输入信号的未知参数估计提供足够多的傅里叶系数,否则无法重构输入信号。根据4.1节所述,对于能够完全匹配 VPW − FRI 模型的信号,其 $4K$ 个未知参数 $\{c_k,d_k,r_k,t_k\}_{k=1}^{K}$ 可由 $2K+1$ 个输入信号的傅里叶系数唯一确定。而本章提出的采样系统能够从主采样通道的样本 $y[n]$ ($n=0,1,\cdots,N-1$)) 中获取 $M = \lfloor Tf_{\text{cut}}\rfloor + 1$ 个输入信号的傅里叶系数 $S[m]$ ($m=0,1,\cdots,M-1$),如式(4.17)所示。因此,系统中LPF的截止频率 f_{cut} 必须满足

$$\lfloor Tf_{\text{cut}}\rfloor + 1 \geqslant 2K+1 \tag{4.24}$$

即

$$f_{\text{cut}} \geqslant \frac{2K}{T} \tag{4.25}$$

信号经过LPF滤波后是ADC的均匀采样过程,根据奈奎斯特采样定理,为了避免出现镜像频率混叠,主采样通道的 ADC 采样率 f_s 需要满足

$$f_s \geqslant 2f_{\text{cut}} \geqslant \frac{4K}{T} \tag{4.26}$$

式中,速率 $4K/T$ 一般远低于输入信号 $s(t)$ 的奈奎斯特频率。

本章考虑的是如式(4.1)所示的更加通用的模型,即输入信号 $s(t)$ 并不完全匹配 VPW – FRI 模型,其洛伦兹函数的个数 K 是未知的,且模型匹配误差信号 $\sigma(t) \neq 0$。在此情况下,式(4.5)的解并不稳定,可能出现错误的解,其对应的洛伦兹函数宽度 $r_k < 0$。因此,通过判断所有估计的洛伦兹函数脉宽参数 r_k 的正负值,即可得到错误估计的参数集合 $\{c_k, d_k, r_k, t_k\}_{k \in \Psi}$,其中 $\Psi \subset \{1, 2, \cdots, K\}$ 表示所有估计的洛伦兹函数中脉宽为负的索引集合。又由于从本章所提的采样系统的主采样通道中可获取 $M = \lfloor Tf_{\text{cut}} \rfloor + 1$ 个频率非负的傅里叶系数 $S[m]$($m = 0$, $1, \cdots, M - 1$),如式(4.17)所示,这 M 个傅里叶系数最多可估计的洛伦兹函数个数为

$$2K + 1 \leqslant M = (\lfloor Tf_{\text{cut}} \rfloor + 1)s[n'], \quad n' = 0, 1, \cdots, N' - 1 \qquad (4.27)$$

即

$$K \leqslant \left\lfloor \frac{Tf_{\text{cut}}}{2} \right\rfloor \qquad (4.28)$$

因此,本章所提的采样系统最多可重构出 $\lfloor Tf_{\text{cut}}/2 \rfloor$ 个洛伦兹函数,即参数 K 的选择范围为 $\{1, 2, \cdots, \lfloor Tf_{\text{cut}}/2 \rfloor\}$。

辅助采样通道是用于从集合 $\{1, 2, \cdots, \lfloor Tf_{\text{cut}}/2 \rfloor\}$ 内寻找出最优的洛伦兹函数个数,并且找出最优的洛伦兹函数来替换错误估计的洛伦兹函数 $\{c_k, d_k, r_k, t_k\}_{k \in \Psi}$。对于任意选定的 $K \in \{1, 2, \cdots, \lfloor Tf_{\text{cut}}/2 \rfloor\}$,洛伦兹函数的 $4K$ 个未知参数 $\{c_k, d_k, r_k, t_k\}_{k=1}^{K}$ 能够由系统所获取的输入信号 $s(t)$ 的傅里叶系数,利用谱估计算法求得。然后通过式(4.2)即可求得洛伦兹函数的线性组合 $\sum_{k=1}^{K} f_k(t)$,再令 $t = n'/f_s'$,即可得到其离散形式 $\sum_{k=1}^{K} f_k[n'] = \sum_{k=1}^{K} f_k(t)|_{t = n'/f_s'}$。为了求解式(4.22)中的最优化问题,最少需要 $N' \geqslant 1$ 个辅助采样通道的样本,因此辅助采样通道的采样率 f_s' 需要满足

$$N' = \lfloor Tf_s' \rfloor + 1 \geqslant 1 \qquad (4.29)$$

即

$$f_s' \geqslant \frac{1}{T} \qquad (4.30)$$

为了提高噪声环境下本章所提系统的稳定性,一般需要适当提高辅助采样通道的采样率。事实上,为了方便计算,将两个采样通道的采样率设为一致,即设置为 $f_s' = f_s \geqslant 4K/T$。

最后,式(4.22)所示的最优化问题可以通过智能优化算法,如粒子群(Particle Swarm Optimization, PSO)算法进行求解。

4.4　信号重构方法

4.4.1　重构流程

本节将讨论如何利用从本章所提出的采样系统中获取的样本 $y[n]$ $(n = 0,$ $1, \cdots, N-1)$ 和 $s[n']$ $(n = 0, 1, \cdots, N'-1)$ 来重构输入信号 $s(t)$。该信号重构过程基于式(4.22)所示的目标优化函数,流程图如图4.4所示。最优的洛伦兹函数个数 K_{best} 通过遍历搜索的方式来确定,而最优的洛伦兹函数参数 $P_{\text{best}} = \{c_k, d_k, r_k, t_k\}_{k=1}^{K_{\text{best}}}$ 则通过改进的PSO算法来估计。因此该信号重构过程是一个循环搜索的过程,其具体流程可描述如下。

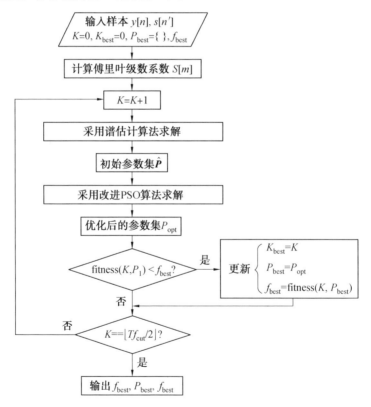

图4.4　信号参数估计重构流程图

（1）初始化。假设从本章所提出的采样系统中获取的样本分别为 $y[n]$ $(0 \leqslant n < N-1, n \in \mathbf{Z})$ 和 $s[n']$ $(0 \leqslant n' < N'-1, n' \in \mathbf{Z})$,洛伦兹函数的个数设置为

$K = 0$,最优的洛伦兹函数个数设置为 $K_{\text{best}} = 0$,最优的洛伦兹函数参数设置为 $P_{\text{best}} = \{\}$,式(4.23)的最优函数值设置为 f_{best}。

(2) 利用所获取的样本 $y[n]$ $(0 \leqslant n < N - 1, n \in \mathbf{Z})$,根据式(4.15) ~ (4.17)计算输入信号 $s(t)$ 的傅里叶系数 $S[m]$ $(m = 0,1,\cdots,\lfloor Tf_{\text{cut}} \rfloor)$。

(3) 更新洛伦兹函数个数的值 $K = K + 1$。

(4) 利用傅里叶系数 $S[m]$,采用谱估计算法求解式(4.5),得到的洛伦兹函数参数估计值 $\hat{P} = \{\hat{c}_k, \hat{d}_k, \hat{r}_k, \hat{t}_k\}_{k=1}^{K}$ 作为如算法 4.1 所示的改进 PSO 算法中部分粒子的初值。

(5) 采用改进 PSO 算法求解式(4.22)所示的函数优化问题,并假设对洛伦兹函数参数的优化结果为 P_{opt}。

(6) 最优解更新。当 $\text{fitness}(K, P_{\text{opt}}) < f_{\text{best}}$ 时,有

$$\begin{cases} K_{\text{best}} = K \\ P_{\text{best}} = P_{\text{opt}} \\ f_{\text{best}} = \text{fitness}(K, P_{\text{opt}}) \end{cases} \quad (4.31)$$

(7) 输出结果。当 $K = \lfloor Tf_{\text{cut}}/2 \rfloor$ 时,输出最优解 K_{best}、P_{best} 和 f_{best};否则,返回步骤(3)。

在得到最优洛伦兹函数个数 K_{best} 和相应的脉冲参数 $P_{\text{best}} = \{c_k, d_k, r_k, t_k\}_{k=1}^{K_{\text{best}}}$ 之后,输入信号可以通过下式重构:

$$s_{\text{best}}(t) = \sum_{k=1}^{K_{\text{best}}} \frac{c_k r_k + d_k(t - t_k)}{\pi(r_k^2 + (t - t_k)^2)}, \quad 0 \leqslant t < T \quad (4.32)$$

式中,T 是信号 $s_{\text{best}}(t)$ 的时间长度。

4.4.2　改进的 PSO 算法

在上述的信号重构流程中,采用改进的 PSO 算法(算法 4.1)来求解式(4.22)所示的目标优化函数。PSO 算法最早是由 Eberhart 等人于 1995 年提出来的,其基本思想是模拟鸟群觅食行为以解决优化问题。优化函数的每一个解都被认为是一只鸟,被称为粒子。假设粒子总数为 N_p,第 i $(i = 1, 2, \cdots, N_p)$ 个粒子的位置记为 $P^i \in \{P_{\min}, P_{\max}\}$,其中,$P_{\min}$ 和 $P_{\max}$ 分别代表粒子位置的最小和最大取值;速度记为 $V^i \in \{V_{\min}, V_{\max}\}$,其中,$V_{\min}$ 和 $V_{\max}$ 分别代表粒子的最小和最大速度。那么,第 i 个粒子的寻优过程可描述为

$$\begin{cases} V^i = wV^i + c_1 r_1 (P_{\text{local}}^i - P^i) + c_2 r_2 (P_{\text{opt}} - P^i) \\ P^i = P^i + V^i \end{cases} \quad (4.33)$$

式中,w 为惯性权重;c_1、c_2 为学习因子;r_1、r_2 为随机数,r_1、$r_2 \in [0, 1]$;P_{local}^i 为第 i 个粒子搜索到的最优解;P_{opt} 为所有粒子搜索到的最优解。

输入:粒子总数 N_{p},被选中的粒子数 S,学习因子 c_1、c_2,惯性权重 w,迭代次数 tf,洛伦兹函数个数 K,谱估计算法结果 P,参数最大和最小取值 $P_{\max}$、$P_{\min}$,速度最大和最小取值 $V_{\max}$、$V_{\min}$。

输出:参数优化结果 P_{opt}。

1   for $i = 1$ to N_{p} do

2   初始化粒子状态 $P^i \in \left[P_{\min}, P_{\max}\right]$ 和速度 $V^i \in \left[V_{\min}, V_{\max}\right]$

3   if $i \leqslant S$ then

4             $P^i = P$(被选中的粒子状态)

5   end

6   初始化全局最优粒子 P_{opt}

7   end

8   for $t = 1$ to tf do

9   for $i = 1$ to N_{p} do

10            $V^i = w * V^i + c_1 * \mathrm{rand}() * \left(P_{\mathrm{local}}^i - P^i\right) + c_2 * \mathrm{rand}() * \left(P_{\mathrm{opt}} - P^i\right)$(粒子速度更新)

11   if $i \leqslant S$ then

12   for $k = 1$ to K

13   if $r_k \geqslant 0$ then

14                       $V^i(4k - 3 : 4k) = [0, 0, 0, 0]$

15   end

16   end

17   end

18            $P^i = P^i + V^i$(粒子状态更新)

19   if $\mathrm{fitness}(K, P^i) < \mathrm{fitness}(K, P_{\mathrm{opt}}^i)$ then

20                $P_{\mathrm{local}}^i = P^i$(全局最优值粒子更新)

21   end

22   end

23   end

算法 4.1   改进 PSO 算法

为了降低算法运算复杂度并提高收敛速度,下面将提出一种改进的 PSO 算法,该算法的改进思路是,首先,在粒子群中选取部分粒子并将其初值设置为谱估计算法的估计值;然后,对于所选取的粒子,在每一次迭代过程中,只有负脉宽($r_k < 0$)的洛伦兹函数需要更新,而非负脉宽($r_k \geqslant 0$)的洛伦兹函数不需要做任何改变,这可以通过将粒子中该部分参数的速度设置为0来实现。而对于其他没有被选中的粒子而言,所有的洛伦兹函数参数都将更新。被选粒子的迭代更新过程如图 4.5 所示,假设负脉宽洛伦兹函数的索引集合为 $\Psi \subset \{1, 2, \cdots, K\}$,那

么非负脉宽伦兹函数的索引集合为 $\Phi = \{1,2,\cdots,K\} - \Psi$。对于被选粒子,只有负脉宽洛伦兹函数的参数 $\{c_k,d_k,r_k,t_k\}_{k\in\Psi}$ 进行了更新,而负脉宽洛伦兹函数的参数 $\{c_k,d_k,r_k,t_k\}_{k\in\Phi}$ 保持不变。

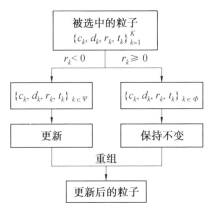

图 4.5　被选粒子的迭代更新过程

4.4.3　噪声的影响分析

为了降低噪声的影响并提高信号重构精度,在重构阶段信号参数的初步估计过程中,本书拟采用谱估计理论中的多种去噪技术。如对于所获取的含噪声的输入信号 $s(t)$ 的傅里叶系数 $S[m]$,采用 Cadzow 迭代算法进行降噪处理。利用少量次数的 Cadzow 迭代对含噪声的样本数据矩阵进行迭代,这将会产生一个矩阵,其对真实未知数据矩阵的误差远低于原始样本数据矩阵的误差。此外还可以采用基于子空间理论的抗噪性比较好的谱估计算法,如 MUSIC 算法和 ESPRIT 算法。此类算法将观测样本空间划分为信号空间和噪声空间,以达到去噪的目的。不同于 Cadzow 迭代算法,MUSIC 算法和 ESPRIT 算法属于非迭代类算法。

4.5　实验验证与分析

4.5.1　实验参数设置

在前节给出基于优化模型的波形未知脉冲序列 FRI 采样方法及参数估计算法的基础上,本节将给出相应的实验验证与分析,实验所采用的被测信号仍然是式(2.50)所示的高斯脉冲序列和式(2.52)所示的非对称脉冲序列。此外,为了考察本章方法对于波形未知脉冲序列的有效性,还采用现有波形未知脉冲序列的 FRI 采样相关研究中普遍使用的麻省理工学院公开的 MIT – BIH 心律失常数据库(MIT – BIH Arrhythmia Database,MITDB) 中的 ECG 信号进行仿真实验。

对于高斯脉冲序列和非对称脉冲序列,当脉冲波形先验已知时,当前具有代表性的方法有滤波器组 – FRI 方法、交错调制 – FRI 方法和第 3 章提出的基于频谱扩展的 FRI 采样方法(记为频谱扩展 – FRI 方法)。当波形未知时,典型的采样方法为 VPW – FRI 采样方法。因此,将本章方法与上述四种方法进行实验对比与分析,VPW – FRI 方法和本章方法的参数设置如下。

(1)VPW – FRI 方法。系统结构如图 4.2 所示,由单个采样通道构成,包含了 1 个 LPF 和 1 个 ADC。其中,LPF 的截止频率设置为 $f_{cut} = 100$ MHz,ADC 的采样率 f_s 设置为 $f_s = 200$ MHz。根据式(2.55)和式(2.56)可以计算该方法的等效采样率为 $f_{sys} = Tf_s/T = 200$ MHz,系统欠采样比为

$$Q = f_{sys}/f_{Nyq} \times 100\% = 200/2\ 000 \times 100\% = 10\%$$

(2)本章方法。系统结构如图 4.3 所示,由两个并行采样通道构成,包含了 1 个 LPF 和 2 个 ADC。其中,LPF 的截止频率设置为 $f_{cut} = 100$ MHz,两个 ADC 的采样率 f_s 均设置为 $f_s = 200$ MHz。该方法的等效采样率为 $f_{sys} = 2Tf_s/T = 400$ MHz,系统欠采样比为

$$Q = f_{sys}/f_{Nyq} \times 100\% = 400/2\ 000 \times 100\% = 20\%$$

高斯脉冲序列和非对称脉冲序列各采样方法的系统参数设置见表 4.1。

表 4.1　高斯脉冲序列和非对称脉冲序列各采样方法的系统参数设置

采样方法	采样方式	等效采样率/MHz	欠采样比/%	频域样本数
滤波器组 – FRI 方法	四通道并行采样	800	40	804
交错调制 – FRI 方法	四通道并行采样	800	40	404
频谱扩展 – FRI 方法	单通道采样	200	10	201
VPW – FRI 方法	单通道采样	200	10	201
本章方法	双通道并行采样	400	20	201

心电图 ECG 信号的欠采样研究对移动医疗领域具有非常重要的意义,尤其是对便携式心电检测系统。对于这种可随身携带的便携式系统,更低的采样率有助于减少 ECG 数据量,从而减小数据存储和传输的需求,这将有助于实现对心血管疾病敏感人员的实时持续监测。原始心电图 ECG 数据的采样率为 360 Hz。由于人体心脏跳动的频率为 60 ~ 80 次/min,因此每一次心跳的周期为 $T = 0.75 ~ 1$ s。对于 ECG 信号,由于其波形是未知的,针对波形已知脉冲序列的 FRI 采样方法无法适用。当前适用于 ECG 信号的具有代表性的方法有 VPW –

FRI 方法和高斯 – FRI(Gaussian Finite Rate of Innovation, Gaussian – FRI) 方法。因此,将本章方法与这两种方法进行实验对比与分析,为了公平地进行比较,各采样方法的参数设置如下。

(1) Gaussian – FRI 方法。该系统由 1 个 LPF 和 1 个 ADC 组成。其中 LPF 的截止频率设置为 $f_{cut} = 40$ Hz,ADC 采样率设置为 $f_s = 2f_{cut} = 80$ Hz。该方法的等效采样率为 $f_{sys} = Tf_s/T = 80$ Hz,系统欠采样比为

$$Q = f_{sys}/f_{Nyq} \times 100\% = 80/360 \times 100\% \approx 22.22\%$$

(2) VPW – FRI 方法。该系统由 1 个 LPF 和 1 个 ADC 组成。其中 LPF 的截止频率设置为 $f_{cut} = 40$ Hz,ADC 采样率设置为 $f_s = 2f_{cut} = 80$ Hz。该方法的等效采样率为 $f_{sys} = Tf_s/T = 80$ Hz,系统欠采样比为

$$Q = f_{sys}/f_{Nyq} \times 100\% = 80/360 \times 100\% \approx 22.22\%$$

(3) 本章方法。该系统由 1 个 LPF 和 2 个 ADC 组成。其中 LPF 的截止频率设置为 $f_{cut} = 40$ Hz,主采样通道的 ADC 采样率设置为 $f_s = 2f_{cut} = 80$ Hz,远低于实际心电图 ECG 信号的采样率 360 Hz。为了方便计算,辅助采样通道的 ADC 采样率同样设置为 $f'_s = 80$ Hz。 该方法的等效采样率为 $f_{sys} = 2Tf_s/T = 180$ Hz,系统欠采样比为

$$Q = f_{sys}/f_{Nyq} \times 100\% = 160/360 \times 100\% \approx 44.44\%$$

ECG 信号各采样方法的系统参数设置见表 4.2。由于本章方法引入了额外的采样通道来获取输入信号的少量时域样本,系统欠采样比相比于 Gaussian – FRI 方法和 VPW – FRI 方法提高了 22.22%。

表 4.2 ECG 信号各采样方法的系统参数设置

采样方法	采样方式	等效采样率/Hz	欠采样比/%	样本数
Gaussian – FRI 方法	单通道采样	80	22.22	81 个频域样本
VPW – FRI 方法	单通道采样	80	22.22	81 个频域样本
本章方法	双通道并行采样	160	44.44	$\begin{cases} 81\ 个频域样本 \\ 80\ 个时域样本 \end{cases}$

在信号重构阶段,本章方法通过利用算法 4.1,即可从选取范围 $1 \leqslant K \leqslant \lfloor Tf_{cut}/2 \rfloor = 15$ 中寻找出最优的洛伦兹函数个数 K。在信号重构过程中,对改进 PSO 算法的参数设置是:种群大小为 Num = 100;学习因子为 $c_1 = c_2 = 1.496\ 2$;惯性权重为 $w = 0.729\ 8$;总迭代次数为 $tf = 100$;洛伦兹函数参数的取值下限为 $P_{min} = \{-10, -10, -1, 0\}$,取值上限为 $P_{max} = \{10, 10, 1, T\}$;粒子速度取值下限为 $V_{min} = \{-20, -20, -2, -2\}$,取值上限为 $V_{max} = \{20, 20, 2, 2T\}$;被选中的粒子总数为 $S = 20$。此外,值得注意的是,为了降低算法的复杂度和提高重构精度,现有波形未知脉冲序列的 FRI 采样方法都是对每一个脉冲信号的采样和恢复过程

单独进行处理。

为了定量地评价本章方法的重构性能,采用"恢复信号的信噪比"作为评价指标,其定义为

$$恢复信号的信噪比 = 10\lg \frac{\parallel s(t) \parallel_2^2}{\parallel s(t) - \hat{s}(t) \parallel_2^2} \tag{4.34}$$

式中,$s(t)$ 为被测信号;$\hat{s}(t)$ 为重构信号。

本节将分别针对高斯脉冲序列、非对称脉冲序列和心电图 ECG 信号进行仿真实验,实验内容分为以下三部分。

(1) 在不添加噪声的情况下,分析用于建模的洛伦兹函数数量对信号重构效果的影响,以此作为后续实验中该参数的选择依据。并不是洛伦兹函数数量越多,恢复效果越好,合理选择洛伦兹函数的数量,有助于提高信号重构效果。

(2) 在不添加噪声的情况下,对本章方法的有效性进行验证。

(3) 在添加高斯白噪声的情况下,针对高斯脉冲序列和非对称脉冲序列,将本章方法与同样是获取频谱信息的滤波器组 - FRI 方法、交错调制 - FRI 方法、频谱扩展 - FRI 方法和 VPW - FRI 方法进行比较实验;针对 ECG 信号,将本章方法与同样是波形未知脉冲序列的 FRI 采样方法,包括 Gaussian - FRI 方法和VPW - FRI 方法进行比较实验。

4.5.2　系统参数的影响分析

对于传统的波形未知脉冲序列的FRI采样方法,一个非常重要的参数是用于建模或拟合的已知函数数量 K,该参数一般需要根据经验进行选取。并不是 K 的取值越大越好,合理选择 K 的值,有助于提高信号重构效果。而对于本章方法,信号重构过程会自动寻找最优的 K 值,不需要根据经验手动选取。因此,为了分析 K 的取值对 VPW - FRI 方法信号重构效果的影响,同时为了说明本章方法的优势,进行了如下仿真实验。

实验4.1　考虑如式(2.50) 所示的高斯脉冲序列和式(2.52) 所示的非对称脉冲序列,这两个被测脉冲序列的未知参数保持一致,统一设置为脉冲个数为1,脉冲幅值参数和时延参数均在取值范围内随机生成。将这两个被测信号分别输入到如图 4.2 所示的 VPW - FRI 采样系统和如图 4.3 所示的本章提出的采样系统中,系统参数设置见表4.1。根据脉冲峰值的数量设置用于建模或拟合的洛伦兹函数数量分别是,高斯脉冲序列为 $K=1$,非对称脉冲序列为 $K=5$,信号重构结果如图 4.6 所示。从图中可以看出,VPW - FRI 方法的重构效果并不理想,主要有两方面的原因,一是 K 值的选取并非最优,二是该方法的解并不稳定,有可能结果中包含了错误的洛伦兹脉冲。本章方法的重构信号与被测信号非常接近,可见本章方法是有效的。

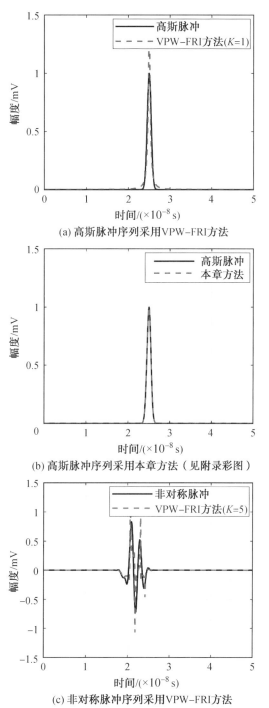

(a) 高斯脉冲序列采用VPW-FRI方法

(b) 高斯脉冲序列采用本章方法（见附录彩图）

(c) 非对称脉冲序列采用VPW-FRI方法

图 4.6　　高斯脉冲序列和非对称脉冲序列的信号重构结果

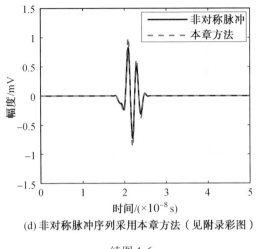

(d) 非对称脉冲序列采用本章方法（见附录彩图）

续图 4.6

实验 4.2 考虑 MIT – BIH 心律失常数据库中的 ECG Record 123 信号，只取第一个心跳脉冲。将该被测 ECG 信号分别输入到图 4.2 所示的 VPW – FRI 采样系统和图 4.3 所示的本章提出的采样系统中，系统参数设置见表 4.2。由于 ECG 信号中的每次心跳过程均可分解为 5 个部分，分别是 P 波、Q 波、R 波、S 波和 T 波，以此设置用于建模或拟合的洛伦兹函数数量为 $K = 5$。信号重构结果如图 4.7 所示，从图中可以看出，本章方法的信号重构效果要优于 VPW – FRI 方法的信号重构效果。

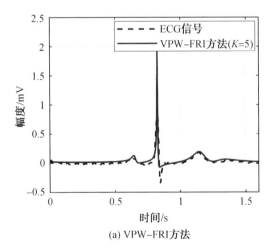

(a) VPW–FRI 方法

图 4.7　ECG 信号一次心跳过程的信号重构结果

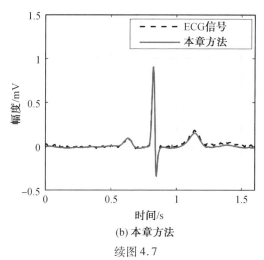

(b) 本章方法

续图 4.7

实验 4.3 考虑如式(2.50)所示的高斯脉冲序列、式(2.52)所示的非对称脉冲序列和 MIT – BIH 心律失常数据库中的 ECG Record 123 信号,其中,高斯脉冲序列和非对称脉冲序列的未知参数保持一致,统一设置为脉冲个数为 1,脉冲幅值参数和时延参数均在取值范围内随机生成,ECG 信号只取第一个心跳脉冲。将这三个被测信号分别输入到如图 4.2 所示的 VPW – FRI 采样系统和如图 4.3 所示的本章提出的采样系统中,系统参数设置见表 4.1 和表 4.2。在信号重构过程中,设置用于建模或拟合的洛伦兹函数数量 K 从 1 到 20 逐步递增。为了便于比较,引入错误率(Error Rate,ER)这一指标来分析各方法重构结果的稳定性。错误率是指估计错误的洛伦兹函数个数与洛伦兹函数总数的比值,即

$$ER = \frac{K_{\text{wrong}}}{K} \times \%$$ (4.35)

式中,K_{wrong} 表示估计错误的洛伦兹函数(脉宽 $r_k < 0$)个数。

不同洛伦兹函数数量 K 下的 VPW – FRI 方法重构结果见表 4.3,从表中可以看出如下结论。

(1)对于高斯脉冲序列,当 K 取不同的值时,ER 都是 0%,可见 VPW – FRI 方法对高斯脉冲的估计结果都是正确的,这主要是由于洛伦兹函数本质上是高斯函数的扩展形式,二者的匹配程度较高;对于不同的 K 值信号重构效果不同,当 $K = 8$ 时,恢复信号的信噪比最高,为 86.9 dB,可见 K 的取值对信号重构效果的影响比较大,采用更大的 K 值,并不一定具有更好的重构效果。

(2)对于非对称脉冲序列,当 $K = 17$ 时,ER 为最小值 0%,而当 $K = 15$ 时,ER 为最大值 40.0%,可见 VPW – FRI 方法对非对称脉冲的估计并不稳定;对于不同的 K 值信号重构效果也不同,当 $K = 18$ 时,恢复信号的信噪比最高,为 39.3 dB。

(3)对于 ECG 信号,当 K 取 1、2、4、5 时,ER 为最小值 0%,而当 $K = 13$ 时,ER

为最大值46.2%,可见 VPW – FRI 方法对 ECG 信号的估计不稳定;对于不同的 K 值信号重构效果也不同,当 $K = 12$ 时,恢复信号的信噪比最高,为16.9 dB,可见 K 的取值并不是越大越好。

表4.3　不同洛伦兹函数数量 K 下的 VPW – FRI 方法重构结果

拟合脉冲个数(K)	高斯脉冲序列		非对称脉冲序列		ECG 信号	
	ER/%	信噪比 /dB	ER/%	信噪比 /dB	ER/%	信噪比 /dB
1	0	13.5	0	– 0.9	0	2.8
2	0	28.5	0	– 7.6	0	6.8
3	0	43.9	0	0.5	33.3	– 2.8
4	0	56.7	0	– 0.9	0	5.4
5	0	65.4	0	1.2	0	4.1
6	0	71.9	0	6.6	16.7	4.3
7	0	77.1	0	7.1	28.8	3.9
8	0	86.9	12.5	7.9	12.5	7.2
9	0	71.8	11.1	17.7	22.2	11.0
10	0	71.1	10.0	21.6	10.0	11.0
11	0	65.3	27.3	21.5	9.1	12.3
12	0	54.7	8.3	23.0	41.7	16.9
13	0	60.2	30.8	14.7	46.2	15.6
14	0	58.2	28.6	24.6	35.7	1.0
15	0	49.1	40.0	19.3	40.0	4.5
16	0	54.3	25.0	30.5	31.3	9.0
17	0	27.3	11.8	32.4	35.3	8.4
18	0	31.8	5.6	39.3	33.3	6.8
19	0	55.0	21.1	30.6	26.3	10.7
20	0	22.7	30.0	28.1	45.0	8.4

从实验4.1 ~ 4.3 可以得到结论,用于建模或拟合的洛伦兹函数数量 K 的取值不同,则信号重构效果也不同,而且并不是 K 的取值越大越好。因此,在实际应用中,VPW – FRI 方法需要根据经验合理地选择 K 值。由于本章方法能够自动地搜索得到最优的 K 值,因此信号重构精度和稳定性要更好。

4.5.3　无噪声环境下的有效性验证

为了分析无噪声干扰的环境下本章方法的有效性,进行了以下仿真实验。

实验4.4　考虑如式(2.50)所示的高斯脉冲序列和式(2.52)所示的非对称脉冲序列,这两个被测脉冲序列的未知参数保持一致,统一设置为脉冲个数为 $K = 10$,脉冲幅值参数和时延参数均在取值范围内随机生成。将这两个被测信号分别输入到如图4.2所示的 VPW – FRI 采样系统和如图4.3所示的本章提出的采样系统中,系统参数设置见表4.1。根据实验4.3中的结论选择用于建模或拟合的洛伦兹函数数量分别为高斯脉冲序列为 $K = 8$、非对称脉冲序列为 $K = 18$。高斯脉冲序列和非对称脉冲序列不同采样方法的重构结果和模型匹配误差如图4.8所示。

　　(1)从图4.8(a) ~ (d)中可以看出,VPW – FRI 方法和本章方法均能够准确地重构出高斯脉冲序列,模型匹配误差为0。

　　(2)从图4.8(e) ~ (h)中可以看出,对于非对称脉冲序列,本章方法重构信号的模型匹配误差要比 VPW – FRI 方法小得多,接近于0。

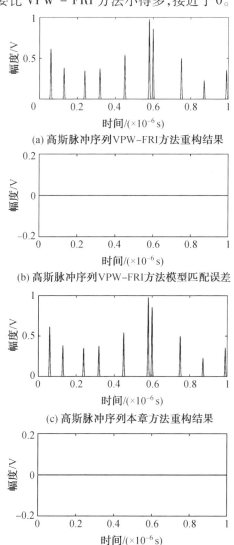

(a) 高斯脉冲序列VPW-FRI方法重构结果

(b) 高斯脉冲序列VPW-FRI方法模型匹配误差

(c) 高斯脉冲序列本章方法重构结果

(d) 高斯脉冲序列本章方法模型匹配误差

图4.8　高斯脉冲序列和非对称脉冲序列不同采样方法的重构结果和模型匹配误差

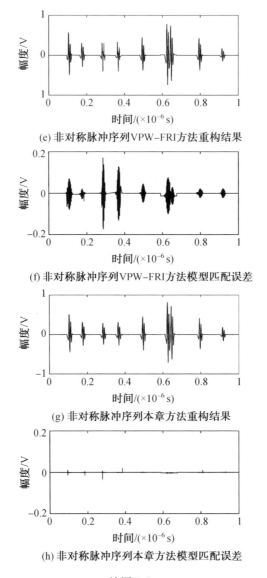

(e) 非对称脉冲序列VPW–FRI方法重构结果

(f) 非对称脉冲序列VPW–FRI方法模型匹配误差

(g) 非对称脉冲序列本章方法重构结果

(h)非对称脉冲序列本章方法模型匹配误差

续图4.8

实验4.5 考虑MIT – BIH心律失常数据库中的ECG Record 123信号,取前 10 s 的数据。将该被测ECG信号分别输入到如图4.2所示的VPW – FRI采样系统和如图4.3所示的本章提出的采样系统中,并与Gaussian – FRI方法进行比较,各采样系统参数设置见表4.2。根据实验3中的结论选择用于建模或拟合的洛伦兹函数和Gaussian 函数数量均为 $K = 12$。不同采样方法的重构结果和模型匹配误差如图4.9所示。

(1) 从图4.9(a)和图4.9(b)可以看出,对于原ECG信号,模型匹配误差为 0。

（2）从图 4.9(c) 和图 4.9(d) 可以看出，Gaussian – FRI 方法对于幅值较低的脉冲信号识别能力较差，其模型匹配能力最差。

（3）对比图 4.9(f) 和图 4.9(h) 可以看出，本章方法的模型匹配程度明显优于传统 VPW – FRI 方法的模型匹配程度，可见对于洛伦兹函数组合的优化过程是非常有效的。

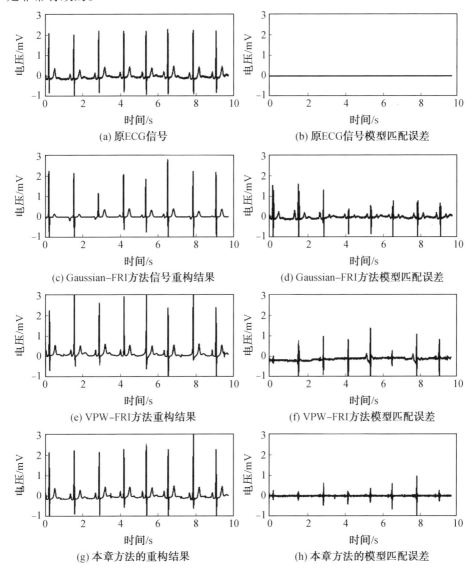

图 4.9　不同采样方法的重构结果和模型匹配误差

实验4.6　考虑 MIT – BIH 心律失常数据库中随机选取的21组 ECG 信号,分别考察这些被测信号在输入为 SNR = 0 dB 和 SNR = 10 dB 的噪声环境下,以及无噪声环境下的信号重构效果。将这些被测 ECG 信号分别输入到如图4.2所示的 VPW – FRI 采样系统和如图4.3所示的本章提出的采样系统中,系统参数设置见表4.2。根据实验4.3中的结论选择用于建模或拟合的洛伦兹函数数量为 $K = 12$。不同采样方法对21组 ECG 信号的重构结果见表4.4,从表中可以看出,相比于 VPW – FRI 方法,本章方法的恢复信噪比均有所提高,当输入为 SNR = 0 dB 时,本章方法恢复信噪比平均提高了4.6 dB;当输入为 SNR = 10 dB 时,本章方法恢复信噪比平均提高了5.2 dB;当无输入噪声时,本章方法恢复信噪比平均提高了3.0 dB。值得注意的是,由于心律失常数据库 MITDB 中的 ECG 信号数据本身含有测量噪声,本章方法和 VPW – FRI 方法又受到模型匹配误差的影响,恢复信号的信噪比并不高。

表4.4　不同采样方法对21组 ECG 信号的重构结果　　　　　　　dB

ECG 信号标识	SNR = 0 dB		SNR = 10 dB		无噪声	
	VPW – FRI 方法	本章方法	VPW – FRI 方法	本章方法	VPW – FRI 方法	本章方法
101	2.6	6.1	13.9	15.8	17.0	18.9
102	3.7	7.8	7.8	13.8	14.5	18.2
103	5.7	7.3	7.8	11.9	15.2	25.7
105	6.4	7.2	8.9	16.5	21.3	23.0
107	1.5	7.7	5.9	15.3	22.7	25.3
111	– 0.3	6.9	5.9	10.1	11.4	16.1
112	3.6	6.2	9.2	11.3	18.7	22.9
113	3.1	10.3	10.3	15.1	21.0	21.2
115	2.2	5.4	7.8	12.5	14.8	17.8
117	3.3	8.4	8.2	15.0	18.8	20.7
123	3.8	7.1	7.0	14.6	16.9	18.4
200	2.3	6.0	4.2	10.5	11.7	13.4
205	4.8	8.8	9.2	9.2	16.5	17.6
208	– 4.4	4.8	7.5	14.6	19.4	21.8
209	1.1	6.9	7.5	14.3	11.5	18.3
210	3.9	8.5	12.3	15.5	18.6	22.7
222	2.1	5.7	6.6	10.2	11.4	12.1
228	– 3.0	7.7	8.1	13.3	13.4	15.2
230	– 0.6	6.0	3.4	13.6	12.0	16.2
233	3.0	5.6	13.3	15.0	20.0	23.5
234	4.5	6.3	6.7	13.1	16.2	18.0

从实验 4.4 ~ 4.6 可以得到结论,同等条件下,本章方法恢复信噪比要明显优于 VPW - FRI 方法恢复信噪比,重构信号的模型匹配程度更高,可见本章方法对于洛伦兹函数组合的优化是非常有效的。

4.5.4　噪声环境下各采样方法的对比实验

对于波形已知的脉冲序列,同样可以利用波形未知脉冲序列的 FRI 采样方法,但是采样率和信号重构效果比波形已知脉冲序列的 FRI 采样方法要差一些。为了验证这一点,同时也为了说明第 2 章和第 3 章工作的必要性,在噪声环境下,将本章方法和 VPW - FRI 方法与波形已知脉冲序列的 FRI 采样方法,包括滤波器组 - FRI 方法、交错调制 - FRI 方法和频谱扩展 - FRI 方法做比较,进行了以下仿真实验。

实验 4.7　考虑如式(2.50)所示的高斯脉冲序列和式(2.52)所示的非对称脉冲序列,这两个被测脉冲序列的未知参数保持一致,统一设置为脉冲个数为 10,脉冲幅值参数和时延参数均在取值范围内随机生成。实验在噪声环境下进行,给被测的高斯脉冲序列添加高斯白噪声,其 SNR 从 - 10 dB 到 30 dB 逐步递增,递增步长为 2 dB。将含噪声的被测信号分别输入到各种采样方法中,采样系统参数设置见表 4.2。根据实验 4.3 中的结论选择用于建模或拟合的洛伦兹函数数量为高斯脉冲序列为 $K = 8$,非对称脉冲序列为 $K = 18$,重复实验 100 次后取平均结果。图 4.10 所示为不同采样方法随着输入 SNR 的递增,恢复信号的信噪比曲线(重构结果),从图中可以看出如下结论。

(1)对比波形已知脉冲序列的三种 FRI 采样方法,即交错调制 - FRI 方法、滤波器组 - FRI 方法和频谱扩展 - FRI 方法,可以看出,交错调制 - FRI 方法的重构效果与滤波器组 - FRI 方法差别不大,优于频谱扩展 - FRI 方法。这主要是由于前两种方法选择了能量较高的频谱信息,由于需要根据输入脉冲的频谱特性来调整采样结构,系统通用性比频谱扩展 - FRI 方法要差;随着输入 SNR 的提高,噪声的影响减小,三种方法恢复信号的信噪比曲线逐渐靠拢,信号重构精度趋于一致。这主要是由于在噪声较小或者无噪声的情况,这三种采样方法都能够实现准确重构,恢复信号的信噪比主要由量化的网格数决定,在网格数一致的情况下,三种方法趋于一致。

(2)对比波形未知脉冲序列的两种 FRI 采样方法,即 VPW - FRI 方法和本章方法,可以看出,本章方法的信号重构效果要优于 VPW - FRI 方法的信号重构效果。可见本章方法对于洛伦兹函数参数的优化是有效的。

(3)对比所有 5 条恢复信号信噪比曲线可见,波形未知脉冲序列的 FRI 采样方法虽然也能够用于波形已知的高斯脉冲序列和非对称脉冲序列,但是信号重构效果要比波形已知的方法差一些。这主要是由于模型匹配误差的存在影响了信号重构效果。

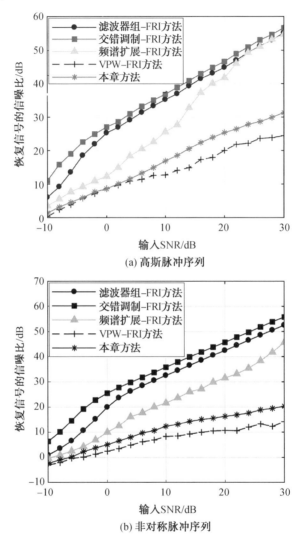

(a) 高斯脉冲序列

(b) 非对称脉冲序列

图 4.10　高斯脉冲序列和非对称脉冲序列 5 种方法的重构结果

从实验 4.7 可以得到结论,对于高斯脉冲序列和非对称脉冲序列,当脉冲波形先验已知时,采用波形已知 FRI 采样方法,效果要明显优于波形未知 FRI 采样方法(本章方法和 VPW – FRI 方法)。3 种 FRI 采样方法性能比较见表 4.5。从对输入信号的要求来看,交错调制 – FRI 方法和频谱扩展 – FRI 方法要求脉冲波形先验已知,而优化模型 – FRI 方法无要求,可适用于波形未知的脉冲序列;从采样系统的设计来看,交错调制 – FRI 方法和优化模型 – FRI 方法需要根据输入脉冲或者拟合函数的频谱特性设计采样结构,通用性较差,而频谱扩展 – FRI 方法通用性好;从信号重构精度来看,通过适当地调整系统参数,交错调制 – FRI 方法能够实现高精度恢复,频谱扩展 – FRI 方法的精度略有降低但是比较稳定,优化模型 – FRI 方法的精度最低,但是比现有波形未知脉冲序列的 FRI 方法要高。

表 4.5　3 种采样方法性能比较

性能	交错调制 – FRI 方法	频谱扩展 – FRI 方法	优化模型 – FRI 方法
对信号的要求	脉冲波形已知	脉冲波形已知	无
采样系统设计	通用性较差	通用性好	根据拟合函数设计
重构性能	精度最高	精度略低	精度最低,但优于同类型方法

实验 4.8　考虑 MIT – BIH 心律失常数据库中标识为 Record 123 的 ECG 信号。实验在噪声环境下进行,给被测的 ECG 信号添加高斯白噪声,其 SNR 从 – 10 dB 到 30 dB 逐步递增,递增步长为 2 dB。将含噪声的被测信号分别输入到各种采样方法中,采样系统参数设置见表 4.2。根据实验 4.3 中的结论选择用于建模或拟合的洛伦兹函数数量为 $K = 12$,重复实验 100 次后取平均结果。图 4.11 所示为不同采样方法随着输入 SNR 的递增,恢复信号的信噪比曲线(重构结果),从图中可以看出如下结论。

(1)当输入 SNR 较低时(SNR < 0 dB),本章方法的信号重构效果仅略微优于 VPW – FRI 方法的信号重构效果,这是由于在拟合函数保持一致的前提下,频域样本数对重构效果的影响占主导因素。由于这两种采样方法获取的频域样本数相同,因此重构效果接近;本章方法和 VPW – FRI 方法的信号重构效果都要优于 Gaussian – FRI 方法的信号重构效果。可见,相比于高斯函数及其导数,采用洛伦兹函数对 ECG 信号进行建模或拟合能够得到更好的重构效果。

(2)随着输入 SNR 的增加(0 dB ≤ SNR ≤ 15 dB),本章方法恢复信号的信噪比曲线与 VPW – FRI 方法和 Gaussian – FRI 方法差距逐渐增大,本章方法的优势变得比较明显。

值得注意的是,由于心律失常数据库 MITDB 中的 ECG 信号数据本身含有测量噪声,在 FRI 采样过程中又受到了高斯白噪声以及模型匹配误差的影响,各种采样方法恢复信号的信噪比并不高。

(3)随着 SNR 的增加(SNR > 15 dB),此时噪声的影响减小,信号恢复效果主要由模型匹配程度决定,显然本章方法的模型匹配程度最高,即对输入信号的

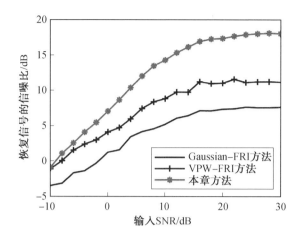

图 4.11　噪声环境下不同采样方法的信号重构结果

拟合最好,VPW - FRI 方法其次,Gaussian - FRI 方法由于采用固定脉宽的高斯函数拟合,效果最差。由于模型匹配误差与输入的噪声无关,因此 3 种方法的信号恢复效果趋于稳定,即恢复信号的信噪比趋势"走平"。

由实验 4.8 可知,针对 ECG 信号,相对于 VPW - FRI 方法,本章方法恢复信号的信噪比平均提高了 4.6 dB。因此可以得到结论,虽然同等条件下本章方法的采样率比 VPW - FRI 方法的采样率有所降低,但是较大地提高了噪声以及模型不匹配环境下的信号重构效果。

4.6　本章小结

针对现有波形未知脉冲序列的 FRI 采样方法在噪声以及模型不匹配情况下重构误差较大的问题,本章提出了一种改进的基于优化模型的 VPW - FRI 方法。首先,根据传统的 VPW - FRI 采样理论,将波形未知的脉冲序列建模为一组洛伦兹函数和模型匹配误差信号的线性组合形式;然后,为了降低噪声以及模型匹配误差的影响,建立了以最小化模型匹配误差的能量为目的的目标优化函数,同时,为了解决该优化问题,提出了一种双通道的 FRI 采样结构,主采样通道获取信号的傅里叶系数用来初步估计洛伦兹函数中的未知参数,辅助采样通道获取信号的时域样本用来优化该参数估计结果;最后,通过对传统粒子群 PSO 优化算法进行改进的基础上,本章还提出了一种基于优化思想的脉冲序列重构算法。虽然同等条件下本章方法所需要的样本数更多,导致采样率有所降低,但是较大地提高了噪声以及模型不匹配情况下的信号重构性能。仿真实验结果表明,对

于高斯脉冲序列和非对称脉冲序列,本章方法的信号重构效果优于传统 VPW –
FRI 方法的信号重构效果,但是比第 2 章提出的交错调制 – FRI 方法和第 3 章提
出的频谱扩展 – FRI 方法都要低一些,这主要是由于相比于波形已知的 FRI 采样
方法,波形未知的方法需要通过拟合的方式来对未知的脉冲波形进行近似,模型
匹配误差的存在必然会影响参数估计精度;而对于麻省理工学院提供的心律失
常数据库 MITDB 中真实的心电图 ECG 信号,虽然本章方法的欠采样比相较
VPW –FRI 方法提高了 22.22% ,即采样率有所降低,但是恢复信号的信噪比平
均提高了 4.6 dB, 即较大地提高了噪声以及模型不匹配环境下的信号重构
效果。

第 5 章

基于微分 VPW – FRI 的非理想
分段多项式信号采样方法

本章考虑非理想分段多项式信号的采样与重构问题。由于分段多项式信号可以用脉冲信号的微分形式来表示，因此其非理想特性属于一种脉冲畸变。在 FRI 采样理论中，对脉冲畸变问题进行研究时，通常将畸变的脉冲序列建模为非对称脉冲序列再进行后续处理。本章在研究现有的非对称脉冲序列 FRI 采样方法的基础上，对现有方法进行改进，并将改进方法应用于非理想分段多项式的 FRI 采样中，从而对间断点附近非理想的过渡带进行精确重构。最后通过仿真实验对微分 VPW 脉冲串 FRI 采样及其应用于非理想分段多项式 FRI 采样的过程进行研究，实验结果证明了改进模型能够通过欠采样和一定的重构算法实现参数的精确重构，且实际信号的模型匹配程度有所提高。

5.1　非对称脉冲序列 FRI 采样理论

目前 FRI 采样理论研究中的非对称脉冲序列 FRI 采样方法通过将待测信号建模为 FRI 信号从而实现欠采样和重构，常用的建模手段有非对称脉冲 – FRI(Asymmetric Pulses – FRI, AP – FRI) 模型、分数阶希尔伯特 – FRI (Fractional Hilbert – FRI, FrHT – FRI) 模型和 VPW – FRI 模型。下面对各建模方法及 FRI 采样、重构原理进行说明。

5.1.1　AP – FRI 模型

Nagesh 等人针对超声波探测、雷达侦测等应用中的接收脉冲畸变问题提出

了 AP - FRI 模型,该模型用一个已知的对称脉冲 $h(t)$ 和其导数来构造,AP 脉冲基函数的表达式为

$$h_{\alpha,\beta}(t) = \alpha h(t) + \beta \frac{\mathrm{d}h(t)}{\mathrm{d}t} \tag{5.1}$$

单个 AP 脉冲的构成如图 5.1 所示,由于 $h(t)$ 为对称脉冲,因此其导数 $\mathrm{d}h(t)/\mathrm{d}t$ 为反对称脉冲。AP 脉冲的不对称度定义为

$$\theta = \arctan \frac{\beta}{\alpha} \tag{5.2}$$

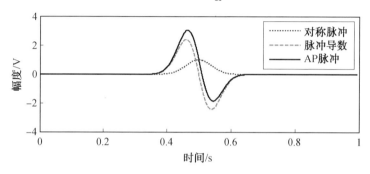

图 5.1　单个 AP 脉冲的构成

对称脉冲基函数 $h(t)$ 可选为高斯脉冲、洛伦兹脉冲或 Sinc 脉冲,则对应的 AP 脉冲基函数表达式分别为

$$h_{\alpha,\beta}(t) = \alpha \mathrm{e}^{-\frac{t^2}{2\sigma^2}} - \beta \frac{t}{\sigma^2} \mathrm{e}^{-\frac{t^2}{2\sigma^2}} \tag{5.3}$$

$$h_{\alpha,\beta}(t) = \alpha \frac{r}{r^2 + t^2} + \beta \frac{-2rt}{(r^2 + t^2)^2} \tag{5.4}$$

$$h_{\alpha,\beta}(t) = \alpha \mathrm{Sinc}(Bt) + \beta \frac{B\pi t\cos B\pi t - \sin B\pi t}{B\pi t^2} \tag{5.5}$$

图 5.2 所示为以高斯脉冲为基函数构造的不对称度变化的 AP 脉冲串,从左到右的不对称度 θ 依次为 0.1π、0.2π、0.3π、0.4π。

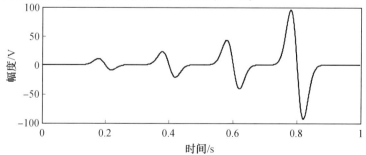

图 5.2　以高斯脉冲为基函数构成的不对称度变化的 AP 脉冲串

若 AP – FRI 模型中包含 K 个 AP 脉冲,则其时域表达式为

$$x(t) = \sum_{k=1}^{K} h_{\alpha_k,\beta_k}(t - t_k), \quad t \in [0, T] \tag{5.6}$$

式中,T 为 AP 脉冲串的时间持续长度;$\{t_k\}_{k=1}^{K}$ 为各脉冲时延。

AP – FRI 模型的傅里叶系数表达式为

$$X[m] = \sum_{k=1}^{K} H[m]\left(\alpha_k + j\beta_k \frac{2\pi}{T}m\right) e^{-j\frac{2\pi}{T}mt_k}, \quad m \in \mathbf{Z} \tag{5.7}$$

式中,$\{\alpha_k\}_{k=1}^{K}$、$\{\beta_k\}_{k=1}^{K}$ 分别为对称脉冲和脉冲导数的幅度参数;$H[\omega]$ 为 $h(t)$ 的傅里叶系数,须满足 $H[m] \neq 0, m \in M$,由于 AP 脉冲串待求傅里叶系数对应的频率为 $f = m/T$,故 M 为一个确定的整数集合,用来指定待求傅里叶系数频率范围。

通过对零化滤波器法进行改进,可对 AP – FRI 模型中的未知参数 $\{\alpha_k, \beta_k, t_k\}_{k=1}^{K}$ 进行求解。令

$$Y[m] = \frac{X[m]}{H[m]} \tag{5.8}$$

令 $c_k = \alpha_k, d_k = j(2\pi/T)\beta_k$,设零化滤波器的根为 $u_k = e^{-2\pi jt_k/T}$,则 $Y[m]$ 可简化为

$$Y[m] = \sum_{k=1}^{K} (c_k + md_k) u_k^m, \quad m \in M \tag{5.9}$$

构造零化滤波器为

$$A(z) = \prod_{k=1}^{K} (1 - u_k z^{-1})^2 \tag{5.10}$$

该零化滤波器的根均为二重根,故可通过根 $\{u_k\}_{k=1}^{K}$ 恢复出 $\{t_k\}_{k=1}^{K}$,然后用最小二乘方法恢复出 $\{\alpha_k, \beta_k\}_{k=1}^{K}$。需要注意的是,零化滤波器的输入为 $Y[m]$ ($m \in M$),集合 M 满足 $M = [-M, M]$($M \geq 2K$)。

由以上分析可知,AP – FRI 模型通过对已知的对称脉冲基函数求导构造出不对称度变化的脉冲串,但脉冲基函数是固定的,一般为高斯脉冲,脉宽不可变。

5.1.2　FrHT – FRI **模型**

除 AP – FRI 模型外,Nagesh 等人还针对 ECG 信号拟合问题提出了另一种非对称脉冲模型,单个 FrHT 脉冲的构成如图 5.3 所示,用高斯脉冲及其分数阶 Hilbert 变换来构造,则 FrHT 脉冲基函数的表达式为

$$h_\theta(t) = \cos\theta \cdot h(t) + \sin\theta \cdot \tilde{H}(t) \tag{5.11}$$

式中,$h(t)$ 为高斯脉冲,$h(t) = e^{-t^2/2\sigma^2}$;$\tilde{H}(t)$ 为 $h(t)$ 的 Hilbert 变换。

实际上,Hilbert 变换是对信号做 90° 相移,而分数阶 Hilbert 变换则是对信号做任意角度 θ 的相移,也就是说,分数阶 Hilbert 变换是 Hilbert 变换的推广形式。

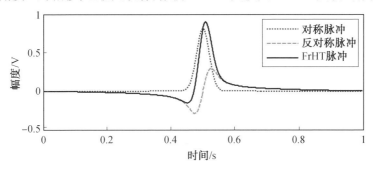

图 5.3　单个 FrHT 脉冲的构成

　　在 FrHT – FRI 模型中,角度 θ 代表着不对称度,与 AP – FRI 模型中的不对称度 θ 在定义上是相同的。图 5.4 所示为不对称度变化的 FrHT 脉冲串,从左到右的不对称度 θ 依次为 0.1π、0.2π、0.3π、0.4π。

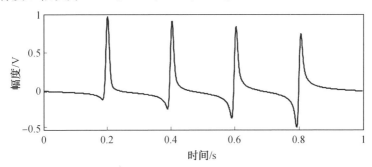

图 5.4　不对称度变化的 FrHT 脉冲串

　　若 FrHT – FRI 模型中包含 K 个 FrHT 脉冲,则其时域表达式为

$$x(t) = \sum_{k=1}^{K} a_k h_{\theta_k}(t - t_k), \quad t \in [0, T] \tag{5.12}$$

式中,T 为 FrHT 脉冲串的时间持续长度;$\{t_k\}_{k=1}^{K}$ 为各脉冲时延;$\{a_k\}_{k=1}^{K}$ 为脉冲幅度参数;$\{\theta_k\}_{k=1}^{K}$ 为各脉冲的不对称度参数。

　　FrHT – FRI 模型的傅里叶系数表达式为

$$X[m] = H[m] \cdot \sum_{k=1}^{K} a_k(\cos \theta_k - j\mathrm{sgn}(m)\sin \theta_k)\mathrm{e}^{-j\frac{2\pi}{T}mt_k}, \quad m \in \mathbf{Z} \tag{5.13}$$

式中,$H(\omega)$ 为 $h(t)$ 的 CTFT 变换,须满足 $H[m] \neq 0, m \in M$。

　　当 $m > 0$ 时,FrHT – FRI 模型的傅里叶系数表达式变为

$$X[m] = H[m] \cdot \sum_{k=1}^{K} a_k \mathrm{e}^{-j\theta_k} \mathrm{e}^{-j\frac{2\pi}{T}mt_k} \tag{5.14}$$

此时可以用零化滤波器法对 FrHT – FRI 模型中的未知参数 $\{t_k, \theta_k, a_k\}_{k=1}^{K}$ 进行求解,构造零化滤波器为

$$A(z) = \prod_{k=1}^{K} (1 - u_k z^{-1}) \tag{5.15}$$

与 AP – FRI 模型类似,对 FrHT – FRI 模型进行求解时,先用式(5.10)对 $m > 0$ 的至少连续 $2K$ 个傅里叶系数(如 $m = 1, \cdots, 2K$)进行处理;然后计算零化滤波器的根 $\{u_k\}_{k=1}^{K}$,求出 $\{t_k\}_{k=1}^{K}$;最后用最小二乘方法恢复出 $\{\theta_k, a_k\}_{k=1}^{K}$,若最小二乘法计算出的脉冲幅度参数为 $\{c_k\}_{k=1}^{K}$,则 $a_k = |c_k|$,$\theta_k = -\angle c_k$。

由以上分析可知,FrHT – FRI 模型通过分数阶 Hilbert 变换构造出不对称度变化的脉冲串,但与 AP – FRI 模型类似,同样存在脉冲基函数确定、脉宽不可变的问题,并且重构原信号所需的傅里叶系数必须位于频谱正半轴上。

5.1.3　VPW – FRI 模型

洛伦兹脉冲函数可以用来描述曲线中峰的形状,Vetterli 等人对洛伦兹脉冲函数进行改进得到 VPW – FRI 模型,用来描述非对称的脉宽可变脉冲。第4章已对 VPW – FRI 采样理论进行了介绍,为了本章内容更好地展开以及对算法进行分析对比,将对其进行详细介绍。

如图5.5所示,单个 VPW 脉冲 $f_k(t)$ 由对称脉冲 $f_k^{s}(t)$ 和反对称脉冲 $f_k^{a}(t)$ 两部分组成,具体表达式为

$$f_k(t) = f_k^{s}(t) + f_k^{a}(t) \tag{5.16}$$

$$f_k^{s}(t) = c_k \frac{r_k}{\pi[r_k^2 + (t - t_k)^2]} \tag{5.17}$$

$$f_k^{a}(t) = d_k \frac{t - t_k}{\pi[r_k^2 + (t - t_k)^2]} \tag{5.18}$$

式中,$\{t_k\}_{k=1}^{K}$ 为脉冲时延;$\{r_k\}_{k=1}^{K}$ 为脉冲宽度;$\{c_k\}_{k=1}^{K}$、$\{d_k\}_{k=1}^{K}$ 分别为对称脉冲 $f_k^{s}(t)$ 和反对称脉冲 $f_k^{a}(t)$ 的幅度参数。

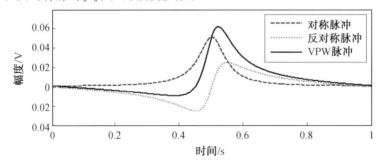

图 5.5　单个 VPW 脉冲的构成

对称脉冲 $f_k^s(t)$ 的傅里叶系数表达式为

$$f_k^s[m] = \frac{c_k}{T} \mathrm{e}^{-2\pi(r_k|m|+jt_km)/T}, \quad m \in \mathbf{Z} \tag{5.19}$$

反对称脉冲 $f_k^a(t)$ 的傅里叶系数表达式为

$$f_k^a[m] = -j\frac{d_k}{T}\mathrm{sgn}(m)\mathrm{e}^{-2\pi(r_k|m|+jt_km)/T}, \quad m \in \mathbf{Z} \tag{5.20}$$

式中,$\mathrm{sgn}(\cdot)$ 为符号函数。

若忽略系数 c_k 和 d_k,则 $f_k^a[m]$ 是 $f_k^s[m]$ 的 Hilbert 变换。

当 $r_k > 0$(即脉宽参数符合其物理意义)时,可对 VPW 脉冲的时域表达式做有限项处理,设

$$z_k(t) = \mathrm{e}^{\frac{2\pi}{T}[-r_k+j(t-t_k)]} \tag{5.21}$$

其共轭形式为

$$z_k^*(t) = \mathrm{e}^{\frac{2\pi}{T}[-r_k-j(t-t_k)]} \tag{5.22}$$

则单个 VPW 脉冲的时域表达式可简化为

$$f_k(t) = \frac{c_k}{T} \cdot \frac{1-|z_k(t)|^2}{(1-z_k(t))(1-z_k^*(t))} + \frac{d_k}{T} \cdot \frac{2\mathrm{Im}\{z_k(t)\}}{(1-z_k(t))(1-z_k^*(t))} \tag{5.23}$$

脉宽变化的 VPW 脉冲串如图 5.6 所示,VPW – FRI 模型是由多个 VPW 脉冲构成的 VPW 脉冲串,对原始的零化滤波器法进行改进后可对 VPW – FRI 模型中的未知参数进行求解。对一个包含 K 个脉冲的 VPW 脉冲串,有

$$f(t) = \sum_{k=1}^{K} f_k(t) \tag{5.24}$$

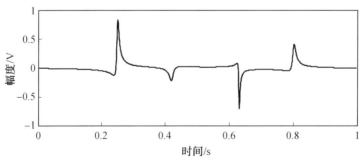

图 5.6　脉宽变化的 VPW 脉冲串

其傅里叶系数表达式为

$$F[M] = \sum_{k=1}^{K} \frac{c_k - jd_k\mathrm{sgn}(m)}{T}\mathrm{e}^{-2\pi(r_k|m|+jt_km)/T}, \quad m \in \mathbf{Z} \tag{5.25}$$

对原始零化滤波器法做改进,即零化滤波器的根由 $u_k = \mathrm{e}^{-2\pi\mathrm{j}t_k/T}$ 扩展为 $u_k = \mathrm{e}^{-2\pi(r_k+\mathrm{j}t_k)/T}$,令 $a_k = (c_k - \mathrm{j}d_k)/T$,则 VPW 脉冲串的傅里叶系数表达式变为可零化求解的形式:

$$F[M] = \sum_{k=1}^{K} a_k u_k^m \tag{5.26}$$

因此,若对 VPW – FRI 模型进行 FRI 采样与重构,当脉冲个数为 K 时,只需通过采样核获得 $m > 0$ 的连续 $2K+1$ 个傅里叶系数(如,$m = 1,2,\cdots,2K+1$),即可通过求解零化滤波器的根 $\{u_k\}_{k=1}^{K}$ 进而恢复出未知参数 $\{t_k,r_k,c_k,d_k\}_{k=1}^{K}$:

$$t_k = -\frac{T\angle u_k}{2\pi}, \quad r_k = -\frac{T\ln|u_k|}{2\pi}, \quad c_k T \cdot \mathrm{Re}(a_k), \quad d_k = -T \cdot \mathrm{Im}(a_k) \tag{5.27}$$

式中,$\angle$ 为求相运算,所求相位范围为 $[0,2\pi)$;$|\cdot|$ 为求绝对值运算;$\mathrm{Re}(\cdot)$ 为求实部运算;$\mathrm{Im}(\cdot)$ 为求虚部运算。

零化滤波器的根在扩展前、后与单位圆的位置关系如图 5.7 所示,需要注意的是,原始零化滤波器法计算出的根全部分布在单位圆上,而在求解 VPW – FRI 模型时由于对零化滤波器的根进行扩展,引入了参数 r_k,此时由于 $r_k > 0$,根应位于单位圆内。若求解出的根位于单位圆外,则说明此时零化滤波器有不稳定的解,该根对应的 $r_k < 0$,不符合其物理意义,VPW – FRI 模型的重构失败。

由以上分析可知,VPW – FRI 模型通过洛伦兹脉冲的 Hilbert 变换构造出脉宽和不对称度均可变的脉冲串。与 AP – FRI 模型和 FrHT – FRI 模型相比,VPW – FRI 模型最大的优点就在于脉冲的宽度可以改变,并且作为模型的其中一个未知参数也可通过重构算法求解,但其在重构原信号时所需的傅里叶系数也必须位于频谱正半轴上。

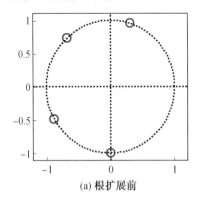
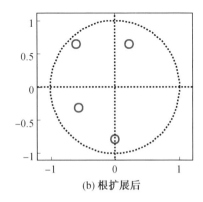

(a) 根扩展前　　　　　　　　　　(b) 根扩展后

图 5.7　零化滤波器的根在扩展前、后与单位圆的位置关系

5.1.4　仿真实验与分析

本节对 AP – FRI 模型、FrHT – FRI 模型和 VPW – FRI 模型进行无噪声仿真实验,目的是验证各模型 FRI 采样方法的正确性,并比较各模型的特点。

仿真过程中采用单通道 FRI 采样结构,采样核为 SoS 采样核,采样核加权系数为 $\{b_m\}_{m \in M} = 1/(NT)$, N 为采样点数。待测信号的生成速率为 1 kHz,重构算法为零化滤波器法。信号重构精度标准包括重构脉冲时延、脉冲宽度的归一化均方误差(NMSE)和重构信号信噪比(SNR),单位均为分贝(dB),计算公式分别为

$$t_k\_\text{NMSE}[\text{dB}] = 10\lg\left(\frac{1}{K}\sum_{k=1}^{K}\left(\frac{t_k - \hat{t}_k}{t_k}\right)^2\right) \tag{5.28}$$

$$t_k\_\text{NMSE}[\text{dB}] = 10\lg\left(\frac{1}{K}\sum_{k=1}^{K}\left(\frac{r_k - \hat{r}_k}{t_k}\right)^2\right) \tag{5.29}$$

$$\text{SNR}[\text{dB}] = 10\lg\frac{\|x\|^2}{\|x - \hat{x}\|^2} \tag{5.30}$$

式中,K 为脉冲个数;$\{t_k, r_k\}_{k=1}^{K}$ 为待测信号的脉冲时延和脉冲宽度参数;$\{\hat{t}_k, \hat{r}_k\}_{k=1}^{K}$ 为重构信号的脉冲时延和脉冲宽度参数;x 为待测信号向量;$\hat{x}$ 为重构信号向量;$\| \cdot \|$ 为信号的能量,即内积运算。

重构参数的归一化均方误差的值越小,重构信号信噪比的值越大,表示重构精度越高。

1. AP – FRI 模型的 FRI 采样

首先选取不同参数,对 AP – FRI 模型进行两组无噪声仿真实验,脉冲基函数为高斯脉冲,实验参数见表 5.1,重构结果见表 5.2,实验结果如图 5.8 和图 5.9 所示。

表 5.1　AP – FRI 模型无噪声仿真的实验参数

实验参数	第一组	第二组
形状因子 σ	0.02	0.02
脉冲持续长度 T/s	1	1
脉冲个数 K	4	6
脉冲时延 t_k/s	$[0.2, 0.4, 0.6, 0.8]$	$[0.3, 0.35, 0.4, 0.45, 0.5, 0.55]$
对称脉冲幅度 α_k	$[1\ 1\ 1\ 1]$	$[1\ 1\ 1\ 1\ 1\ 1]$
不对称度 θ_k	$[0.4\pi\ 0.3\pi\ 0.2\pi\ 0.1\pi]$	$[0.4\pi\ 0.35\pi\ 0.3\pi\ 0.25\pi\ 0.2\pi\ 0.15\pi]$
采样间隔 T_s/s	0.05	0.04
采样率 f_s/Hz	20	25
采样点数 N	17	25

表5.2　AP – FRI 模型无噪声仿真的重构结果

重构结果	第一组	第二组
重构脉冲时延 $\hat{t}_k$/s	[0.200 0,0.400 0, 0.600 0,0.800 0]	[0.299 9,0.348 3,0.393 0, 0.440 1,0.496 8,0.549 8]
重构对称脉冲幅度 $\hat{\alpha}_k$	[1.000 1,1.000 1, 1.000 1,1.000 1]	[−1.225 4,−3.889 5,6.438 7, 8.340 0,−2.652 4,−0.954 7]
重构不对称度 $\hat{\theta}_k$	[0.987 0π,1.974 0π, 2.960 9π,3.947 9π]	[−0.166 8π,−0.868 4π,4.113 5π, 4.126 9π,−3.761 3π,−0.924 1π]
重构脉冲时延 t_k_NMSE/dB	−138.257 6	−41.458 9
重构信号信噪比 /dB	111.703 9	15.736 6

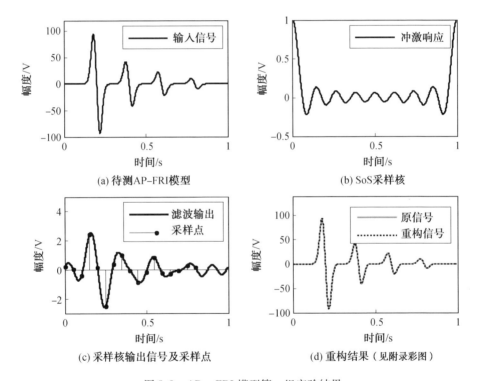

(a) 待测AP-FRI模型　　　　　　　(b) SoS采样核

(c) 采样核输出信号及采样点　　　　(d) 重构结果（见附录彩图）

图5.8　AP – FRI 模型第一组实验结果

　　通过两组实验结果可以发现,在无噪声情况下,当各脉冲间隔较大时,重构脉冲时延的归一化均方误差较小,重构信号信噪比较大,说明此时重构误差较小;而当各脉冲位置接近时,零化滤波器求出的多重根出现误差,导致重构的AP – FRI 模型参数出现较大误差。因此可以得出结论,AP – FRI 模型的 FRI 采样方法能够有效降低采样率,但该模型对距离相近的相邻脉冲分离能力较低。

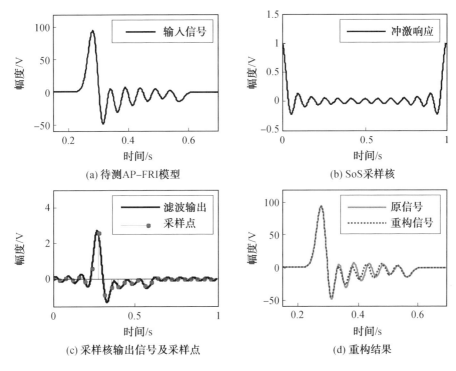

(a) 待测AP–FRI模型　　　　　　　　(b) SoS采样核

(c) 采样核输出信号及采样点　　　　　　(d) 重构结果

图 5.9　AP – FRI 模型第二组实验结果

2. FrHT – FRI 模型的 FRI 采样

与 AP – FRI 模型类似,选取不同参数,对 FrHT – FRI 模型进行两组无噪声仿真实验,实验参数见表 5.3,重构结果见表 5.4,实验结果如图 5.10 和图 5.11 所示。

表 5.3　FrHT – FRI 模型无噪声仿真的实验参数

实验参数	第一组	第二组
形状因子 σ	0.005	0.005
脉冲持续长度 T/s	1	1
脉冲个数 K	4	6
脉冲时延 t_k/s	$[0.2,0.4,0.6,0.8]$	$[0.3,0.35,0.4,0.45,0.5,0.55]$
对称脉冲幅度 α_k	$[1\ 1\ 1\ 1]$	$[1\ 1\ 1\ 1\ 1\ 1]$
不对称度 θ_k	$[0.2\pi,0.3\pi,0.4\pi,0.5\pi]$	$[0.4\pi,0.35\pi,0.3\pi,0.25\pi,0.2\pi,0.15\pi]$
采样间隔 T_s/s	0.05	0.04
采样率 f_s/Hz	20	25
采样点数 N	17	25

表 5.4 FrHT – FRI 模型无噪声仿真的重构结果

重构结果	第一组	第二组
重构脉冲时延 $\hat{t}_k/\mathrm{s}$	$[\,0.200\,0,0.400\,0,$ $0.600\,0,0.800\,0\,]$	$[\,0.300\,0,0.350\,0,0.400\,0,$ $0.450\,0,0.500\,0,0.550\,0\,]$
重构对称脉冲幅度 $\hat{\alpha}_k$	$[\,1.000\,0,1.000\,0,$ $1.000\,0,1.000\,0\,]$	$[\,1.000\,0,1.000\,0,1.000\,0,$ $1.000\,0,1.000\,0,1.000\,0\,]$
重构不对称度 $\hat{\theta}_k$	$[\,1.973\,9\pi,2.960\,9\pi,$ $3.947\,8\pi,4.934\,8\pi\,]$	$[\,3.947\,8\pi,3.454\,4\pi,2.960\,9\pi,$ $2.467\,4\pi,1.973\,9\pi,1.480\,4\pi\,]$
重构脉冲时延 t_k_NMSE/dB	$-266.611\,3$	$-189.006\,6$
重构信号信噪比 SNR/dB	$232.579\,6$	$155.732\,2$

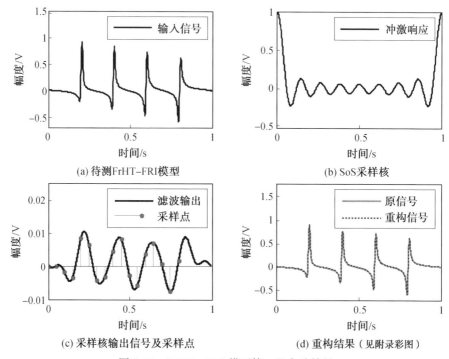

(a) 待测FrHT–FRI模型

(b) SoS采样核

(c) 采样核输出信号及采样点

(d) 重构结果（见附录彩图）

图 5.10 FrHT – FRI 模型第一组实验结果

通过两组实验结果可以发现,在无噪声情况下,各脉冲的位置是否接近对 FrHT – FRI 模型的重构结果的精度基本无影响,虽然重构脉冲时延的归一化均方误差和重构信号信噪比的变化较大,但都保证了脉冲信号的重构具有较高的精度,所以在脉冲个数较多时重构结果依然精确无误差。因此,虽然 AP – FRI 模型和 FrHT – FRI 模型均存在脉宽不可变的缺陷,但 FrHT – FRI 模型相比 AP – FRI 模型的一大优势是能够对非对称脉冲序列中多个位置接近的脉冲进行分离并精确重构。

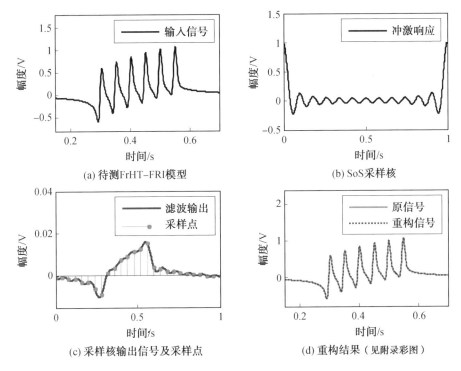

图 5.11　FrHT − FRI 模型第二组实验结果

3. VPW − FRI 模型的 FRI 采样

按照上述过程,下面选取不同参数,对 VPW − FRI 模型进行两组无噪声仿真实验,实验参数见表 5.5,重构结果见表 5.6,实验结果如图 5.12 和图 5.13 所示。

表 5.5　VPW − FRI 模型无噪声仿真的实验参数

实验参数	第一组	第二组
脉冲持续长度 T/s	1	1
脉冲个数 K	4	6
脉冲时延 t_k/s	$[0.25,0.42,0.63,0.80]$	$[0.3,0.35,0.4,0.45,0.5,0.55]$
脉冲宽度 r_k	$[0.004,0.007,0.002,0.006]$	$[0.004,0.005,0.007,0.002,0.006,0.003]$
对称脉冲幅度 c_k	$[0.09,-0.05,-0.04,0.07]$	$[0.09,-0.05,-0.04,0.07,0.03,-0.02]$
反对称脉冲幅度 d_k	$[0.08,0.02,-0.03,0.05]$	$[0.08,0.02,-0.03,0.05,-0.06,0.07]$
采样间隔 T_s/s	0.05	0.04
采样率 f_s/Hz	20	25
采样点数 N	17	25

表 5.6 VPW – FRI 模型无噪声仿真的重构结果

重构结果	第一组	第二组
重构脉冲时延 $\hat{t}_k$/s	$[0.250\ 0, 0.420\ 0,$ $0.630\ 0, 0.800\ 0]$	$[0.030\ 0, 0.350\ 0, 0.400\ 0,$ $0.450\ 0, 0.500\ 0, 0.550\ 0]$
重构脉冲宽度 $\hat{r}_k$	$[0.004\ 0, 0.007\ 0,$ $0.002, 0\ 0.006\ 0]$	$[0.004\ 0, 0.005\ 0, 0.007\ 0,$ $0.002\ 0, 0.006\ 0, 0.003\ 0]$
重构对称脉冲幅度 $\hat{c}_k$	$[0.090\ 0, -0.050\ 0,$ $-0.040\ 0, 0.070\ 0]$	$[0.090\ 0, -0.050\ 0, -0.040\ 0,$ $0.070\ 0, 0.030\ 0, -0.020\ 0]$
重构反对称脉冲幅度 $\hat{d}_k$	$[0.080\ 0, 0.020\ 0,$ $-0.030\ 0, 0.050\ 0]$	$[0.080\ 0, 0.020\ 0, -0.030\ 0,$ $0.050\ 0, -0.060\ 0, 0.070\ 0]$
重构脉冲时延 t_k_NMSE/dB	$-158.453\ 0$	$-156.517\ 2$
重构脉冲宽度 r_k_NMSE/dB	$-119.188\ 1$	$-119.256\ 3$
重构信号信噪比 SNR/dB	$107.160\ 2$	$104.032\ 4$

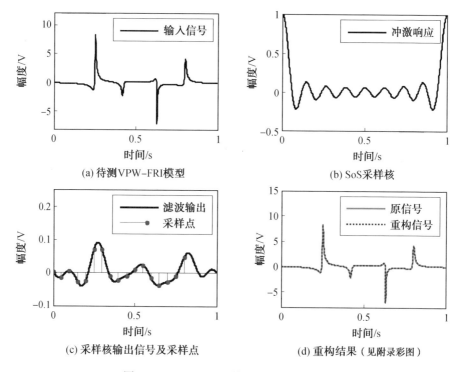

(a) 待测 VPW–FRI 模型

(b) SoS 采样核

(c) 采样核输出信号及采样点

(d) 重构结果（见附录彩图）

图 5.12 VPW – FRI 模型第一组实验结果

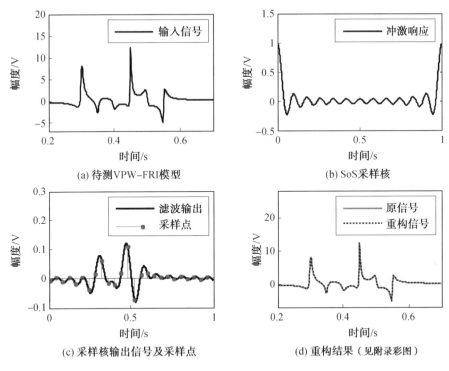

图 5.13　VPW – FRI 模型第二组实验结果

　　由实验结果可知,与 FrHT – FRI 模型类似,在无噪声情况下,各脉冲的位置是否接近都不影响 VPW – FRI 模型的重构精度,重构脉冲时延、宽度的归一化均方误差及重构信号信噪比的值均基本不变。因此可以得出这样的结论,VPW – FRI 模型除脉宽可变的优点外,对各脉冲位置接近的情况也能够精确重构,因此与 AP – FRI 模型和 FrHT – FRI 模型相比,该方法在拟合任意形状的脉冲时灵活性更高。VPW – FRI 模型的这些优点为后面对非对称脉冲序列 FRI 采样方法的改进提供了思路。

5.2　微分 VPW – FRI 采样方法

　　本节首先根据 5.1 节中列举的非对称脉冲序列 FRI 采样方法,提出一种改进的非对称脉冲序列模型——微分 VPW 脉冲串及其 FRI 采样方法,旨在对任意形状的脉冲信号进行广泛描述。然后研究该改进方法在非理想分段多项式信号 FRI 采样中的应用,旨在对非理想分段多项式间断点附近非理想过渡带实现精确重构。最后通过仿真实验对微分 VPW 脉冲串和非理想分段多项式的 FRI 采样方法进行验证,并在抗噪性和实际信号模型匹配度两方面对改进方法和已有方法进行对比分析。

5.2.1　方法思路

由 5.1 节可知,FRI 理论中在对脉冲畸变问题进行研究时,通常将畸变的脉冲序列建模为非对称脉冲序列从而进行后续处理,常用的建模手段有 AP – FRI 模型、FrHT – FRI 模型和 VPW – FRI 模型,这几种建模方法可以概括为对一个已知形状的对称脉冲(如高斯脉冲和洛伦兹脉冲)进行求导或求 Hilbert 变换来得到对应的反对称脉冲,然后通过对称脉冲和反对称脉冲的加权求和得到不对称度可变的非对称脉冲基函数。本章对非对称脉冲序列 FRI 采样方法的改进实质上就是基于改进的建模方法研究对应的 FRI 采样和重构原理。下面对各模型的特点进行分析,从而提出改进思路。

根据研究,在处理相邻脉冲位置接近甚至脉间重叠的情况时,AP – FRI 模型的重构误差较大,而 FrHT – FRI 模型和 VPW – FRI 模型则可以精确重构出间距较小的多个脉冲。

另外,已知 VPW – FRI 模型相比 FrHT – FRI 模型具有脉冲宽度可变的优势,且这二者在构造脉冲基函数时分别基于高斯脉冲和洛伦兹脉冲,因此这两种模型在对脉冲宽度的定义上有所区别。一个带时延的高斯脉冲表达式为

$$x_{\mathrm{G}}(t - t_k) = \mathrm{e}^{-\frac{(t-t_k)^2}{2\sigma^2}} \tag{5.31}$$

式中,σ 为高斯脉冲的形状因子参数。

一个带时延的洛伦兹脉冲表达式为

$$x_{\mathrm{L}}(t - t_k) = \frac{(w/2)^2}{(w/2)^2 + (t_k - t)^2} \tag{5.32}$$

对于洛伦兹脉冲 $x_{\mathrm{L}}(t - t_k)$,当 $t = t_k + w/2$ 时,有 $x_{\mathrm{L}}(t - t_k) = 1/2$,故洛伦兹脉冲的脉冲宽度定义为脉冲上在峰值点两边对称分布的半峰值点间距离。而对于高斯脉冲 $x_{\mathrm{G}}(t - t_k)$,若令 $x_{\mathrm{G}}(t - t_k) = 1/2$,则易求出 $t = t_k + \sqrt{2\ln 2} \cdot \sigma$。因此在与洛伦兹脉冲的脉冲宽度相同的定义下,高斯脉冲的脉冲宽度为 $w' = 2\sqrt{2\ln 2} \cdot \sigma$。图5.14 对脉宽相同的高斯脉冲($\sigma = 0.1$)和洛伦兹脉冲的形状进行了比较。可以看出,与高斯脉冲相比,洛伦兹脉冲函数的波峰更加平缓,且对脉冲宽度的定义更加清晰,因此 VPW – FRI 模型在描述脉冲宽度时具有优势。

另外,AP – FRI 模型是针对雷达信号的脉冲畸变问题提出的,FrHT – FRI 模型和 VPW – FRI 模型则是针对 ECG 信号的 FRI 采样提出的,因此这几种方法在建模上均不具有广泛性。

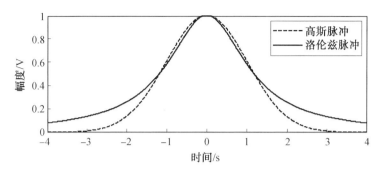

图 5.14　高斯脉冲和洛伦兹脉冲形状比较

AP – FRI 模型、FrHT – FRI 模型和 VPW – FRI 模型的特点比较见表 5.7。通过表 5.7 可知,VPW – FRI 模型在定义脉冲宽度、脉冲宽度可变、精确重构位置接近的多个脉冲两方面均具有突出优势,因此可以基于 VPW – FRI 模型对非对称脉冲序列的建模方法进行改进。

表 5.7　非对称脉冲序列建模方法特点比较

特点	AP – FRI 模型	FrHT – FRI 模型	VPW – FRI 模型
对称子脉冲形状选择	高斯脉冲	高斯脉冲	洛伦兹脉冲
反对称子脉冲构造方式	一阶导数	Hilbert 变换	Hilbert 变换
脉冲宽度定义是否清晰	否	否	是
脉冲宽度是否可变	否	否	是
能否精确重构位置接近的多个脉冲	否	是	是
模型是否具有广泛性	否	否	否

本章针对 VPW – FRI 模型不具有广泛性的缺陷,对该模型进行扩展,得到微分 VPW 脉冲串模型。

5.2.2　微分 VPW 脉冲串的建模

本小节介绍对 VPW – FRI 模型进行改进得到微分 VPW 脉冲串模型的原理。首先对 VPW 脉冲的时域表达式进行分析:

$$f_k(t) = \sum_{n \in \mathbf{z}} \frac{c_k r_k + d_k(t - t_k - nT)}{\pi\left[r_k^2 + (t - t_k - nT)^2\right]} \tag{5.33}$$

VPW 脉冲串与 Dirac 脉冲串在形状上的联系如图 5.15 所示,当 $d_k = 0$ 且脉宽 r_k 趋近于 0 时,VPW 脉冲变为 t_k 处幅度为 c_k 的 Dirac 脉冲,也就是说,Dirac 脉冲可以看作 VPW 脉冲的一种特例情况。

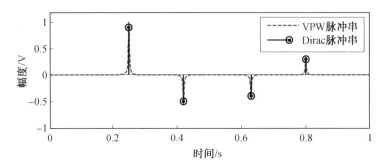

图 5.15　VPW 脉冲串与 Dirac 脉冲串在形状上的联系

因此,根据 Dirac 脉冲和 VPW 脉冲在形状上的联系,可以从典型 FRI 信号模型——微分 Dirac 脉冲串推广得到微分 VPW 脉冲串,也就是 VPW 脉冲的多阶导数求和形式为

$$f(t) = \sum_{k=1}^{K} \sum_{r=0}^{R} h_{k,r}^{(r)}(t), \quad t \in [0, T) \tag{5.34}$$

式中,T 为脉冲串的时间持续长度;K 为脉冲时延个数;R 为微分 VPW 脉冲串的导数最高阶次;$h_{k,r}(T)$ 为单个微分 VPW 脉冲,其表达式为

$$h_{k,r}(t) = \sum_{n \in \mathbf{Z}} \frac{c_k r_k + d_k (t - t_k - nT)}{\pi (r_k^2 + (t - t_k - nT)^2)} \tag{5.35}$$

式中,$\{t_k\}_{k=1}^{K}$ 为脉冲时延;$\{r_k\}_{k=1}^{K}$ 为脉冲宽度;$\{c_{k,r}, d_{k,r}\}_{k=1,r=0}^{K,R}$ 为微分 VPW 脉冲的幅度参数。

也就是说,在同一时延位置处,不同阶次的微分 VPW 脉冲具有相同的脉宽。最高阶次增大时微分 VPW 脉冲的形状变化如图 5.16 所示,阶次越高的微分 VPW 脉冲串,其脉冲形状越复杂,因此该模型可以对任意形状的非对称脉冲序列进行描述。可以发现,$R = 0$ 时的微分 VPW 脉冲串实际上就是 VPW - FRI 模型,因此微分 VPW 脉冲串模型可以看作 VPW - FRI 模型的扩展形式。另外,如图 5.17 所示,当脉冲时延个数较多(如 $K = 6$),且各脉冲位置较接近时,最高阶次 R 仅

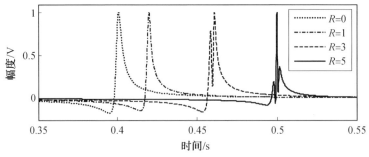

图 5.16　最高阶次增大时微分 VPW 脉冲的形状变化

为 2 即可描述形状极复杂的非对称脉冲序列,所以当脉冲时延个数较多时,该模型的最高阶次 R 不需要取过高的值,以免新息率过高,导致重构过程的计算量过大。

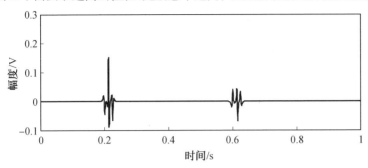

图 5.17　脉冲时延个数为 6、最高阶次为 2 的微分 VPW 脉冲串

下面对非对称脉冲序列模型和微分 VPW 脉冲串模型的脉冲形状进行比较,其中 FrHT 脉冲和 AP 脉冲设置为相同的不对称度,VPW 脉冲与 FrHT 脉冲设置为相同的幅度参数,微分 VPW 脉冲串($R=2$)与 VPW 脉冲设置为相同的时延和宽度参数。对脉冲幅度均做归一化处理后,各非理想脉冲模型的形状比较如图 5.18 所示。

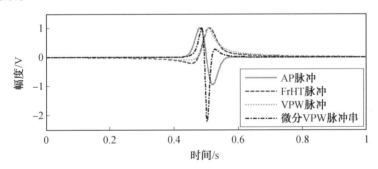

图 5.18　各非理想脉冲模型的形状比较

根据图 5.18 对各模型的脉冲形状进行分析,可以得到以下几条结论。

(1)对于由 Hilbert 变换构造的 FrHT－FRI 模型和 VPW－FRI 模型,二者构造的非对称脉冲均具有较宽且平稳的过渡带,但 FrHT－FRI 模型的波谷比 VPW－FRI 模型的波谷更明显。

(2)对于由求导构造的 AP－FRI 模型和微分 VPW 脉冲串模型,二者都具有陡峭的过渡带,幅度变化较快,具有明显的波峰和波谷,但微分 VPW 脉冲串由于求导的阶数更高而在过渡带变化速度上更快,且构造的非对称脉冲形状也更复杂。

(3)AP－FRI 模型和 FrHT－FRI 模型的脉冲基函数均由高斯脉冲构造,但由于前者通过求导,后者通过求 Hilbert 变换,因此 FrHT－FRI 模型的波峰和波谷具有更高的不对称度,并且其波峰、波谷所在位置也恰好与 AP－FRI 模型相反。

以上结论不仅从原理上说明了各非对称脉冲序列模型由于不同的脉冲基函数构造方式而具有不同的脉冲形状特点,并且在实际应用中,可以根据实际信号的自身形状特点来选择上述不同的非对称脉冲序列建模方法来进行 FRI 采样。

5.2.3　采样方法描述

与微分 Dirac 脉冲串类似,微分 VPW 脉冲串同样可通过 FRI 基本采样框架进行 FRI 采样。

已知微分 VPW 脉冲串模型的新息率为 $\rho = 2(K + \tilde{K})/T, \tilde{K} = (R + 1)K$,但实际欠采样时,在 $[0, T)$ 内需要获得 $N \geq 4\tilde{K} + 1$ 个低速采样结果,得到 $N \geq 4\tilde{K} + 1$ 个傅里叶系数 $\{X[m]\}_{m \in \bar{M}}$,其中

$$\bar{M} = [-M, M], \quad M \geq 2\tilde{K}$$

获取微分 VPW 脉冲串的傅里叶系数样本 $\{X[m]\}_{m \in \bar{M}}$ 后,对该模型的重构过程与 VPW - FRI 模型相似,即可通过对零化滤波器法做改进从而恢复微分 VPW 脉冲串的未知参数。

已知微分 VPW 脉冲串的傅里叶系数表达式为

$$
\begin{aligned}
X[m] &= \sum_{k=1}^{K} \sum_{r=0}^{R} \left(j \frac{2\pi m}{T} \right)^r H_k[m] \\
&= \sum_{k=1}^{K} \sum_{r=0}^{R} \frac{c_{k,r} - j d_{k,r} \mathrm{sgn}(m)}{T} \left(j \frac{2\pi m}{T} \right)^r H_k[m] \mathrm{e}^{-2\pi(r_k|m| + j t_k m)/T}, \quad m \in \mathbf{Z}
\end{aligned}
$$

$$(5.36)$$

若令 $u_k = \mathrm{e}^{-2\pi(r_k + j t_k)/T}$,且有

$$a_{k,r} = \frac{1}{T(c_{k,r} - j d_{k,r}) \left(\dfrac{j 2\pi}{T} \right)^r} \tag{5.37}$$

则当 m 为正整数时,式(5.36)可改写为如下可零化求解的形式:

$$X[m] = \sum_{k=1}^{K} \sum_{r=0}^{R} a_{k,r} m^r u_k^m, \quad m \in \mathbf{Z}_+ \tag{5.38}$$

对应式(5.38)可构造零化滤波器为

$$A(z) = \prod_{k=1}^{K} \left(1 - u_k z^{-1} \right)^{R+1} \tag{5.39}$$

即该滤波器的根 $\{z_k\}_{k=1}^{K}$ 均为 $R + 1$ 重根。

也就是说,对零化滤波器法进行改进后,估计出的脉冲时延 $\{t_k\}_{k=1}^{K}$ 和脉冲宽度 $\{r_k\}_{k=1}^{K}$ 均有 $R + 1$ 重解,且有 $t_k - \dfrac{T \angle u_k}{2\pi}, r_k = -\dfrac{T \ln|u_k|}{2\pi}$。

通过改进的零化滤波器法恢复出微分 VPW 脉冲串的时延 $\{t_k\}_{k=1}^{K}$ 和宽度

$\{r_k\}_{k=1}^{K}$ 后，通过最小二乘法进而恢复微分脉冲 VPW 脉冲串的幅度参数 $\{c_{k,r}, d_{k,r}\}_{k=1,r=0}^{K,R}$。

对幅度参数进行估计时，待求解的线性方程组可写为如下的矩阵 – 向量形式：

$$x = Ya \tag{5.40}$$

式中，x 为 $\{X[m]\}_{m \in M, m > 0}$ 构成的向量，长度不小于 $2\tilde{K}$；a 为系数 $\{a_{k,r}\}_{k=1,r=0}^{K,R}$ 构成的长度为 $\tilde{K}$ 的向量，其表达示为

$$a = [a_{1,0}, \cdots, a_{1,R}, a_{2,0}, \cdots, a_{2,R}, \cdots, a_{K,0}, \cdots, a_{K,R}]^{\mathrm{T}}$$

Y 为一个 $2\tilde{K} \times 2\tilde{K}$ 的矩阵，其第 m 行为

$$Y_m = [m^0 u_1^m, \cdots, m^R u_1^m, m^0 u_2^m, \cdots, m^R u_2^m, \cdots, m^0 u_k^m, \cdots, m^R u_K^m] \tag{5.41}$$

根据式（5.40）估计出 $\{a_{k,r}\}_{k=1,r=0}^{K,R}$ 后即可根据式（5.37）进一步恢复出微分 VPW 脉冲串的幅度参数 $\{c_{k,r}, d_{k,r}\}_{k=1,r=0}^{K,R}$。

综上，对微分 VPW 脉冲串模型的 FRI 采样和重构流程如图 5.19 所示，该单通道 FRI 采样结构中可采用 SoS 采样核。

图 5.19　微分 VPW 脉冲串模型的 FRI 采样和重构流程

由以上分析可知，对微分 VPW 脉冲串的 FRI 采样、重构方法与微分 Dirac 脉冲串在原理上极为类似，都是利用采样核获取连续 $2\tilde{K}$ 个傅里叶系数，通过零化滤波器法恢复脉冲的时延参数，然后利用最小二乘法恢复脉冲的幅度参数，但有几点不同需要注意。

（1）对微分 VPW 脉冲串进行重构所需的傅里叶系数均位于频谱正半轴（即 $m > 0$，如 $m = 1, \cdots, 2\tilde{K}$），而对微分 Dirac 脉冲串进行重构所选取的频带一般关于零频点左右对称（即 $m = -\tilde{K}, \cdots, \tilde{K}$）。

（2）与 VPW – FRI 模型的重构过程类似，微分 VPW 脉冲串在重构过程中比微分 Dirac 脉冲串多重构一组参数，即脉冲宽度为 $\{r_k\}_{k=1}^{K}$；而微分 Dirac 脉冲串的模型中不包含脉冲宽度参数。

另外，由于微分 VPW 脉冲串模型是对 VPW – FRI 模型的扩展形式，微分 VPW 脉冲串与 VPW – FRI 模型的 FRI 采样方法也有共通之处，但提高微分 VPW 脉冲串模型的最高阶次时模型的待求未知参数个数也随之增加，此时微分 VPW 脉冲串的重构需要通过采样核获取更多的傅里叶系数样本。

综上，对微分 VPW 脉冲串模型及已有非对称脉冲序列模型的 FRI 采样方法进行总结，见表 5.8，包括脉冲基函数构造方式、FRI 采样结构、采样点数、重构所

需傅里叶系数频率范围等。

表5.8　非对称脉冲序列模型 FRI 采样方法总结

模型	AP – FRI 模型	FrHT – FRI 模型	VPW – FRI 模型	微分 VPW 脉冲串模型
脉冲基函数	高斯脉冲及其导数	高斯脉冲及其Hilbert 变换	洛伦兹脉冲及其 Hilbert 变换	VPW 脉冲的多阶导数加权和
FRI 采样结构	单通道	单通道	单通道	单通道
采样点数	$4K + 1$	$4K + 1$	$4K + 1$	$4K(R + 1) + 1$
傅里叶系数频率范围	$m \in [-2K, 2K]$	$m \in [1, 2K]$	$m \in [\ , 2K]$	$m \in [1, 2K(R + 1)]$

5.3　非理想分段多项式信号的采样

微分 VPW 脉冲串模型是由微分 Dirac 脉冲串模型和 VPW – FRI 模型结合得到的,用来对任意形状的非对称脉冲序列进行表示,因此该模型相比微分 Dirac 脉冲串和 VPW – FRI 模型更具有一般性和广泛性。考虑到微分 Dirac 脉冲串可应用于理想分段多项式的 FRI 采样中,因此一般化的微分 VPW 脉冲串模型同样可应用于非理想分段多项式的 FRI 采样中。

5.3.1　理想分段多项式的 FRI 采样

微分 Dirac 脉冲串可应用于理想分段多项式 FRI 采样的原理是基于理想分段多项式和微分 Dirac 脉冲串之间的数学联系。对于一个最高阶次不超过 R、含有 K 个间断点的理想分段多项式,其 $R + 1$ 阶导数即为微分 Dirac 脉冲串,即

$$x^{(R+1)}(t) = \sum_{k=1}^{K} \sum_{r=0}^{R} a_{kr} \delta^{(r)}(t - t_k), \quad t \in [0, T] \qquad (5.42)$$

式中,T 为信号时间持续长度;$\{t_k\}_{k=1}^{K}$ 为间断点位置;$\{a_{kr}\}_{k=1, r=0}^{K, R}$ 为各间断点处不同阶数的微分 Dirac 脉冲对应的幅度参数。

理想分段多项式与微分 Dirac 脉冲串(0 和 1)如图 5.20 所示,当 $R = 0$ 时,对理想的方波脉冲信号求导可得到 Dirac 脉冲串;当 $R = 1$ 时,一阶的理想分段多项式求二阶导数得到含有一阶导数的微分 Dirac 脉冲串。阶次 R 越高,分段多项式的形状就越复杂。

可以发现,理想分段多项式模型和微分 Dirac 脉冲串模型的待求未知参数是相同的,因此在理想分段多项式的 FRI 采样中,通过采样核获取理想分段多项式

的傅里叶系数样本后,可通过一定的重构算法首先恢复对应微分 Dirac 脉冲串的参数,再进一步重构原始的理想分段多项式信号。

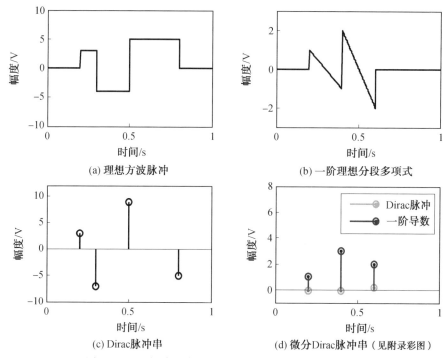

(a) 理想方波脉冲　　　　　　　　(b) 一阶理想分段多项式

(c) Dirac脉冲串　　　　　　　　(d) 微分Dirac脉冲串(见附录彩图)

图 5.20　理想分段多项式与微分 Dirac 脉冲串(0 和 1)

5.3.2　非理想分段多项式的建模

由微分 Dirac 脉冲串和 VPW – FRI 模型结合得到微分 VPW 脉冲串模型,可以用来描述形状更广泛的非对称脉冲序列。已知理想分段多项式的高阶导数为微分 Dirac 脉冲串,则可根据该数学联系提出一种非理想分段多项式的建模方法,使其高阶导数为微分 VPW 脉冲串,从而对非理想分段多项式在间断点附近非理想且变化趋势未知的过渡带进行精确表示。建模的具体过程如下。

对于一个最高阶次不超过 R 的非理想分段多项式,其 $R + 1$ 阶导数为微分 VPW 脉冲串,该数学表达式可表示为

$$x^{(R+1)}(t) = \sum_{k=1}^{P} \sum_{r=0}^{R} h_{k,r}^{(r)}(t), \quad t \in [0, T] \tag{5.43}$$

式中,T 为信号时间持续长度;P 为拟合段数(即拟合的间断点个数),并且满足 $P \geqslant K$ 的条件。

$h_{k,r}(t)$ 为经过有限项处理的 VPW 脉冲,其表达式为

$$h_{k,r}(t) = \frac{c_{k,r}(1 - |z_k(t)^2|) + d_{k,r}\mathrm{Im}\{z_k(t)\}}{T(1 - z_k(t)) \cdot (1 - z_k^*(t))} \tag{5.44}$$

式中，$z_k(t) = e^{2\pi(-r_k+j(t-t_k))/T}$，$\{t_k\}_{k=1}^P$ 为间断点位置；$z_k^*(t)$ 为 $z_k(t)$ 的共轭形式；$\{c_{k,r}, d_{k,r}\}_{k=1,r=0}^{P,R}$ 为各间断点处不同阶数的微分 VPW 脉冲对应的幅度参数。

图 5.21 所示为 $R = 0$ 和 $R = 1$ 的理想、非理想分段多项式，以及对应的微分 VPW 脉冲串。图 5.22 所示为图 5.17 中 $K = 6$、最高阶次 $R = 2$ 的微分 VPW 脉冲串对应的非理想分段多项式。可以看出，阶次 R 越高，微分 VPW 脉冲串的形状越复杂，对应的非理想分段多项式模型可描述的非理想过渡带变化趋势也就越复杂。

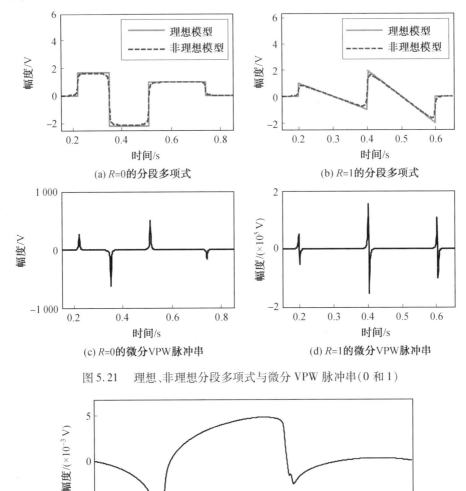

(a) $R=0$ 的分段多项式

(b) $R=1$ 的分段多项式

(c) $R=0$ 的微分 VPW 脉冲串

(d) $R=1$ 的微分 VPW 脉冲串

图 5.21　理想、非理想分段多项式与微分 VPW 脉冲串（0 和 1）

图 5.22　$R = 2, K = 6$ 的微分 VPW 脉冲串对应的非理想分段多项式

5.3.3　非理想分段多项式的 FRI 采样方法

基于微分 VPW 脉冲串的非理想分段多项式模型也可通过 FRI 基本采样框架进行 FRI 采样。

已知该信号模型的新息率为 $\rho = 2(P + \tilde{P})/T, \tilde{P} = (R + 1)P$, 实际欠采样时在 $[0, T)$ 内需要获得 $N \geqslant 4\tilde{P} + 1$ 个低速采样结果, 得到 $N \geqslant 4\tilde{P} + 1$ 个傅里叶系数 $\{X[m]\}_{m \in \bar{M}}$, 其中 $\bar{M} = [-M, M](M \geqslant 2\tilde{P})$。

由于该模型与微分 VPW 脉冲串之间存在数学联系, 实际上是通过估计微分 VPW 脉冲串的未知参数来重构非理想分段多项式信号。具体的重构原理如下。

(1) 根据非理想分段多项式信号的傅里叶系数样本 $\{X[m]\}_{m \in \bar{M}}$ 计算对应微分 VPW 脉冲串的傅里叶系数样本 $\{X^{(R+1)}[m]\}_{m \in \bar{M}}$, 由于微分 VPW 脉冲串为非理想分段多项式的 $R + 1$ 阶导数, 因此其傅里叶系数可通过下式计算得到:

$$X^{(R+1)}[m] = \left(j\frac{2\pi m}{T}\right)^{R+1} X[m], \quad m \in \mathbf{Z} \tag{5.45}$$

(2) 得到微分 VPW 脉冲串傅里叶系数样本后, 通过改进零化滤波器法对微分 VPW 脉冲串的未知参数进行估计 (零化滤波器的根为 $R + 1$ 重根), 恢复出脉冲时延参数 $\{t_k\}_{k=1}^{K}$、脉冲宽度参数 $\{r_k\}_{k=1}^{P}$ 和脉冲幅度参数 $\{c_{k,r}, d_{k,r}\}_{k=1, r=1}^{P, R}$。

(3) 恢复出微分 VPW 脉冲串的未知参数后, 根据式 (5.36) 计算微分 VPW 脉冲串在 $(-\pi, \pi)$ 内的频谱信息。

(4) 得到微分 VPW 脉冲串在 $(-\pi, \pi)$ 内的频谱信息后, 通过式 (5.45) 逆向计算非理想分段多项式在 $(-\pi, \pi)$ 内的频谱信息, 这里需要注意的是非理想分段多项式在零频点处的傅里叶系数 $X[0]$ 无须通过式 (5.45) 计算得到, 而是直接从采样核滤波后的低速采样结果中恢复出来的。

(5) 得到非理想分段多项式在 $(-\pi, \pi)$ 内的频谱信息后, 按照下式重构非理想分段多项式的时域波形。

$$x(t) = \sum_{m \in \mathbf{Z}} x[m] e^{\frac{2\pi}{T} mt} \tag{5.46}$$

综上, 基于微分 VPW 脉冲串的非理想分段多项式模型的 FRI 采样和重构流程如图 5.23 所示。

根据微分 VPW 脉冲串是微分 Dirac 脉冲串的扩展形式这一特点, 相比于基于微分 Dirac 脉冲串的理想分段多项式模型, 基于微分 VPW 脉冲串提出的非理想分段多项式模型能够对间断点附近非理想的过渡带进行精确表示, 因此该模型是对非理想分段多项式信号的一般化表示, 具有更广泛的模型匹配意义。

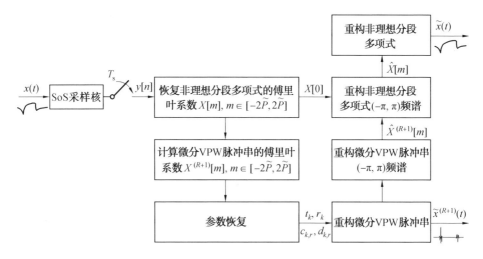

图 5.23　基于微分 VPW 脉冲串的非理想分段多项式模型的 FRI 采样和重构流程

5.4　实验验证与分析

下面对微分 VPW 脉冲串模型和基于该模型得到的非理想分段多项式模型进行无噪声、有噪声及实际信号模型匹配等方面的仿真实验。

对待测信号采用单通道 FRI 采样结构进行欠采样,采样核为 SoS 采样核,采样核加权系数为 $\{b_m\}_{m \in M} = 1/(NT)$,其中 N 为采样点数。

5.4.1　微分 VPW 脉冲串的 FRI 采样

1. 无噪声的原理验证实验

待测信号生成速率为 1 kHz,实验参数设置见表 5.9,重构算法为零化滤波器法,重构结果见表 5.10,实验结果如图 5.24 ～ 5.26 所示。

表 5.9　微分 VPW 脉冲串模型无噪声仿真的实验参数设置

实验参数	第一组	第二组	第三组
信号持续长度 T/s	1	1	1
最高阶次 R	1	1	2
脉冲个数 K	2	3	3
脉冲时延 t_k/s	$[0.2, 0.4]$	$[0.2, 0.223, 0.245]$	$[0.35, 0.5, 0.65]$
脉冲宽度 r_k	$[0.004, 0.002]$	$[0.004, 0.002, 0.003]$	$[0.004, 0.002, 0.003]$

续表 5.9

实验参数	第一组	第二组	第三组
对称脉冲幅度 c_{kr}	$[0.006, 0.005;$ $-0.0023, -0.002]$	$[0.006, 0.005;$ $-0.0023, -0.002;$ $0.0012, 0.001]$	$[0.006, 0.005, 0.003;$ $0.0023, -0.002, -0.002;$ $0.0012, 0.001, 0.0028]$
反对称脉冲幅度 d_{kr}	$[0.001, 0.002;$ $0.002, 0.0035]$	$[0.001, 0.002;$ $0.002, 0.002;$ $0.0035, 0.0013]$	$[0.001, 0.002, 0.0035;$ $0.002, 0.002, 0.002;$ $0.0035, 0.0013, 0.001]$
采样间隔 T_s/s	0.05	0.04	0.025
采样率 f_s/Hz	20	25	40
采样点数 N	17	25	37

表 5.10　微分 VPW 脉冲串模型无噪声仿真的重构结果

重构结果	第一组	第二组	第三组
重构脉冲时延 $\hat{t}_k/s$	$[0.2000, 0.4000]$	$[0.1999, 0.2226,$ $0.2448]$	$[0.3499, 0.4998, 0.6499]$
重构脉冲宽度 $\hat{r}_k$	$[0.0040, 0.0020]$	$[0.0039, 0.0026,$ $0.0032]$	$[0.0040, 0.001, 0.0030]$
重构对称脉冲幅度 $\hat{c}_{kr}$	$[0.0060, 0.0050;$ $-0.0023, -0.0020]$	$[-0.0124, 0.0052;$ $0.0125, -0.0016;$ $0.0049, 0.0010]$	$[-0.0317, 0.0053, 0.0031;$ $-0.0692, -0.0056, -0.0019;$ $0.0535, 0.0018, 0.0028]$
重构反对称脉冲幅度 $\hat{d}_{kr}$	$[0.0010, 0.0020;$ $0.0020, 0.0035]$	$[-0.0013, 0.0021;$ $0.0094, 0.0019;$ $-0.0016, 0.0012]$	$[0.0146, 0.0047, 0.0035;$ $-0.0668, 0.0077, 0.0021;$ $-0.0090, -0.0013, 0.0010]$
重构脉冲时延 t_k_NMSE/dB	-141.5207	-58.3691	-70.5022
重构脉冲宽度 r_k_NMSE/dB	-107.2364	-15.4489	-26.9229
重构信号信噪比 SNR/dB	91.0044	7.6365	7.9630

　　由实验结果可知,当各脉冲的位置较为接近或微分 VPW 脉冲串的脉冲阶次较高时,零化滤波器求解出的多重根有一定误差,造成最终模型参数的重构结果有一定误差。因此该模型对间距较近的多个脉冲的分离能力较差;另外,在对非对称脉冲序列进行 FRI 采样时若将其建模为微分 VPW 脉冲串模型,则应适当选取脉冲阶次的大小,避免模型的新息率过高带来的高运算量影响重构精度。

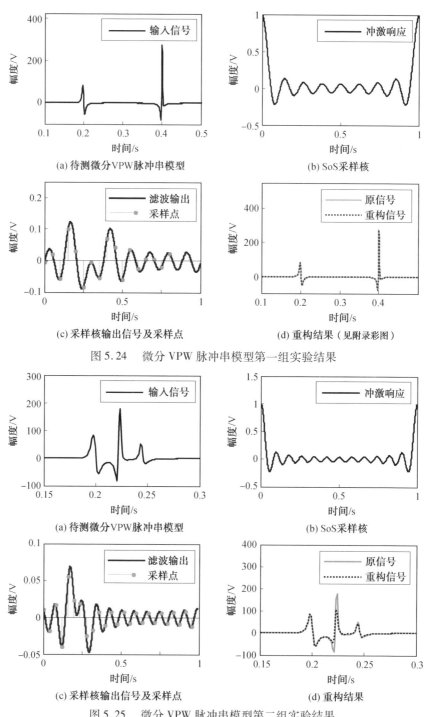

(a) 待测微分VPW脉冲串模型   (b) SoS采样核

(c) 采样核输出信号及采样点   (d) 重构结果（见附录彩图）

图 5.24 微分 VPW 脉冲串模型第一组实验结果

(a) 待测微分VPW脉冲串模型   (b) SoS采样核

(c) 采样核输出信号及采样点   (d) 重构结果

图 5.25 微分 VPW 脉冲串模型第二组实验结果

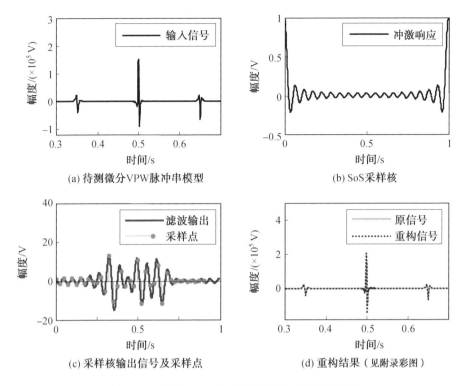

图 5.26　微分 VPW 脉冲串模型第三组实验结果

2. 抗噪性实验

对微分 VPW 脉冲串模型及 AP – FRI 模型、FrHT – FRI 模型和 VPW – FRI 模型进行抗噪性实验,分析各模型在噪声环境下的重构性能并比较。

在噪声环境下可通过卡佐 – 总体最小二乘法(Cadzow – Total Least Squares,Cadzow – TLS)提高重构精度,即进行过采样,并用 Cadzow 迭代降噪方法对采样核获取的傅里叶系数样本进行处理。下面分析过采样对各模型噪声下重构性能的影响。定义过采样比(Oversampling Ratio, OSR)为实际采样率与 FRI 临界采样率之比,则对微分 VPW 脉冲串的过采样比为

$$OSR = \frac{N}{4K(R+1)} \tag{5.47}$$

式中,N 为实际采样点数;K 为脉冲个数;R 为微分 VPW 脉冲串导数最高阶次。

对 $K = 2$、$R = 1$ 的微分 VPW 脉冲串模型引入信噪比从 – 20 dB 到 100 dB 变化的高斯白噪声,过采样比 OSR 分别取 1、2、4、8,每组参数分别进行 100 次随机实验,取平均后过采样比对其重构信号信噪比(重构性能)的影响如图 5.27 所示。同样,对 $K = 2$ 的 AP – FRI 模型、FrHT – FRI 模型和 VPW – FRI 模型进行抗噪性实验,过采样比对其重构信号信噪比(重构性能)的影响分别如图 5.28 ~ 5.30 所示。

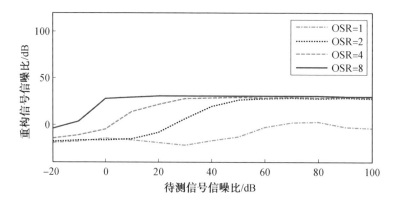

图 5.27　过采样比对微分 VPW 脉冲串模型噪声下重构性能的影响

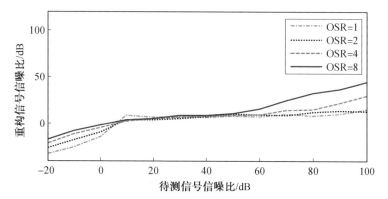

图 5.28　过采样比对 AP – FRI 模型噪声下重构性能的影响

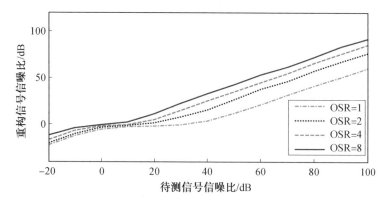

图 5.29　过采样比对 FrHT – FRI 模型噪声下重构性能的影响

由图 5.27 ~ 5.30 可知,对待测信号进行适当过采样,获取更多的傅里叶系数样本,可以有效减小信号的重构误差。然而该方法对以上四种非对称脉冲序列模型的效果不同,对 VPW – FRI 模型,该方法在任意大小的噪声环境下均有明

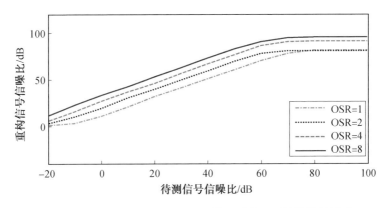

图 5.30　过采样比对 VPW – FRI 模型噪声下重构性能的影响

显效果;对 FrHT – FRI 模型,该方法在噪声较小的情况下能明显提高重构精度;对微分 VPW 脉冲串,该方法则是在噪声较强的情况下适用;但对 AP – FRI 模型,该方法的效果最不明显,在 20 ~ 50 dB 的输入信噪比范围内基本对重构信号信噪比无影响。另外,还可以发现微分 VPW 脉冲串模型和 AP – FRI 模型在适当过采样后的重构信号信噪比远小于 FrHT – FRI 模型和 VPW – FRI 模型的重构信号信噪比,这是因为微分 VPW 脉冲串模型和 AP – FRI 模型在利用谱估计算法求解时均存在多重根求解有误差的问题。

　　对以上四种非对称脉冲序列模型在噪声下的重构性能进行比较,VPW – FRI 模型和 FrHT – FRI 模型最好,微分 VPW 脉冲串模型次之,AP – FRI 模型最差。

3. 实际信号模型匹配

　　基于抗噪性实验的结果,对 AP – FRI 模型、FrHT – FRI 模型、VPW – FRI 模型和微分 VPW 脉冲串模型进行实际信号的模型匹配实验,从而比较各模型在应用于实际信号 FRI 采样时对非对称脉冲信号的形状进行描述的一般性和广泛性。

　　该实验的评价指标为重构信号信噪比和采样率的压缩比(Compression Ratio, CR),后者定义为实际欠采样率 f_{sub} 和信号奈奎斯特采样率(仿真中即待测信号生成速率)f_{Nyq} 之比,用来评价采样率降低的程度,即

$$CR = \frac{f_{sub}}{f_{Nyq}} \tag{5.48}$$

　　待采样的实际信号是一段 ECG 脉冲信号,该 ECG 脉冲信号的信号生成速率为 1 kHz,信号点数为 583。实验中 AP – FRI 模型和 FrHT – FRI 模型的高斯脉冲形状因子均为 $\sigma = 0.002$。为方便起见,采用 ESPRIT 子空间方法从正频率的傅里叶系数中恢复信号参数。实验中改变 FRI 采样的过采样比大小和重构的脉冲个

数,当重构信号信噪比最大即重构误差最小时,采用各非对称脉冲序列模型 FRI 采样方法对 ECG 脉冲信号的重构结果见表5.11,各模型对 ECG 脉冲信号的重构结果(即重构信号与原信号的波形)如图5.31 ~ 5.34 所示。

表5.11　各非对称脉冲序列模型 FRI 采样方法对 ECG 脉冲信号的重构结果

重构结果	AP – FRI 模型	FrHT – FRI 模型	VPW – FRI 模型	微分 VPW 脉冲串模型
脉冲导数阶次 R	—	—	—	0
脉冲个数 K	3	10	11	11
过采样比 OSR	8	2	2	2
采样样本个数 N	97	81	89	89
欠采样率 f_s/Hz	166.381	138.937	152.659	152.659
压缩比 CR/%	16.64	13.90	15.27	15.27
重构信号信噪比 SNR/dB	3.072 1	4.945 0	14.012 7	14.013 5

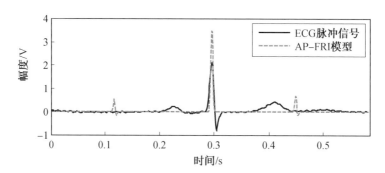

图 5.31　AP – FRI 模型对 ECG 脉冲信号的重构结果

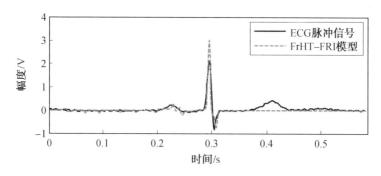

图 5.32　FrHT – FRI 模型对 ECG 脉冲信号的重构结果

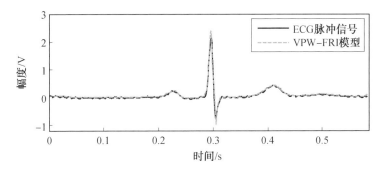

图 5.33　VPW – FRI 模型对 ECG 脉冲信号的重构结果(见附录彩图)

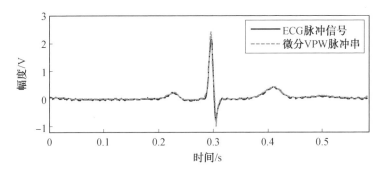

图 5.34　微分 VPW 脉冲串模型对 ECG 脉冲信号的重构结果(见附录彩图)

由以上各模型 FRI 采样方法对 ECG 脉冲信号的重构结果可知,以上几种非对称脉冲序列模型的 FRI 采样方法均实现了有效的降采样,压缩比均在 15% 左右,但各方法的重构误差大小不同。AP – FRI 模型和 FrHT – FRI 模型重构信号的信噪比较小,分别为 3.072 1 dB 和 4.945 0 dB,因此这两种模型对实际非对称脉冲信号的模型匹配度最差;而 VPW – FRI 模型和微分 VPW 脉冲串模型重构信号的信噪比均较高,分别为 14.012 7 dB 和 14.013 5 dB,这说明这两种模型对实际非对称脉冲信号具有较高的模型匹配度。因此,实验结果证明了应用改进后的微分 VPW 脉冲串模型能够对任意形状的实际非对称脉冲信号进行 FRI 采样和重构,该模型相比其他模型具有一般性和广泛性。

5.4.2　非理想分段多项式的 FRI 采样

1. 无噪声的原理验证实验

按表 5.12 设置非理想分段多项式模型无噪声仿真的实验参数,待测信号的生成速率为 1 kHz,分别对最高阶次为 $R = 0$ 和 $R = 1$ 的非理想分段多项式信号进行 FRI 采样实验,重构采用零化滤波器法,重构结果见表 5.13,实验结果如图 5.35 和图 5.36 所示。

表 5.12 非理想分段多项式模型无噪声仿真的实验参数

模型参数	第一组	第二组
最高阶次 R	0	1
信号持续长度 T/s	1	1
拟合段数 P	4	3
间断点位置 t_k/s	$[0.22, 0.35, 0.51, 0.74]$	$[0.2, 0.4, 0.6]$
微分 VPW 脉冲宽度 r_k	$[0.002, 0.002, 0.002, 0.002]$	$[0.002, 0.002, 0.002]$
微分 VPW 对称脉冲幅度 c_{kr}	$[1.7, -3.9, 3.2, -1]$	$[-10\ 1; -10\ 3; 20\ 2]$
微分 VPW 反对称脉冲幅度 d_{kr}	$[0.001, 0.002, -0.003, -0.004]$	$[0.001\ 0.0001;$ $0.002\ -0.0002;$ $-0.003\ 0.0003]$
采样间隔 T_s/s	0.05	0.04
采样率 f_s/Hz	20	25
采样点数 N	20	25

表 5.13 非理想分段多项式模型无噪声仿真的重构结果

重构结果	第一组	第二组
重构间断点位置 $\hat{t}_k/s$	$[0.220\ 0, 0.350\ 0,$ $0.510\ 0, 0.740\ 0]$	$[0.200\ 0, 0.400\ 0, 0.600\ 0]$
重构微分 VPW 脉冲宽度 $\hat{r}_k$	$[0.002\ 0, 0.002\ 0,$ $0.002\ 0, 0.002\ 0]$	$[0.002\ 0, 0.002\ 0, 0.002\ 0]$
重构微分 VPW 对称脉冲幅度 $\hat{c}_{kr}$	$[1.700\ 0, -3.900\ 0,$ $3.200\ 0, -1.000\ 0]$	$[-9.999\ 9, 1.000\ 0,$ $-9.999\ 9, 3.000\ 0,$ $20.000\ 2, 2.000\ 0]$
重构微分 VPW 反对称脉冲幅度 $\hat{d}_{kr}$	$[0.001\ 0, 0.002\ 0,$ $-0.003\ 0, -0.004\ 0]$	$[0.001\ 0, 0.000\ 1,$ $0.001\ 7, -0.000\ 2,$ $-0.002\ 9, 0.000\ 3]$
重构微分 VPW 脉冲的时延 t_k_NMSE/dB	$-289.548\ 1$	$-253.561\ 4$
重构微分 VPW 脉冲的宽度 r_k_NMSE/dB	$-249.449\ 2$	$-204.107\ 8$
重构信号信噪比 /dB	55.612\ 9	123.856\ 4

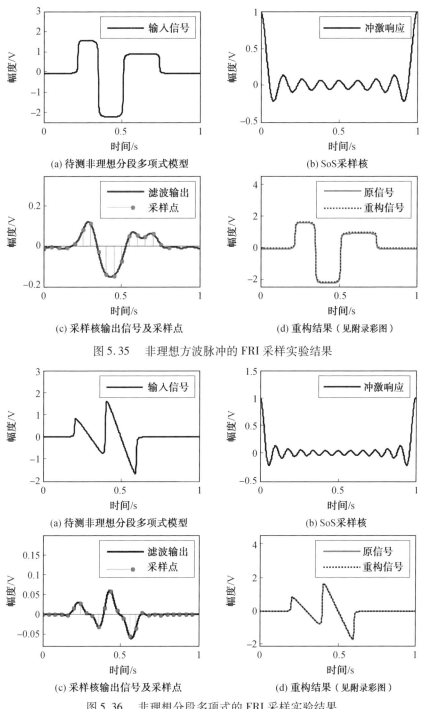

(a) 待测非理想分段多项式模型

(b) SoS采样核

(c) 采样核输出信号及采样点

(d) 重构结果（见附录彩图）

图 5.35　非理想方波脉冲的 FRI 采样实验结果

(a) 待测非理想分段多项式模型

(b) SoS采样核

(c) 采样核输出信号及采样点

(d) 重构结果（见附录彩图）

图 5.36　非理想分段多项式的 FRI 采样实验结果

根据重构脉冲时延、脉冲宽度的归一化最小均方误差和重构信号的信噪比大小,以上两组实验的重构结果均精确无误差,因此从理论上证明了基于微分 VPW 脉冲串构造的非理想分段多项式模型在 FRI 采样和重构的原理上是正确的。另外,该实验结果也说明了通过设计阶次更高、形状更复杂的微分 VPW 脉冲串,可以得到过渡带变化趋势更加一般化的非理想分段多项式模型。

2. 抗噪性实验

对该非理想分段多项式模型进行抗噪性实验,分析该模型在噪声环境下的重构性能,并分析过采样比 OSR 和拟合段数 R 对重构误差的影响。重构精度以重构信号信噪比 SNR 的大小为标准,另外用压缩比 DR 评价系统降采样的程度。

首先研究过采样比大小的影响。对图 5.35 中非理想方波脉冲信号引入信噪比从 -20 dB 到 100 dB 变化的高斯白噪声,拟合段数为 $P = 8$,过采样比分别取 1、2、4、8,采用 Cadzow $-$ TLS 法估计未知参数,每组参数分别进行 100 次随机实验,取平均结果后的重构信号信噪比变化如图 5.37 所示。

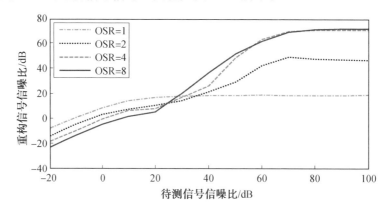

图 5.37   过采样比 OSR 对非理想分段多项式重构性能的影响

然后研究拟合段数的影响。同样对图 5.35 中非理想方波脉冲信号引入信噪比从 -20 dB 到 100 dB 变化的高斯白噪声,过采样比为 OSR $= 4$,拟合段数 P 分别取 4、6、8、10,采用 Cadzow $-$ TLS 法估计未知参数,每组参数分别进行 100 次随机实验,取平均结果后的重构信号信噪比变化如图 5.38 所示。

由图 5.37 和图 5.38 可知,在噪声能量较强的环境下,提高采样率和增加拟合段数不会明显减小信号的重构误差;但在噪声能量较低的环境下,对输入的非理想分段多项式信号进行适当过采样,并适当增加拟合段数,获取更多的傅里叶

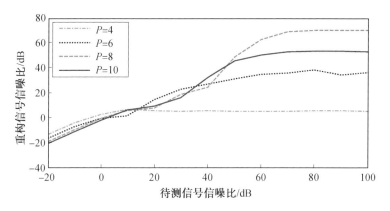

图 5.38　拟合段数 P 对非理想分段多项式重构性能的影响

系数样本,则可以有效地提高重构精度;然而,过高的采样率不会进一步提高信号重构的效果,反而会浪费系统资源,并且拟合段数过高会导致计算量过大,有可能会使重构精度有所降低。因此,在对非理想分段多项式进行 FRI 采样时,过采样比和拟合段数要合理取值,才能既不浪费系统资源又有效提高重构精度。

3. 实际信号模型匹配

对非理想分段多项式模型进行实际信号的模型匹配实验,分别用基于微分 Dirac 脉冲串的理想分段多项式模型和基于微分 VPW 脉冲串的非理想分段多项式模型对同一段实际非理想方波脉冲信号进行模型匹配。该待测信号是由示波器采集得到的,在上升沿和下降沿均存在抖动,示波器的采样率为 2 GHz,采样点数为 1 000。FRI 采样时的过采样比为 OSR = 4,采用 Cadzow – TLS 法进行信号重构,重构结果见表 5.14 和图 5.39、图 5.40。

表 5.14　两种分段多项式 FRI 采样方法对实际非理想方波脉冲的重构结果

重构结果	基于微分 Dirac 脉冲串的理想分段多项式模型	基于微分 VPW 脉冲串的非理想分段多项式模型
脉冲导数阶次 R	0	0
脉冲个数 K(或 P)	2	30
采样样本个数 N	17	481
欠采样率 f_s/MHz	34	962
压缩比 CR/%	1.70	48.10
重构信号信噪比 SNR/dB	20.958 6	33.269 3

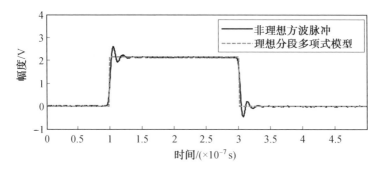

图 5.39　理想分段多项式模型对实际非理想方波脉冲的重构结果

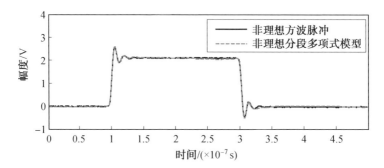

图 5.40　非理想分段多项式模型对实际非理想方波脉冲的重构结果(见附录彩图)

由以上对实际非理想方波脉冲信号的重构结果可得出如下结论。

(1) 基于微分 Dirac 脉冲串的理想分段多项式模型虽然有效地降低了采样率,压缩比达到 1.7%,但其重构信号信噪比仅为 20.958 6 dB,并且由图 5.39 可以看出,理想分段多项式模型并没有将脉冲上升沿和下降沿的抖动重构出来,因此基于微分 Dirac 脉冲串的理想分段多项式模型对实际非理想分段多项式信号的模型匹配度很低。

(2) 基于微分 VPW 脉冲串的非理想分段多项式模型,虽然压缩比较高,但其重构信号信噪比提高到 33.269 3 dB。由图 5.40 可以看出,通过增加拟合段数和适当过采样,基于微分 VPW 脉冲串的非理想分段多项式模型能够对间断点附近非理想的过渡带实现精确重构。

因此,微分 VPW 脉冲串模型以其模型的一般性和广泛性,在应用于实际非理想分段多项式 FRI 采样中更具优势。

5.5　本章小结

　　本章首先介绍了基于 VPW – FRI 模型的改进非对称脉冲序列模型(即微分 VPW 脉冲串) 及其 FRI 采样原理,然后研究了微分 VPW 脉冲串模型在非理想分段多项式 FRI 采样中的应用,即由基于微分 Dirac 脉冲串的理想分段多项式模型扩展至基于微分 VPW 脉冲串的非理想分段多项式模型,并对该模型的 FRI 采样和重构原理进行详述。最后通过仿真实验对改进模型进行原理性验证、抗噪性分析和实际信号的模型匹配度分析,实验结果证明了在有效降采样的前提下,微分 VPW 脉冲串模型对实际非对称脉冲信号具有更高的模型匹配度,并且基于微分 VPW 脉冲串构造的非理想分段多项式模型也能对实际非理想分段多项式信号在间断点附近的非理想过渡带进行一般化的表示,从而实现 FRI 采样和精确重构。

第6章

基于双通道协作的频域参数化信号 FRI 采样方法

前几章研究了时域参数化信号的 FRI 采样方法,在实际应用中频域参数化信号也是比较常见的,如连续波雷达信号、通信领域的各种调频信号等。通过研究分析,频域参数化信号可以直接或间接地转换为形式更为简单的多频点信号。因此,本章重点研究多频点信号的 FRI 采样。为了解决频率模糊和镜像频率混叠问题,现有的多频点信号 FRI 采样方法需要大量的样本,系统采样率较低。为此,本章分别针对无镜像频率混叠和存在镜像频率混叠情况,研究了所需样本数远低于现有方法的时间交错 FRI 采样方法和反馈式 FRI 采样方法。

6.1 问题的提出

6.1.1 频域参数化信号的数学模型

频域参数化信号是指偏移量为频移的参数化信号。本章考虑基函数已知的频域参数化信号的采样与重构问题,此类信号的数学表达式为

$$S(f) = \sum_{k=1}^{K} c_k H(f - f_k), \quad f \in [0, F) \tag{6.1}$$

式中,F 为频域信号 $S(f)$ 的最大频率;K 为频移参数的个数;$H(f)$ 为先验已知的频域基函数;c_k 为幅值参数 $c_k \neq 0$ 且 $c_k \in \mathbf{C}$;f_k 为频移参数,$f_k \in [0, T)$。

根据傅里叶变换的频移性质,写出式(6.1)的时域表达式为

$$s(t) = \sum_{k=1}^{K} c_k h(t) e^{j2\pi f_k t}, \quad t \in [0, T) \tag{6.2}$$

式中, $s(t)$ 为频域信号 $S(f)$ 对应的时域表达式; $h(t)$ 为频域基函数 $H(f)$ 对应的时域表达式; T 为信号 $s(t)$ 的持续时间长度。

信号 $s(t)$ 中未知的参数仅为幅值参数 $c_k \neq 0 (k = 1, 2, \cdots, K)$ 以及相应的频移参数 $f_k \in [0, F)$ 。显然, 信号 $s(t)$ 是一种可由 $2K$ 个自由参数 $\{c_k, f_k\}_{k=1}^{K}$ 完全确定的频域参数化信号, 其新息率可计算为

$$\rho = \frac{2K}{T} \tag{6.3}$$

一般情况下, 该新息率 ρ 要远小于信号 $s(t)$ 的带宽。

对于任意基函数已知的频域参数化信号 $s(t)$, 当基函数 $h(t) \neq 0$ 时, 可以通过在时域将其与基函数的倒数 $1/h(t)$ 相乘, 从而转换为多频点信号。这个过程在物理上可以通过一个简单的乘法器实现, 图 6.1 所示为多频点信号转换结构。对式(6.2)两边同时乘 $1/h(t)$, 可得

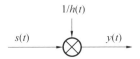

图 6.1　多频点信号转换结构

$$y(t) = \frac{s(t)}{h(t)} = \sum_{k=1}^{K} c_k \mathrm{e}^{\mathrm{j}2\pi f_k t}, \quad t \in [0, T) \tag{6.4}$$

当且仅当基函数 $h(t) = 1$ 时, 频域参数化信号 $s(t)$ 与多频点信号 $y(t)$ 二者是等价的关系, 因此多频点信号是最简单的频域参数化信号。由于频域参数化信号能够很简单地转换为多频点信号, 本章仅针对多频点信号 $y(t)$ 这种典型的频域参数化信号的 FRI 采样方法展开研究。

6.1.2　频率模糊问题

对多频点信号进行均匀采样, 当采样率小于信号的奈奎斯特频率时, 从采样样本中估计频率参数必然会遇到频率模糊问题。假设对式(6.4)所示的多频点信号 $y(t)$ 以 f_s 的采样率进行均匀采样, 那么采样样本可表示为

$$y[n] = \sum_{k=1}^{K} c_k \mathrm{e}^{\mathrm{j}2\pi n f_k / f_s} = \sum_{k=1}^{K} c_k u_k^n, \quad 0 \leqslant n < T f_s (n \in \mathbf{Z}) \tag{6.5}$$

式中

$$u_k = \mathrm{e}^{\mathrm{j}2\pi f_k / f_s} \tag{6.6}$$

式(6.5)属于典型的谱估计问题, 可采用谱估计方法求解。零化滤波器法是一种经典的谱估计方法, 该方法严格证明了精确求解谱估计问题所需要的最少样本数, 因此本章采用零化滤波器法来求解式(6.5)。

根据零化滤波器法可知, 式(6.5)中的 $2K$ 个未知参数 $\{c_k, u_k\}_{k=1}^{K}$ 可由 $2K$ 个信号 $y(t)$ 的连续样本 $y[n]$ 精确估计。在求得参数 u_k 后, 还需要根据式(6.6)求解出频率参数 f_k 。当采样率满足奈奎斯特采样定理, 即 $f_s \geqslant F$ 时, 频率参数 f_k 的

解唯一,可计算为

$$f_k = \frac{f_s}{2\pi} \angle u_k \tag{6.7}$$

式中,$\angle(\cdot)$ 表示复数$(\cdot)$ 的辐角主值,$0 \leqslant \angle(\cdot) < 2\pi$。

然而,当采样率不满足奈奎斯特采样定理,即 $f_s < F$ 时,将产生频率模糊问题。根据三角函数的周期性,每一个频率参数 f_k 都存在一组可能的解,即

$$f_k = \tilde{f}_k + m_k f_s, \quad k = 0,1,\cdots,K-1 \tag{6.8}$$

式中,$m_k \in \mathbf{Z}$;$\tilde{f}_k$ 是满足式(6.5) 的最小可能解,$\tilde{f}_k \in [0, f_s)$。

由于 m_k 的取值有无穷多个,因此对应的频率参数 f_k 的解有无穷多个,这种情况称为频率模糊问题。

对多频点信号进行欠奈奎斯特采样,必然会产生频率模糊问题。除此之外,在某些特殊情况下,欠奈奎斯特采样过程还可能会导致镜像频率混叠问题,该问题将在下一小节进行详细分析。

6.1.3　镜像频率混叠问题

1. 无镜像频率混叠的情况

对于任意的整数 $a \neq b$ 且 $a,b \in \{1,2,\cdots,K\}$,当采样率 f_s 满足 $\frac{f_a - f_b}{f_s} \notin \mathbf{Z}$ 时,称这种情况为无镜像频率混叠的情况。通过适当地调整采样率 f_s 的值,这种情况还是比较容易满足的。此时,根据式(6.8) 可知频率参数 f_a 和 f_b 的解为

$$\begin{cases} f_a = \tilde{f}_a + m_a f_s, & m_a \in \mathbf{Z} \\ f_b = \tilde{f}_b + m_b f_s, & m_b \in \mathbf{Z} \end{cases} \tag{6.9}$$

显然,此时 $\tilde{f}_a \neq \tilde{f}_b$。因此,所有频率参数的最小可能解 $\{\tilde{f}_k\}_{k=1}^{K}$ 两两之间无相互交叠的情况,即镜像频率无混叠。

对于无镜像频率混叠的情况,为了确定整数 m_k 的取值,进而估计出频率参数 f_k 的准确值,早在1994年 Zoltowski 等人提出了一种基于 ESPRIT 算法的延时采样方法,其采样结构示意图如图 6.2 所示。该采样结构由两个并行的采样通道组成,分别是主采样通道和延时采样通道,其中延时需满足 $T_d \leqslant 1/F$。该方法从每个通道中获取 $2K$ 个样本后利用 ESPRIT 算法联合估计出原信号的频率参数,因此对于 K 个频率参数的多频点信号,至少需要 $4K$ 个样本来解决频率模糊问题。为了进一步减少样本数,进而降低系统等效采样率,将在下一节提出一种时间交错采样方法,该方法仅需要 $3K$ 个样本即可精确估计出所有的频率参数。

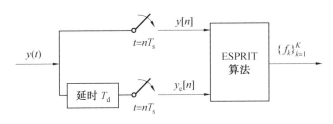

图 6.2 　 延时采样方法采样结构示意图

2. 存在镜像频率混叠的情况

当存在两个整数 $a,b \in \{1,2,\cdots,K\}$ 且 $a \neq b$，使得采样率满足 $\frac{f_a - f_b}{f_s} \in \mathbf{Z}$ 时，称为存在镜像频率混叠的情况。这种情况在实际应用中比较罕见，但是仍然是可能存在的。此时，根据式（6.9）可得 $\tilde{f}_a = \tilde{f}_b$。因此，频率参数 f_a 和 f_b 二者的最小可能解是相互重叠的，即 f_a 和 f_b 的镜像频率混叠。对于镜像频率混叠的频率参数 f_a 和 f_b，其所有可能解的集合完全相同，因此频率参数 f_a 和 f_b 是无法区分的。根据三角函数的周期性，结合式（6.8）可得

$$c_a e^{j2\pi f_a/f_s} + c_b e^{j2\pi f_b/f_s} = \tilde{c}_a e^{j2\pi \tilde{f}_a/f_s} \tag{6.10}$$

式中，c_a、c_b 分别为频率参数 f_a 和 f_b 对应的幅值参数，且有 $\tilde{c}_a = c_a + c_b$。

如果 $\tilde{c}_a \neq 0$，那么称这两个频率参数 f_a 和 f_b 没有被相互湮灭。此时，式（6.5）可转化为

$$y[n] = \sum_{k=1}^{K} c_k e^{j2\pi n f_k/f_s} = \sum_{k \in \Theta} \tilde{c}_k e^{j2\pi n \tilde{f}_k/f_s}, \quad 0 \leqslant n < Tf_s (n \in \mathbf{Z}) \tag{6.11}$$

式中，Θ 为独立频率参数的索引，即对任意的整数 $c,d \in \Theta$ 都有 $\tilde{f}_c \neq \tilde{f}_d$，$\Theta \subseteq \{1,2,\cdots,K\}$。

为了便于分析，本书假设所有可能存在的镜像频率混叠的频率参数都没有被相互湮灭。根据式（6.11）可知，幅值参数 c_a 和 c_b 在求解时同样是无法区分的，仅能够得到其组合形式 $\tilde{c}_a$。

基于 MUSIC 算法的三通道互质采样方法，能够将所有镜像频率混叠的频率参数和幅值参数相互区分开，其采样结构示意图如图 6.3 所示。该采样结构由三个并行的采样通道组成，三个通道的采样率分别为 F/q_1、F/q_2 和 F/q_3，其中 q_1、q_2 和 q_3 为两两互质的整数。从每个通道中获取大量的样本后利用 MUSIC 算法联合估计出原信号的频率参数。这种三通道互质采样的方法需要大量的样本来解决镜像频率混叠问题，而且由于其采用搜索伪谱的方式来检测频率位置，难以得到较高的估计精度。为了进一步减少样本数，进而降低系统等效采样率，本章将在第 6.3 节提出一种反馈式采样方法，该方法仅需 $4K$ 个样本即可解决镜像频率混叠的问题。

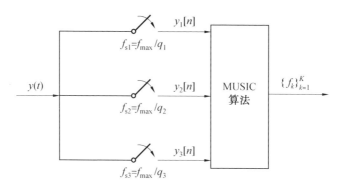

图 6.3   三通道互质采样方法采样结构示意图

由于频率模糊问题和镜像频率混叠问题的存在,对于多频点信号的欠奈奎斯特采样方法,需要额外的样本来确定各频率参数的准确值,因此总采样率一般要高于信号的新息率。

6.2   时间交错 FRI 采样方法

对于多频点信号 $y(t)$ 的欠奈奎斯特采样,通过适当地调整采样率,能够极大概率地避免镜像频率混叠问题。为此,本节首先研究无镜像频率混叠情况下多频点信号的 FRI 采样方法,并提出一种时间交错欠采样系统。

6.2.1   系统描述

根据式(6.8)可知,对信号 $y(t)$ 进行欠奈奎斯特采样必然会导致频率模糊问题,即对于每一个频率参数 f_k 都存在一组可能的解。为了求得 m_k 的值,以确定频率参数 f_k 正确的解,本书提出如图6.4所示的时间交错欠采样系统。该系统由两个并行的采样通道组成,主采样通道和辅助采样通道,两个通道的采样时间交错开 T_e 时间长度。输入的信号 $y(t)$ 经过分流之后,在两个通道中的采样过程如下。

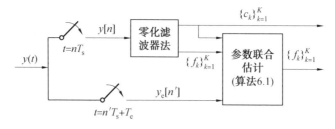

图 6.4   时间交错欠采样系统

在主采样通道中，信号 $y(t)$ 以 f_s 的采样率均匀采样，采集到的样本表示为 $y[n]$，如式 (6.5) 所示。采用零化滤波器法，能够在 $N \geqslant 2K$ 个连续的样本 $y[n]$ 中估计出 $2K$ 个频率参数的最小解和幅值参数 $\{\tilde{f}_k, c_k\}_{k=1}^{K}$。

在辅助采样通道中，信号 $y(t)$ 同样以 f_s 的采样率均匀采样，但是采样起始时刻相对于主采样通道交错开 T_e 的时间量，其采样样本可表示为

$$y_e[n'] = \sum_{k=0}^{K-1} c_k \mathrm{e}^{\mathrm{j}2\pi f_k(n'T_s + T_e)} \tag{6.12}$$

式中，$0 \leqslant n' < (T - T_e)f_s$ 且 $n' \in \mathbf{Z}$。

辅助采样通道的作用是从所有的可能解中找出正确的频率参数。通过采用接下来提出的算法 6.1，即可从辅助采样通道的 K 个样本 $y_e[n']$ 中精确计算出 m_k 的取值，从而找出频率参数 f_k 的准确解。

通过下一节提出的定理 6.1，为了唯一确定信号 $y(t)$ 的频率参数，时间交错欠采样系统两个采样通道所获取的样本数分别需要满足 $N \geqslant 2K$ 和 $N' \geqslant K$。因此各通道的采样率需要满足 $f_s \geqslant 2K/T$。根据式 (2.55) 和式 (2.56)，系统的等效采样率可计算为

$$f_{\mathrm{sys}} = \frac{f_s T + \dfrac{f_s T}{2}}{T} = \frac{3}{2}f_s \geqslant \frac{3K}{T} \tag{6.13}$$

欠采样比为

$$Q = \frac{f_{\mathrm{sys}}}{F} = \frac{3f_s}{2F} \geqslant \frac{3K}{TF} \tag{6.14}$$

显然，最低的系统等效采样率为 $f_{\mathrm{sysmin}} = \dfrac{3K}{T}$，最低的欠采样比为 $Q_{\min} = \dfrac{3K}{TF}$。为了使系统欠采样比小于 Q，多频点信号 $y(t)$ 的频率参数个数应该满足 $K < \dfrac{QTF}{3}$，两个通道的采样率应该满足 $\dfrac{2K}{T} \leqslant f_s < \dfrac{2Q}{3}F$。

6.2.2　参数估计算法

利用从如图 6.4 所示的时间交错欠采样系统中获取的样本 $y[n]$ 和 $y_e[n']$，即可解决频率模糊问题，进而找到频率参数 $\{f_k\}_{k=1}^{K}$ 的准确解，以下定理给出了频率参数可解的充分条件。

定理 6.1　考虑如式 (6.4) 所示的连续时间信号 $y(t)$，经过如图 6.4 所示的时间交错欠采样系统之后，两个采样通道所获取的样本分别为

$$\begin{cases} \boldsymbol{y} = [y[0], y[1], \cdots, y[N-1]]^{\mathrm{T}} \\ \boldsymbol{y}_e = [y_e[0], y_e[1], \cdots, y_e[N'-1]]^{\mathrm{T}} \end{cases}$$

假设对于任意的整数 $a,b \in \{1,2,\cdots,K\}$ 且 $a \neq b$,采样率满足 $\dfrac{f_a - f_b}{f_s} \notin \mathbf{Z}$,交错的时间量 T_e 满足 $0 < |T_e| \leqslant \dfrac{1}{F}$。那么,当系统两个通道获取的样本数量分别满足 $N \geqslant 2K$ 和 $N' \geqslant K$ 时,信号 $y(t)$ 的 K 个频率参数 $\{f_k\}_{k=1}^{K}$ 能够被唯一确定。

证明　由于对于任意的整数 $a,b \in \{1,2,\cdots,K\}$ 且 $a \neq b$,两个通道的采样率都满足 $\dfrac{f_a - f_b}{f_s} \notin \mathbf{Z}$,根据式(6.9)可得 $\tilde{f}_a \neq \tilde{f}_b$,即无镜像频率混叠。此时,采用零化滤波器法,信号 $y(t)$ 的 K 个频率参数最小可能解和相应的幅值参数 $\{\tilde{f}_k, c_k\}_{k=1}^{K}$ 能够由 $N \geqslant 2K$ 个样本 y 唯一确定。采用零化滤波器法求得频率参数最小可能解 $\{\tilde{f}_k\}_{k=1}^{K}$ 之后,将式(6.8)代入式(6.12)中,那么样本 $y_e[n']$ 可表示为

$$y_e[n'] = \sum_{k=0}^{K-1} c_k e^{j2\pi \hat{f}_k(n'T_s + T_e)} = \sum_{k=1}^{K} c_k e^{j2\pi(\tilde{f}_k + m_k f_s)(n'T_s + T_e)}$$
$$= \sum_{k=1}^{K} c_k e^{j2\pi \tilde{f}_k(n'T_s + T_e)} e^{j2\pi m_k f_s T_e} n = \sum_{k=1}^{K} a_{k,n'} b_k \tag{6.15}$$

式中,$a_{k,n'} = c_k e^{j2\pi \tilde{f}_k(T_s n' + T_e)}$,$b_k = e^{j2\pi m_k f_s T_e}$。

为了求取整数 $m_k (k=1,2,\cdots,K)$ 的值,需要先求得 b_k 的值。令

$$V = \begin{bmatrix} 1 & 1 & \cdots & 1 \\ e^{j2\pi \tilde{f}_1 T_s} & e^{j2\pi \tilde{f}_2 T_s} & \cdots & e^{j2\pi \tilde{f}_K T_s} \\ \vdots & \vdots & & \vdots \\ e^{j2\pi \tilde{f}_1 T_s(N'-1)} & e^{j2\pi \tilde{f}_2 T_s(N'-1)} & \cdots & e^{j2\pi \tilde{f}_K T_s(N'-1)} \end{bmatrix} \tag{6.16}$$

$$A = \begin{bmatrix} c_1 e^{j2\pi \tilde{f}_1 T_e} & 0 & \cdots & 0 \\ 0 & c_2 e^{j2\pi \tilde{f}_2 T_e} & \cdots & 0 \\ \vdots & \vdots & & \vdots \\ 0 & 0 & \cdots & c_K e^{j2\pi \tilde{f}_K T_e} \end{bmatrix} \tag{6.17}$$

$$\boldsymbol{b} = [b_1, b_2, \cdots, b_K]^{\mathrm{T}} \tag{6.18}$$

可将式(6.15)写成矩阵的形式,即

$$\boldsymbol{y}_e = \boldsymbol{VAb} \tag{6.19}$$

由于对于任意的整数 $a,b \in \{1,2,\cdots,K\}$ 且 $a \neq b$,都有 $\tilde{f}_a \neq \tilde{f}_b$ 且 $0 \leqslant \tilde{f}_a$,$\tilde{f}_b < f_s$,因此当 $N' \geqslant K$ 时范德蒙德矩阵 V 是列满秩的。又由于幅值参数 $c_k \neq 0$ $(k=1,2,\cdots,K)$,对角矩阵 A 是可逆的。因此,式(6.19)具有唯一的解,即

$$\boldsymbol{b} = \boldsymbol{A}^{-1}(\boldsymbol{V}^* \boldsymbol{V})^{-1} \boldsymbol{V}^* \boldsymbol{y}_e \tag{6.20}$$

在求得向量 $\boldsymbol{b}$ 之后,就可以根据关系式 $b_k = e^{j2\pi m_k f_s T_e}$ 来求出 m_k 的取值。

考虑到频率参数 f_k 满足 $0 \le f_k < F$,频率参数 f_k 的最小可能解满足 $0 \le \tilde{f}_k < f_s$,结合式(6.8)有

$$\begin{cases} 0 \le f_k < F \\ 0 \le \tilde{f}_k < f_s \\ f_k = \tilde{f}_k + m_k f_s \end{cases} \tag{6.21}$$

化简式(6.21)可得

$$0 \le m_k f_s < F \tag{6.22}$$

因此,当交错的时间量 T_e 满足 $0 < T_e \le \dfrac{1}{F}$ 时,有 $0 \le 2\pi m_k f_s T_e < 2\pi$,那么式 $b_k = e^{j2\pi m_k f_s T_e}$ 具有唯一解 $m_k = \dfrac{\angle b_k}{2\pi f_s T_e}$,其中 $0 \le \angle(\cdot) < 2\pi$ 表示复数 $(\cdot)$ 的辐角主值。同理,当交错的时间量 T_e 满足 $\dfrac{-1}{F} \le T_e < 0$ 时,有 $-2\pi < 2\pi m_k f_s T_e \le 0$,那么式 $b_k = e^{j2\pi m_k f_s T_e}$ 具有唯一解 $m_k = \dfrac{\angle b_k - 2\pi}{2\pi f_s T_e}$。总之,当交错的时间量 T_e 满足 $0 < |T_e| \le \dfrac{1}{F}$ 时,变量 m_k 能够被唯一确定为

$$m_k = \begin{cases} \dfrac{\angle b_k}{2\pi f_s T_e}, & 0 < T_e \le \dfrac{1}{F} \\ \dfrac{\angle b_k - 2\pi}{2\pi f_s T_e}, & \dfrac{-1}{F} \le T_e < 0 \end{cases} \tag{6.23}$$

在求得 m_k 的取值以后,真实的频率参数可确定为 $f_k = \tilde{f}_k + m_k f_s$。

定理证毕!

根据定理 6.1 所述,信号 $y(t)$ 的频率参数 $\{f_k\}_{k=1}^K$ 能够由其采样样本 $\boldsymbol{y}$ 和 $\boldsymbol{y}_e$ 联合估计,现将该频率参数的估计过程总结为算法 6.1。

输入:频率分量的个数 K,采样率 f_s,交错的时间量 T_e,零化滤波器法的估计结果 $\{\tilde{f}_k, c_k\}_{k=1}^K$,
　　　$N' \ge K$ 个辅助采样通道的样本 $\boldsymbol{y}_e = [y_e[0], y_e[1], \cdots, y_e[N'-1]]^T$。

输出:信号 $y(t)$ 的频率参数 $\{f_k\}_{k=1}^K$。

1　根据式(6.16)构建范德蒙德矩阵 $\boldsymbol{V}$;

2　根据式(6.17)构建对角矩阵 $\boldsymbol{A}$;

3　计算系数向量 $\boldsymbol{b} = \boldsymbol{A}^{-1} (\boldsymbol{V}^* \boldsymbol{V})^{-1} \boldsymbol{V}^* \boldsymbol{y}_e$;

4　for $k = 1$ to K do

5　　根据式(6.23)计算 m_k 的值;

6　　计算频率参数 $f_k = \tilde{f}_k + m_k f_s$。

7　end

算法 6.1　时间交错采样系统的参数估计算法

6.2.3 噪声的影响分析

在无噪声环境下,信号 $y(t)$ 的频率参数 $\{f_k\}_{k=1}^K$ 可以利用算法 6.1 精确估计。但是当存在噪声时,采样值 $\mathbf{y}_e$ 中包含噪声将会导致根据式(6.20)计算的 $\mathbf{b}$ 存在误差,从而使 m_k 的值不准确,最终导致估计的频率参数 f_k 存在偏差。因此有必要研究噪声情况下的参数估计方法。

本书采用 Cadzow 迭代操作来减小噪声的影响,以提高参数估计的鲁棒性。在利用零化滤波器法估计频率参数最小可能解 $\tilde{f}_k(k=1,2,\cdots,K)$ 之前,利用少量次数的 Cadzow 迭代对样本数据矩阵进行处理,这将会产生一个矩阵,其对真实未知数据矩阵的误差远低于原始样本数据矩阵的误差,从而减小了频率参数最小可能解 $\tilde{f}_k$ 的估计误差,进而减小频率参数 f_k 的估计误差。

此外,在噪声环境下式(6.23)的解可能为非整数,根据 $m_k \in \mathbf{Z}$ 的先验信息,在求解 m_k 的过程中需要进行一些近似运算:

$$m_k = \begin{cases} \text{round}\left(\dfrac{\angle b_k}{2\pi f_s T_e}\right), & 0 < T_e \leqslant \dfrac{1}{F} \\ \text{round}\left(\dfrac{\angle b_k - 2\pi}{2\pi f_s T_e}\right), & -\dfrac{1}{F} \leqslant T_e < 0 \end{cases} \tag{6.24}$$

式中,round($\cdot$) 表示对数值($\cdot$)四舍五入取整。

在获得 m_k 之后,真实的频率参数可估计为

$$f_k = \tilde{f}_k + m_k f_s$$

6.3 反馈式 FRI 采样方法

如前所述,在某些特殊情况下,对多频点信号的欠奈奎斯特采样可能会导致镜像频率混叠的问题。本节研究存在镜像频率混叠情况下多频点信号 FRI 采样方法,并提出一种反馈式欠采样系统。

6.3.1 系统描述

当存在两个整数 $a,b \in \{1,2,\cdots,K\}$ 且 $a \neq b$,使得采样率满足 $\dfrac{f_a - f_b}{f_s} \in \mathbf{Z}$ 时,对信号的欠奈奎斯特采样会导致频率参数和二者的镜像频率混叠,具体表现为频率参数的最小可能解。为了解决镜像频率混叠问题,本章提出如图 6.5 所示的反馈式欠采样系统。该系统由两个串行的采样通道组成,分别是主采样通道和反馈采样通道,其中反馈采样通道的采样率由主采样通道的采样样本来决定,

具体的采样过程如下。

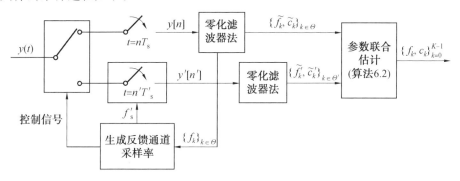

图 6.5　反馈式采样系统

将信号输入到主采样通道中,并以 f_s 的采样率均匀采样,采集的样本为

$$y[n] = \sum_{k=1}^{K} c_k \mathrm{e}^{\mathrm{j}2\pi n f_k/f_s} = \sum_{k \in \Theta} \tilde{c}_k \mathrm{e}^{\mathrm{j}2\pi n \tilde{f}_k/f_s}, \quad 0 \leqslant n < T_1 f_s (n \in \mathbf{Z}) \quad (6.25)$$

式中,T_1 表示采样时长,$T_1 < T$。

采用零化滤波器法求解式 (6.25), 即可在采样样本 $\boldsymbol{y} = [y[0], y[1], \cdots, y[N-1]]^{\mathrm{T}}$ 中估计出频率参数的最小可能解和相应的幅值参数 $\{\tilde{f}_k, \tilde{c}_k\}_{k \in \Theta}$。当无镜像频率混叠时,有 $\tilde{c}_k = c_k$,且 $\Theta = \{1, 2, \cdots, K\}$;当存在镜像频率混叠时,有 $\tilde{c}_k \neq c_k$,此时频率参数的最小可能解集合 $\{\tilde{f}_k\}_{k=1}^{K}$ 中存在若干组相等的元素,即其中独立元素的个数要小于 K,因此 $\Theta \subseteq \{1, 2, \cdots, K\}$。

主采样通道持续采样 T_1 时长后,将信号 $y(t)$ 输入到反馈采样通道中,并以 f_s' 的采样率均匀采样。该采样率 f_s' 是由主采样通道的零化滤波器法的估计结果 $\{\tilde{f}_k\}_{k \in \Theta}$ 决定的。反馈采样通道获取的样本可表示为

$$y'[n'] = \sum_{k=1}^{K} c_k \mathrm{e}^{\mathrm{j}2\pi f_k(n'T_s' + T_1)} = \sum_{k \in \Theta} \tilde{c}_k \mathrm{e}^{\mathrm{j}2\pi \tilde{f}_k(n'T_s' + T_1)}, \quad 0 \leqslant n' < (T - T_1)f_s (n' \in \mathbf{Z})$$

$$(6.26)$$

与主采样通道类似,采用零化滤波器法求解式 (6.26),即可在采样样本 $\boldsymbol{y}' = [y'[0], y'[1], \cdots, y'[N'-1]]^{\mathrm{T}}$ 中估计出频率参数的最小可能解和相应的幅值参数,为了和主采样通道区分,将其记为 $\{\tilde{f}_k', \tilde{c}_k'\}_{k \in \Theta'}$。当无镜像频率混叠时,有 $\tilde{c}_k' = c_k'$,且 $\Theta' = \{1, 2, \cdots, K\}$;当存在镜像频率混叠时,有 $\tilde{c}_k' \neq c_k'$,此时频率参数的最小可能解集合 $\{\tilde{f}_k'\}_{k=1}^{K}$ 中存在若干组相等的元素,即其中独立元素的个数要小于 K,因此 $\Theta' \subseteq \{1, 2, \cdots, K\}$。

通过下一节提出的定理 6.2,为了唯一确定信号 $y(t)$ 的频率参数,基于反馈结构的多频点信号欠采样系统两个通道所获取的样本数分别需要满足 $N \geqslant 2K$ 和 $N' \geqslant 2K$。那么两个通道的采样率需要满足 $f_s \geqslant \dfrac{2K}{T_1}$ 和 $f_s' \geqslant \dfrac{2K}{T_2}$,其中 T_1 和 T_2 分别表

示两个采样通道的观测时长。因此有 $T_1 + T_2 = T$。根据式(2.55)和式(2.56),系统的等效采样率可计算为

$$f_{sys} = \frac{f_s T_1 + f'_s T_2}{T} \tag{6.27}$$

因此有

$$\frac{4K}{T} \leqslant f_{sys} < \max\{f_s, f'_s\} \tag{6.28}$$

对应的欠采样比为

$$\frac{4K}{TF} \leqslant Q < \frac{\max\{f_s, f'_s\}}{F} \tag{6.29}$$

显然,最低的系统等效采样率为 $f_{sysmin} = \dfrac{4K}{T}$,最低的欠采样比为 $Q_{min} = \dfrac{4K}{TF}$。为了使系统欠采样比小于 Q,多频点信号 $y(t)$ 的频率参数个数应该满足 $K < \dfrac{QTF}{4}$,反馈系统两个通道的采样率应该满足 $\dfrac{1}{f_s} + \dfrac{1}{f'_s} \leqslant \dfrac{T}{2K}$,$f_s < QF$ 和 $f'_s < QF$。

6.3.2 参数估计算法

综合考虑两个反馈式采样通道的零化滤波器法估计结果 $\{\tilde{f}_k, \tilde{c}_k\}_{k \in \Theta}$ 和 $\{\tilde{f}'_k, \tilde{c}'_k\}_{k \in \Theta'}$,即可精确估计出原信号 $y(t)$ 的频率和幅值参数 $\{f_k, c_k\}_{k=1}^{K}$。以下定理给出了未知参数 $\{f_k, c_k\}_{k=1}^{K}$ 可精确恢复的充分条件。

定理 6.2 考虑如式(6.4)所示的多频点信号 $y(t)$,经过如图6.5所示的反馈式欠采样系统之后,其主通道的采样样本为

$$\boldsymbol{y} = [y[0], y[1], \cdots, y[N-1]]^{\mathrm{T}}$$

反馈采样通道的采样样本为

$$\boldsymbol{y}' = [y'[0], y'[1], \cdots, y'[N'-1]]^{\mathrm{T}}$$

假设反馈采样通道的采样率 f'_s 满足

$$\frac{\tilde{f}_a - \tilde{f}_b + mf_s}{f'_s} \notin \mathbf{Z}, \quad \forall a \neq b (a, b \in \Theta \subseteq \{1, 2, \cdots, K\}) \tag{6.30}$$

式中,$-\dfrac{2F}{f_s} < m < \dfrac{2F}{f_s}, m \in \mathbf{Z}$。

那么当两个采样通道的样本数分别满足 $N \geqslant 2K$ 和 $N' \geqslant 2K$ 时,信号 $y(t)$ 中的频率和幅值参数 $\{f_k, c_k\}_{k=1}^{K}$ 能够被唯一确定。

证明 采用零化滤波器法求解式(6.25),即可从主采样通道的 $N \geqslant 2K$ 个样本 $\boldsymbol{y}$ 中估计出一组频率参数的最小可能解和相应的幅值参数 $\{\tilde{f}_k, \tilde{c}_k\}_{k \in \Theta}(\Theta \subseteq \{1, 2, \cdots, K\})$。然后,所有频率参数的可能解集合可表示为

$$E = \{\tilde{f}_k + m_k f_s \mid k \in \Theta, 0 \leqslant m_k < \frac{F - \tilde{f}_k}{f_s}, m_k \in \mathbf{Z}\} \tag{6.31}$$

显然，频率参数的真实解是集合 E 的子集，即 $\{f_k\}_{k=1}^{K} \subseteq E$。

同理，对于反馈采样通道，采用零化滤波器法求解式 (6.26)，即可从 $N' \geqslant 2K$ 个样本 $\boldsymbol{y}'$ 中估计出一组频率参数的最小可能解和相应的幅值参数 $\{\tilde{f}_k', \tilde{c}_k'\}_{k \in \Theta}(\Theta' \subseteq \{1, 2, \cdots, K\})$。然后，所有频率参数的可能解集合可表示为

$$E' = \{\tilde{f}_k' + m_k' f_s' \mid k \in \Theta', 0 \leqslant m_k' < \frac{F - \tilde{f}_k'}{f_s'}, m_k' \in \mathbf{Z}\} \tag{6.32}$$

显然，频率参数的真实解是集合 E' 的子集，即有 $\{f_k\}_{k=1}^{K} \subseteq E'$。

对于任意元素 $\xi \in \{E \cap E'\}$，必然有 $\xi = f_a + n_a f_s = f_b + n_b' f_s'$，其中 $a, b \in \{1, 2, \cdots, K\}$，$n_a, n_b' \in \mathbf{Z}$。对于元素 ξ 的取值，可能存在以下四种情况。

（1）$n_a = 0, n_b' = 0, \xi = f_a = f_b$，此时元素 ξ 为频率参数的真实解之一，即 $\xi \in \{f_k\}_{k=1}^{K}$。

（2）$n_a = 0, n_b' \neq 0, \xi = f_a = f_b + n_b' f_s'$，此时元素 ξ 为频率参数的真实解之一，即 $\xi \in \{f_k\}_{k=1}^{K}$。

（3）$n_a \neq 0, n_b' = 0, \xi = f_a + n_a f_s = f_b$，此时元素 ξ 为频率参数的真实解之一，即 $\xi \in \{f_k\}_{k=1}^{K}$。

（4）$n_a \neq 0, n_b' \neq 0, \xi = f_a + n_a f_s = f_b + n_b' f_s'$，此时元素 ξ 不是频率参数的真实解，即 $\xi \notin \{f_k\}_{k=1}^{K}$。

显然，仅当出现情况（4）时，元素 ξ 不是频率参数的真实解。为了避免出现情况（4），需要对反馈通道的采样率 f_s' 进行限定。假设对于任意的 $a, b \in \{1, 2, \cdots, K\}, n_a, n_b' \neq 0$ 且 $n_a, n_b' \in \mathbf{Z}$，反馈采样通道的采样率 f_s' 满足

$$f_a + n_a f_s \neq f_b + n_b' f_s' \tag{6.33}$$

这样就避免了情况（4）的出现。此时，对于任意的元素 $\xi \in \{F \cap F'\}$ 都属于频率参数的真实解，即 $\xi \in \{F \cap F'\} \subseteq \{f_k\}_{k=1}^{K}$。又由于 $\{f_k\}_{k=1}^{K} \subseteq F$ 和 $\{f_k\}_{k=1}^{K} \subseteq F'$，可得到结论 $\{f_k\}_{k=1}^{K} = E \cap E'$。

由于频率参数 f_a 和 f_b 是未知的，式 (6.33) 中的条件无法实现。然而，频率参数 f_a 和 f_b 的所有可能解是已知的，即 $f_a, f_b \in F$，因此这两个频率参数的估计值可表示为 $\hat{f}_a = \tilde{f}_a + m_a f_s$ 和 $\hat{f}_b = \tilde{f}_b + m_b f_s$。如果用估计值 $\hat{f}_a$ 和 $\hat{f}_b$ 代替真值 f_a 和 f_b，那么根据式 (6.33) 可得

$$n_b' \neq \frac{\tilde{f}_a - \tilde{f}_b + m f_s}{f_s'} \tag{6.34}$$

式中,$n_b' \in \mathbf{Z}$ 且 $n_b' \neq 0, m = (m_a - m_b + n_a) \in \mathbf{Z}$。

考虑到关系式 $0 \leqslant \hat{f}_a + n_a f_s < F$ 和 $0 \leqslant m_a, m_b < \dfrac{F}{f_s}$,有 $-\dfrac{2F}{f_s} < m < \dfrac{2F}{f_s}$。因此,对于任意的整数 $a, b \in \{1, 2, \cdots, K\}$ 且 $a \neq b$,如果反馈通道的采样率满足 $\dfrac{\tilde{f}_a - \tilde{f}_b + m f_s}{f_s'} \notin \mathbf{Z}$,其中 $-\dfrac{2F}{f_s} < m < \dfrac{2F}{f_s}$ 且 $m \in \mathbf{Z}$ 时,信号 $y(t)$ 的频率参数可唯一确定为 $\{f_k\}_{k=1}^{K} = E \cap E'$。

在估计出频率参数 $\{f_k\}_{k=1}^{K}$ 之后,为了估计幅值参数 c_k,首先令

$$\begin{cases} \hat{v}_k = \mathrm{e}^{\mathrm{j}2\pi f_k / f_s} \\ \hat{v}_k' = \mathrm{e}^{\mathrm{j}2\pi f_k / f_s'} \end{cases} \tag{6.35}$$

式中,$k = 1, 2, \cdots, K$。

分别找出集合 $\{\hat{v}_k\}_{k=1}^{K}$ 和集合 $\{\hat{v}_k'\}_{k=1}^{K}$ 中的非重复元素,并将其索引值分别定义为集合 $\kappa \subseteq \{1, 2, \cdots, K\}$ 和 $\kappa' \subseteq \{1, 2, \cdots, K\}$。因此,对于任意 $k \in \kappa$,有 $\tilde{c}_k = c_k$(无镜像频率混叠);对于任意 $k \in \kappa'$,有 $\tilde{c}_k' = c_k$(无镜像频率混叠)。对于所有 $\kappa \cup \kappa'$ 中的元素,其对应的频率参数 $\{f_k \mid k \in \kappa \cup \kappa'\}$ 在采样率 f_s 和 f_s' 下的镜像频率之间都互不混叠,且有 $\kappa \cup \kappa' \subseteq \{k = 1, 2, \cdots, K\}$。

对于所有集合 κ 外的元素,即 $B \notin \kappa$ 且 $B \in \{1, 2, \cdots, K\}$,必然存在另外一个元素 $D \notin \kappa$ 且 $D \in \{1, 2, \cdots, K\}$,使得 $\hat{v}_B = \hat{v}_D$。根据式(6.35),该式等效于:

$$\hat{f}_B = \hat{f}_D + n_B f_s \tag{6.36}$$

式中,$n_B \neq 0, n_B \in \mathbf{Z}$。

由式(6.34)可知,对于任意的 $k \in \{1, 2, \cdots, K\}$ 和 $n_k \neq 0, n_k \in \mathbf{Z}$,有 $f_B \neq f_k + n_k f_s'$。由于 $\hat{v}_B' = \mathrm{e}^{\mathrm{j}2\pi f_B / f_s'}$ 和 $\hat{v}_k' = \mathrm{e}^{\mathrm{j}2\pi f_k / f_s'}$,对于任意的 $B \neq k$,有 $\hat{v}_B' \neq \hat{v}_k'$,这意味着 $\hat{v}_B' \in \{\hat{v}_k' \mid k \in \kappa'\}$,因此,对于任意的 $B \notin \kappa$ 且 $B \in \{1, 2, \cdots, K\}$,必然有 $B \in \kappa'$。同理,对于任意的 $B \notin \kappa'$ 且 $B \in \{1, 2, \cdots, K\}$,必然有 $B \in \kappa$。总之,$\kappa \cup \kappa' = \{1, 2, \cdots, K\}$,幅值参数可估计为 $\{c_k\}_{k=0}^{K-1} = \{\tilde{c}_k \mid k \in \kappa\} \cup \{\tilde{c}_k' \mid k \in \kappa'\}$。

定理证毕!

根据定理(6.2),多频点信号 $y(t)$ 的频率参数 $\{f_k\}_{k=1}^{K}$ 可唯一确定为 $E \cap E'$,其中 E 和 E' 分别为利用零化滤波器法从主采样通道和反馈采样通道估计的频率参数 f_k 的所有可能解集合,具体是由频率参数最小可能解 $\{\tilde{f}_k\}_{k \in \Theta}$ 和 $\{\tilde{f}_k'\}_{k \in \Theta'}$ 分别根据式(6.31)和式(6.32)求得。信号 $y(t)$ 的幅值参数 $\{c_k\}_{k=1}^{K}$ 可唯一确定为 $\{\tilde{c}_k \mid k \in \kappa\} \cup \{\tilde{c}_k' \mid k \in \kappa'\}$,其中 κ 和 κ' 分别是采样率为 f_s 和 f_s' 下无镜像频率混叠的频率参数索引值集合。多频点信号 $y(t)$ 中的未知参数 $\{f_k, c_k\}_{k=1}^{K}$ 估计过程可总结为算法6.2。

> 输入:频率参数的个数 K;零化滤波器法参数估计值 $\{\tilde{f}_k,\tilde{c}_k\}_{k\in\Theta}$ 和 $\{\tilde{f}'_k,\tilde{c}'_k\}_{k\in\Theta'}$。
>
> 输出:频率和幅值参数 $\{f_k,c_k\}_{k=0}^{K-1}$。
>
> 1　根据式(6.31)获取频率参数的所有可能解集合 E;
>
> 2　根据式(6.32)获取频率参数的所有可能解集合 E';
>
> 3　$\{f_k\}_{k=0}^{K-1}=E\cap E'$;
>
> 4　找出 $\{\hat{\nu}_k=\mathrm{e}^{\mathrm{j}2\pi f_k/f_s}\}_{k=1}^{K}$ 中的非重复元素集合 κ;
>
> 5　找出 $\{\hat{\nu}'_k=\mathrm{e}^{\mathrm{j}2\pi f_k/f'_s}\}_{k=1}^{K}$ 中的非重复元素集合 κ';
>
> 6　$\{c_k\}_{k=0}^{K-1}=\{\tilde{c}_k\mid k\in\kappa\}\cup\{\tilde{c}'_k\mid k\in\kappa'\}$

算法 6.2　反馈式采样的参数估计算法

6.3.3　噪声的影响分析

在无噪声环境下,信号 $y(t)$ 的频率和幅值参数 $\{f_k,c_k\}_{k=1}^{K}$ 可以利用算法 6.1 精确估计。当存在噪声时,两个通道的采样值 y 和 y' 中均包含噪声,这将会导致参数估计出现误差。因此有必要研究噪声情况下的参数估计方法。

首先,为了提高系统的稳定性,反馈通道的采样率选取条件应该做如下调整:

$$\left|\,\mathrm{rem}\Big(\frac{\tilde{f}_a-\tilde{f}_b+mf_s}{f'_s},1\Big)\,\right|<\varepsilon,\quad a\neq b \tag{6.37}$$

式中,$\mathrm{rem}((\,\cdot\,),1)$ 表示数值$(\cdot)$除以 1 所得的余数;ε 表示由噪声强度所决定的阈值参数。

然后,在采样完成之后,执行零化滤波器法之前,采用 Cadzow 迭代算法对样本 y 和 y' 分别进行处理。此外,在算法 6.2 中对于交集和并集的运算都需要进行近似处理。

6.4　各采样方法的性能比较

对于多频点信号的 FRI 采样,目前的 FRI 采样方法主要有延时采样方法和三通道互质采样方法。因此,将本章提出的两种采样方法与这两种采样方法的性能进行对比,见表 6.1。各采样方法性能的具体分析如下。

(1)延时采样方法需要 $4K$ 个样本来解决频率模糊问题,该方法采用 ESPRIT 算法来估计频率参数,相比于零化滤波器法所需要的样本数更多,而且该方法无法解决镜像频率混叠问题。

(2)本章提出的时间交错 FRI 采样方法所需要的样本数最少,仅需要 $3K$ 个样本即可解决频率模糊问题,但是同样无法区分镜像频率混叠的频率参数。

表 6.1 各 FRI 采样方法的性能比较

采样方法	镜像频率混叠问题	采样模式	所需样本数
时间交错 FRI 采样方法	不可解决	双通道并行采样	$\geq 3K$
延时采样方法	不可解决	双通道并行采样	$\geq 4K$
三通道互质采样方法	可解决	三通道并行采样	大量
反馈式 FRI 采样方法	可解决	双通道串行采样	$\geq 4K$

(3)三通道互质采样方法能够同时解决频率模糊问题和镜像频率混叠问题,但是该方法需要更多的采样通道以及大量的采样样本数。其三个通道的采样率必须满足 $f_{s1} = F/a$、$f_{s2} = F/b$ 和 $f_{s3} = F/c$,其中 a、b、c 两两互质。这样,从采样系统中可获取 L 个快拍,每个快拍中包含 $ab + bc + ac$ 个样本。由于三通道互质采样方法并没有给出快拍数 L 的取值,在接下来的实验中将其根据经验进行设置。又由于该方法采用 MUSIC 算法搜索伪谱的方式来估计频率参数,其估计精度取决于搜索步长。

(4)本章提出的反馈式 FRI 采样方法与三通道互质采样方法具有相类似的功能,即能够同时解决频率模糊问题和镜像频率混叠问题,但是该方法仅需要 $4K$ 个样本,远低于三通道互质采样方法。

6.5 实验验证与分析

6.5.1 实验参数设置

在两种频域参数化信号 FRI 采样方法及参数估计算法的基础上,本节将给出相应的实验验证与分析,实验所采用的被测信号为式(6.4)所示的频域参数化信号,即

$$y(t) = \sum_{k=1}^{K} c_k e^{j2\pi f_k t} \tag{6.38}$$

式中,T 为信号时长,$T = 1\ \mu s$;K 为频率参数个数,$K \in \mathbf{Z}_+$,具体取值视情况而定;f_k 为频率参数,$f_k \in [0, 10)$,单位为 GHz,如无特殊说明则随机选取;c_k 为幅值参数,$c_k \in (0, 1]$,如无特殊说明则随机选取。

由于被测信号 $s(t)$ 属于复数信号,其奈奎斯特频率为 $f_{\mathrm{Nyq}} = F = 10\ \mathrm{GHz}$,新息率为 $\rho = 2K/T = 2K \times 10^6$,因此当 $K < 5 \times 10^3$ 时,新息率 ρ 要小于其奈奎斯特频率,此时 FRI 采样方法所需要的采样率要低于传统的奈奎斯特采样方法。

在信号采样阶段,各采样方法的系统参数设置见表 6.2,为了公平起见,所有 ADC 器件的采样率尽可能接近,其中欠采样比按照式(2.56)计算。从表中可以看出,在相同 ADC 速率的情况下本章提出的反馈式 FRI 采样方法欠采样比最低(约 25.00%),相比于延时采样方法降低了约 53.13%,这是由于反馈式的结构会导致采样时长变短,在相同 ADC 采样率下所获取的样本数减少了。本章提出的时间交错 FRI 采样方法欠采样比为 37.5%,介于二者之间。

表 6.2　各采样系统的系统参数设置

采样方法	各通道采样率 /GHz	采样控制参数	欠采样率 /%
时间交错 FRI 采样方法	$f_s = \dfrac{F}{4} = 2.5$	错开时间为 $T_e = 5 \times 10^{-11}$ s	37.50
延时采样方法	$f_s = \dfrac{F}{4} = 2.5$	延时为 $T_d = 5 \times 10^{-11}$ s	50.00
三通道互质采样方法	$\begin{cases} f_{s1} = \dfrac{F}{3} = 3.33 \\ f_{s2} = \dfrac{F}{4} = 2.5 \\ f_{s3} = \dfrac{F}{5} = 2 \end{cases}$	快拍数为 $L = 4$	78.13
反馈式 FRI 采样方法	$\begin{cases} f_s = \dfrac{F}{4} = 2.5 \\ f'_s,根据定理 6.2 生成 \end{cases}$	$T_1 = T_2 = 5 \times 10^{-7}$ s	约 25.00

噪声环境下,为了定量地评价各采样方法的性能,采用归一化均方误差(NMSE)作为评价指标,为了便于比较取其对数形式。假设实验重复运行 Num 次,那么频率参数的 NMSE 可计算为

$$\text{NMSE}[\text{dB}] = 10\lg\left(\frac{1}{K \cdot \text{Num}}\sum_{k=1}^{K}\sum_{i=1}^{\text{Num}}\left(\frac{f_k - \hat{f}_k^i}{f_k}\right)^2\right) \tag{6.39}$$

式中,f_k 表示真实的频率参数;$\hat{f}_k^i(i = 1,2,\cdots,\text{Num})$ 表示第 i 次实验中频率参数 f_k 的估计结果。

此外,为了定量地评价各采样方法的稳定性,采用样本方差作为评价指标。假设实验重复运行 Num 次,那么时延参数 f_k 的方差可计算为

$$\text{VAR}[\text{Hz}^2] = \frac{1}{K \cdot \text{Num}}\sum_{k=1}^{K}\sum_{i=1}^{\text{Num}}(\hat{f}_k^i - \bar{f}_k)^2 \tag{6.40}$$

式中,$\bar{f}_k$ 表示 Num 次实验中频率参数 f_k 估计结果的均值。

由于幅值参数的估计误差与频率参数的估计误差成正比关系,因此只需要采用频率参数的 NMSE 和方差来评价各采样方法的性能。

6.5.2 无噪声环境下的有效性验证

通过仿真实验验证本章方法对于无镜像频率混叠和存在镜像频率混叠两种情况下的有效性。

1. 无镜像频率混叠的情况

实验6.1 第一个实验是为了验证本章提出的采样方法在频率模糊,但在镜像频率非混叠情况下的有效性,仿真实验在无噪声环境下执行。被测信号的频率参数个数设置为 $K = 5$,频率参数取值为 $f_k = [0.400, 3.000, 5.200, 6.800, 9.100]$GHz,相应的幅值参数取值为 $c_k = [0.953, 0.704, 0.954, 0.598, 0.841]$。各采样方法获取的样本数分别为延时采样方法获取 $4K = 20$ 个样本;本章提出的时间交错 FRI 采样方法获取 $3K = 15$ 个样本;三通道互质采样方法的每个快拍包含 $3 \times 4 + 4 \times 5 + 3 \times 5 = 47$ 个样本,假设总快拍数为 $L = 4$,那么该系统总计能获取 $4 \times 47 = 188$ 个样本;本章提出的反馈式采样方法获取 $4K = 20$ 个样本。无镜像频率混叠的频率参数和幅值参数估计结果见表6.3和表6.4。从表6.3中可以看出,延时采样方法和本章提出的时间交错和反馈式 FRI 采样方法都能够非常精确地估计出信号的频率参数,而三通道互质采样方法估计的频率参数存在微小误差,这是由于该方法采用搜索伪谱后量化的方式来估计频率参数,受到量化误差的影响,参数估计精度不高。从表6.4可以看出,本章提出的时间交错 FRI 采样方法和反馈式 FRI 采样方法能够非常精确地估计出信号的幅值参数,值得注意的是,由于延时采样方法和三通道互质采样方法并没有给出幅值参数的估计方法,因此这两种采样方法并没有幅值参数的估计结果。

表 6.3　无镜像频率混叠的频率参数估计结果

采样方法	f_1/GHz	f_2/GHz	f_3/GHz	f_4/GHz	f_5/GHz
真实值	0.400	3.000	5.200	6.800	9.100
时间交错 FRI 采样方法	0.400	3.000	5.200	6.800	9.100
延时采样方法	0.400	3.000	5.200	6.800	9.100
三通道互质采样方法	0.393	3.014	5.190	6.815	9.100
反馈式 FRI 采样方法	0.400	3.000	5.200	6.800	9.100

2. 存在镜像频率混叠的情况

实验6.2 验证本章提出的采样方法在镜像频率混叠情况下的有效性,仿真实验在无噪声环境下执行。被测信号的频率参数个数设置为 $K = 5$,频率参数取值为

$$f_k = [0.400, 3.000, 5.500, 6.800, 9.100](GHz)$$

相应的幅值参数取值为

$$c_k = [0.953, 0.704, 0.954, 0.598, 0.841]$$

由于 $\dfrac{f_3 - f_2}{f_s} = \dfrac{5.5 \times 10^9 - 3 \times 10^9}{2.5 \times 10^9} = 1$，频率参数 $f_2 = 3$ GHz 和 $f_3 = 5.5$ GHz 的镜像频率是相互混叠的。各采样方法的参数设置与实验 1 保持一致。存在镜像频率混叠的频率参数和幅值参数估计结果见表 6.5 和表 6.6。从表 6.5 中可以看出，延时采样方法和本章提出的时间交错 FRI 采样方法对于镜像频率混叠的频率参数 f_2 和 f_3 的估计值并不准确，而三通道互质采样方法和本章提出的反馈式 FRI 采样方法对于所有频率参数的估计都是正确的。结合表 6.6 的幅值参数估计结果可以得到结论，反馈式 FRI 采样方法是能够解决镜像频率混叠问题的。

表 6.4　　无镜像频率混叠的幅值参数估计结果

采样方法	c_1	c_2	c_3	c_4	c_5
真实值	0.953	0.704	0.954	0.598	0.841
时间交错 FRI 采样方法	0.953	0.704	0.954	0.598	0.841
延时采样方法	—	—	—	—	—
三通道互质采样方法	—	—	—	—	—
反馈式 FRI 采样方法	0.953	0.704	0.954	0.598	0.841

表 6.5　　存在镜像频率混叠的频率参数估计结果

采样方法	f_1/GHz	f_2/GHz	f_3/GHz	f_4/GHz	f_5/GHz
真实值	0.400	3.000	5.500	6.800	9.100
时间交错 FRI 采样方法	0.400	2.622	4.246	6.800	9.100
延时采样方法	0.400	4.246	7.364	6.800	9.100
三通道互质采样方法	0.402	3.005	5.487	6.783	9.102
反馈式 FRI 采样方法	0.400	3.000	5.500	6.800	9.100

表 6.6　　存在镜像频率混叠的幅值参数估计结果

采样方法	c_1	c_2	c_3	c_4	c_5
真实值	0.953	0.704	0.954	0.598	0.841
时间交错 FRI 采样方法	0.953	0.000	1.658	0.598	0.841
延时采样方法	—	—	—	—	—
三通道互质采样方法	—	—	—	—	—
反馈式 FRI 采样方法	0.953	0.704	0.954	0.598	0.841

6.5.3　各采样方法的比较实验

首先,测试不同频率参数个数下各采样方法的重构性能,由于频率参数个数与参数化信号的新息率成正比,因此实际上是对不同新息率下各采样方法性能的分析比较。测试信号的频率参数个数 K 从 1 到 40 逐步递增,频率参数值在 $(0,$ 10) GHz 范围内随机选取,相应的幅值参数在 $(0,1$] 范围内随机选取。本次实验对被测信号 $y(t)$ 添加高斯白噪声,其信噪比 SNR = 20 dB。为了实验结果准确,各采样方法获取的样本数尽可能相同,延时采样方法、本章提出的时间交错 FRI 采样方法和反馈式 FRI 采样方法获取的样本数皆为 N_{sys} = 324 个;三通道互质采样方法的每个快拍包含 $3 \times 4 + 4 \times 5 + 3 \times 5 = 47$ 个样本,总快拍数设置为 $L = 7$,那么该方法总计能获取 $7 \times 47 = 329$ 个样本。对每组测试数据仿真实验重复 1 000 次,不同频率参数个数的实验结果如图 6.6 所示,从图中可以得到以下结论。

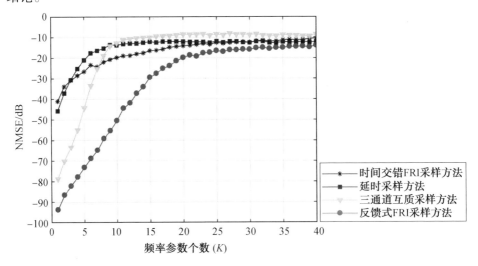

图 6.6　不同频率参数个数的实验结果

（1）延时采样方法和本章提出的时间交错 FRI 采样方法参数估计效果相近。

（2）本章提出的反馈式 FRI 采样方法比其他三种采样方法的效果都要好,当频率参数个数较少,即 $K < 20$ 时,此优势更加明显。

（3）随着频率参数个数的增加,即 $K \geq 20$ 时,各方法的参数估计效果趋于稳定,可见当新息率足够大时各采样方法并不受其影响。因此,频率参数个数越少,参数估计精度越高。

然后,测试不同样本数下各采样方法的重构性能,由于样本数与系统等效采样率的意义相当,因此实际上是对不同等效采样率下各系统性能的分析比较。测试信号的频率参数个数设置为 $K = 3$,频率参数值在 $(0,10)$ GHz 范围内随机选取,相应的幅值参数在 $(0,1]$ 范围内随机选取。本次实验对被测信号 $y(t)$ 添加高斯白噪声,其信噪比为 SNR = 20 dB。各采样方法获取的样本数分别是:延时采样方法、本章提出的时间交错 FRI 采样方法和反馈式 FRI 采样方法的采样样本数从 48 到 336 逐步递增,递增步长为 12;三通道互质采样方法的总快拍数从 1 到 7 逐个递增,对应的采样样本数从 47 到 329 递增,递增步长为 47。对每组测试数据仿真实验重复 100 次,不同采样样本数的实验结果如图 6.7 所示,从图中可以得到以下结论。

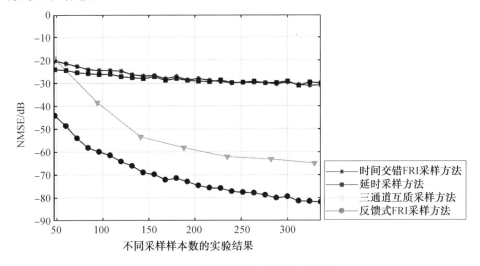

图 6.7 不同采样样本数的实验结果

(1) 延时采样方法和本章提出的时间交错 FRI 采样方法的参数估计效果相近,但是时间交错 FRI 采样方法所需要的样本数更少。

(2) 本章提出的反馈式 FRI 采样方法比三通道互质采样方法的效果更好,而且随着样本数的提高,优势更加明显。

(3) 从各采样方法 NMSE 曲线的趋势来看,参数估计效果随着样本数的提高而递增。因此,过采样有助于提高噪声情况下的参数估计精度。

最后,测试噪声环境下各采样方法的参数估计性能。测试信号的频率参数个数设置为 $K = 3$,频率参数值在 $(0,10)$ GHz 范围内随机选取,相应的幅值参数在 $(0,1]$ 范围内随机选取。本次实验对被测信号 $s(t)$ 添加高斯白噪声,其信噪比 SNR 从 − 20 dB 到 50 dB 逐步递增,递增步长为 5 dB。各采样方法获取的样本数分别是:延时采样方法、本章提出的时间交错 FRI 采样方法和反馈式 FRI 采样方法获取的样本数均为 $N_{sys} = 60K = 180$;为了实验结果准确,三通道互质采样方法

的每个快拍包含 $3 \times 4 + 4 \times 5 + 3 \times 5 = 47$ 个样本,总快拍数设置为 $L = 4$,那么该系统总计能获取 $4 \times 47 = 188$ 个样本。每组测试数据仿真实验 1 000 次后对实验结果取平均值,不同输入信噪比的实验结果如图 6.8 所示,从图中可以得到以下结论。

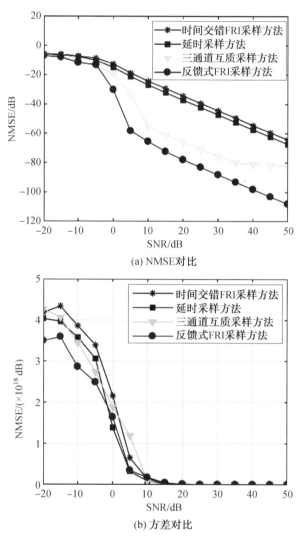

图 6.8　不同输入信噪比的实验结果

（1）当信噪比较低,即 SNR ≤ - 10 dB 时,从重构 NMSE 曲线上来看,四种方法的重构效果差不多,这是由于在低信噪比情况下,样本数量为影响参数估计精度的主导因素,由于各方法利用的样本数相同,重构效果接近。从方差 VAR 曲线上来看,本章提出的反馈式 FRI 采样方法的稳定性最好。

（2）随着信噪比的提高，即 SNR > − 10 dB 时，样本数量的影响变小，系统性能成为影响参数估计精度的主导因素。从重构 NMSE 曲线来看，延时采样方法和本章提出的时间交错 FRI 采样方法的 NMSE 曲线非常接近，可见这两种方法具有相似的性能，但是时间交错 FRI 采样方法所需要的样本数要更低，而本章提出的反馈式 FRI 采样方法比其他三种方法的参数估计精度更高。从方差 VAR 曲线上来看，四种采样方法都随着输入信噪比的提高而逐渐趋于稳定，当 SNR > 20 dB 时，方差趋于 0，即实验结果稳定。

因此，本章提出的反馈式 FRI 采样方法效果最好，定义该方法相比于三通道互质采样方法参数估计精度提高的比率 η 为

$$\eta = \frac{\mathrm{NMSE}_{\mathrm{our}} - \mathrm{NMSE}_{\mathrm{three}}}{\mathrm{NMSE}_{\mathrm{three}}} \times 100\% \tag{6.41}$$

式中，$\mathrm{NMSE}_{\mathrm{our}}$ 表示反馈式 FRI 采样方法的参数估计 NMSE；$\mathrm{NMSE}_{\mathrm{three}}$ 表示三通道互质采样方法的参数估计 NMSE。

根据图 6.8 的实验结果，计算可得反馈式 *FRI* 采样方法参数估计精度相比于三通道互质采样方法平均提高了 23.64%。

6.6　本 章 小 结

针对现有频域参数化信号 FRI 采样方法需要大量的样本来解决频率模糊和镜像频率混叠的问题，本章提出了两种所需样本数极少的频域参数化信号 FRI 采样方法。对于 *K* 个频率分量的频域参数化信号，在无镜像频率混叠的情况下，本章提出了时间交错 FRI 采样方法，该方法仅需要 3*K* 个样本即可估计出原信号的未知参数；在存在镜像频率混叠的情况下，本章提出了反馈式 FRI 采样方法，该方法需要 4*K* 个样本来解决频率模糊和镜像频率混叠问题。本章所提出的两种采样方法需要的样本数要远低于现有方法，提高了系统采样率。仿真实验结果表明，对于多频点信号，时间交错 FRI 采样方法所需样本数最少，参数估计精度和现有的延时采样方法差不多；反馈式 FRI 采样方法相比于现有的三通道互质采样方法采样率更高且抗噪性更好，参数估计精度平均提高了 23.64%。

 **第 7 章**

相位调制信号 FRI 采样方法

相位调制信号的调制参数的准确估计在航天、雷达、通信等领域具有重要意义,为了从相位调制信号中截获有用信息,需要精准估计其调制参数,主要有载频、码速率、码元序列等。针对目前相位调制信号参数估计方法所需采样率较高、采样点数较多的问题,本章提出相位调制信号 FRI 采样方法。FRI 采样理论凭借其参数化采样的特性,在参数估计领域具有较大优势。因此本章主要研究基于 FRI 采样理论的参数估计方法,针对相位调制信号提出单通道采样系统和多通道采样系统。

7.1 问题的提出

本章分析数字调制中的相移键控调制,主要是利用输入的数字信号来调整载波的相位。假设雷达接收的 M 进制相位调制信号的模型如下:

$$x(t) = Ae^{j2\pi f_c t} \sum_{d=1}^{D} e^{j\varphi_d} \Pi_T(t - dT), \quad t \in [0, \tau] \tag{7.1}$$

式中,$A(A \neq 0, A \in \mathbf{R})$ 为信号的幅度;f_c 为信号的载频;$D(D \neq 0, D \in \mathbf{N})$ 为码元数;τ 为信号持续时间;φ_d 为信号的相位函数,由初相和调制相位组成,$\varphi_d = \varphi_0 + 2\pi c_d$。

对于多进制数字相位调制(Multiple Phase Shift Keying,MPSK)信号,c_d 可能的取值为 $(m-1)/M(m=1,2,\cdots,M)$,M 为相位调制的进制数。当 $M=2$ 时,信

号为二进制相移键控(Binary Phase Shift Keying,BPSK) 信号,c_d 可能的取值为 0 或 1/2；当 $M = 4$ 时,信号为正交相移键控(Quadrature Phase Shift Keying, QPSK) 信号,c_d 可能的取值为 0、1/4、1/2、3/4。BPSK信号和QPSK信号是常用的相位调制信号。函数 $\Pi_T(t)$ 的定义如下所示:

$$\Pi_T(t) = \begin{cases} 1, & 0 \leq t < T \\ 0, & \text{其他 } t \end{cases} \tag{7.2}$$

式中,T 为信号的符号周期。

由于信号码元序列的选取是随机的,因此并不是每两个相邻码元之间都会有相位跳变,这就导致信号模型不明确。本章为了方便分析,将式(7.1)改写为

$$x(t) = Ae^{j2\pi f_c t} \sum_{k=1}^{K} e^{j\varphi_k} \zeta_k(t), \quad t \in [0,\tau) \tag{7.3}$$

式中,A、f_c、τ 的定义同上。

$K(K \neq 0, K \leq D, K \in \mathbf{N})$ 为信号由于相位跳变而分隔的段数,因此段数 K 的值会小于等于信号的编码段数 D。φ_k 为信号的相位函数,由初相和调制相位组成,$\varphi_k = \varphi_0 + 2\pi c_k$。函数 $\zeta_k(t)$ 的定义如下:

$$\zeta_k(t) = u(t - t_k) - u(t - t_{k+1}) \tag{7.4}$$

式中,$u(t)$ 为阶跃函数；t_k 为由于相位跳变造成的间断点的位置。

综合以上分析,对于 M 进制的相位调制信号,已知信号持续时间的前提下,可以用幅度 A、载频 f_c、间断点 $\{t_k\}_{k=1}^{K+1}$、相位 $\{\varphi_k\}_{k=1}^{K}$ 来唯一确定。因此 M 进制的相位调制信号符合FRI信号模型,可以用 $2K + 3$ 个的自由参量表示,则相位调制信号的新息率可计算为

$$\rho_{\text{MPSK}} = \frac{2K + 3}{\tau} \tag{7.5}$$

以 BPSK 信号为例介绍相位调制信号的时域和频域形式,图 7.1 和图 7.2 所示为 BPSK 信号的时域波形和频域波形。

图 7.1 所示为 BPSK 信号时域波形,该信号由于相位突变而被分隔的段数为 4,根据以上分析,该信号可以由 11 个自由参数唯一确定。图 7.2 所示为 BPSK 信号频域波形,可以发现该信号为非带限信号,这是因信号中存在间断点导致的频谱泄露,也可以认为是信号的脉冲压缩导致的频谱展宽。对于这类信号,利用奈奎斯特采样方法需要极高的采样率才能保证信号信息的完整性。

综合以上分析,可以总结出相位调制信号的特点如下。

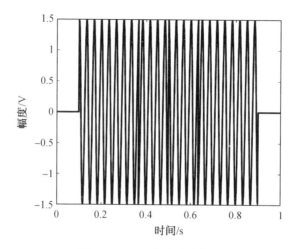

图 7.1　BPSK 信号时域波形

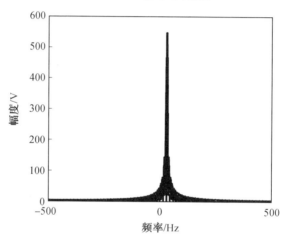

图 7.2　BPSK 信号频域波形

（1）相位调制信号属于脉冲压缩信号的一种,由于间断点的存在,信号的频谱会被展宽,属于非带限信号,因此需要较高的奈奎斯特频率。所以有必要采用欠采样理论来降低采样的成本和压力。

（2）对于相位调制雷达信号,其中重要的参数有载频、码宽、码序列等参数,这些参数可以由幅度 A、载频 f_c、间断点 $\{t_k\}_{k=1}^{K+1}$、相位 $\{\varphi_k\}_{k=1}^{K}$ 等有限个参数计算获得,本章的目的就是利用欠采样理论估计这些参数。

正是由于相位调制信号非带限、可参数化的特性,可以设计基于 FRI 采样理论的采样系统实现对相位调制信号的欠采样和参数估计。

7.2　单通道 FRI 采样系统及参数估计

7.2.1　系统描述及分析

在针对分段正弦信号的 FRI 采样理论中,通过设计指数再生采样核来实现分段正弦信号的欠采样和参数估计。分段正弦信号的复数模型为

$$s(t) = \sum_{d=1}^{D} \sum_{n=1}^{N} A_{d,n} e^{j(\omega_{d,n}t + \phi_{d,n})} \Pi_d(t) \tag{7.6}$$

式中,D 为信号分段数;N 为每段信号内频率成分的数量。

通过对式(7.6)表示的分段正弦信号和式(7.3)表示的相位调制信号的模型进行分析和对比,发现这两种信号形式有较高的相似性,相位调制信号可看作单一载频的分段正弦信号,因此本节针对分段正弦的 FRI 方法应用于相位调制信号。通过 2.2.2 节中对指数再生采样核的分析,了解到指数再生采样核虽然在处理有限长信号时具有一定优势,但是实现起来较为复杂。而 Sinc 采样核虽然物理不可实现,但是在硬件实现时可用低通滤波器近似代替。因此本节采用形式更为简洁、更加易于实现的 Sinc 核,提出面向相位调制信号的单通道 FRI 采样系统,其框图如图 7.3 所示。

$$x(t) \longrightarrow \boxed{h_B(t) = h_B(-t)} \xrightarrow{\ y(t)\ } \underset{t=nT_s}{/} \xrightarrow{\ y_n\ } \boxed{\begin{array}{c}算法\\7.1\end{array}} \xrightarrow{A, f_c, \{t_k\}_{k=1}^{K+1}, \{\varphi_k\}_{k=1}^{K}}$$

图 7.3　单通道 FRI 采样系统框图

针对信号持续时间 τ 已知(认为信号的周期为 τ,后面遇到相同的情况做类似处理),信号形式如式(7.3)所示的相位调制信号 $x(t)$。采样核选择 Sinc 核,形式为 $h_B(t) = B \mathrm{Sinc}(Bt)$,其中 B 是采样核的带宽。单通道采样系统的采样和重构的具体步骤如下。

(1)信号 $x(t)$ 经过采样核 $h_B(t)$,可以获得信号 $y(t)$;然后以采样率 $f_s = 1/T_s$ 对信号 $y(t)$ 进行采样,其中 T_s 为采样间隔,获得的采样值 y_n 可表示为

$$y_n = \langle h_B(t - nT_s), x(t) \rangle, \quad n = 0, \cdots, N-1 \tag{7.7}$$

式中,N 为采样的样本数。

（2）通过采样值计算信号 $x(t)$ 的傅里叶级数系数为

$$y_n = \langle h_B(t - nT_s), x(t) \rangle = \sum_m X[m] \langle h_B(t - nT_s), e^{j2\pi mt/\tau} \rangle$$

$$= \sum_m X[m] H_B\left(\frac{2\pi m}{\tau}\right) e^{j2\pi mnT_s/\tau} = \sum_{m=-M}^{M} X[m] e^{j2\pi mnT_s/\tau} \qquad (7.8)$$

式中，$H_B(m)$ 是采样核 $h_B(t)$ 的傅里叶变换；$X[m]$ 是信号 $x(t)$ 的傅里叶级数系数；$M = \lfloor B\tau/2 \rfloor$。

根据采样理论和傅里叶变换性质，信号 $x(t)$ 的傅里叶级数系数可以通过以下公式计算：

$$X[m] = T_s \sum_{n=0}^{N-1} y_n e^{-j2\pi mnT_s/\tau}, \quad |m| \leqslant M \qquad (7.9)$$

综上所述，可以得出傅里叶级数系数 $X[m]$，$|m| \leqslant M$ 即为采样值 y_n 的离散时间傅里叶变换（DTFT）。

（3）寻找相位调制信号参数和其傅里叶级数系数的关系。信号的傅里叶级数系数为

$$X[m] = \int_{-\infty}^{\infty} x(t) e^{-jm\frac{1}{\tau}t} dt = \sum_{k=1}^{K} A_k \frac{e^{j2\pi(f_c - m\frac{1}{\tau})t_{k+1}} - e^{j2\pi(f_c - m\frac{1}{\tau})t_k}}{j2\pi(f_c - m/\tau)} \qquad (7.10)$$

式中，$A_k = Ae^{j\varphi_k}$。

信号的傅里叶级数系数 $X[m]$ 包含信号的所有参数，参数包括幅度 A、载频 f_c、间断点 $\{t_k\}_{k=1}^{K+1}$ 和相位 $\{\varphi_k\}_{k=1}^{K}$。

（4）寻找可以零化 $X[m]$（$|m| \leqslant M$）的滤波器系数。定义多项式 $Q(m) = j2\pi(f_c - m/\tau)$。式（7.10）两端同时乘多项式 $Q(m)$，可获得以下公式：

$$Q[m]X[m] = \sum_{k=1}^{K} A_k \left(e^{j2\pi(f_c - m\frac{1}{\tau})t_{k+1}} - e^{j2\pi(f_c - m\frac{1}{\tau})t_k}\right) = \sum_{k=1}^{K+1} A'_k e^{j2\pi m\frac{1}{\tau}t_k} = \sum_{k=1}^{K+1} A'_k u_k^m$$

$$(7.11)$$

式中，$u_k = e^{j\frac{2\pi}{\tau}t_k}$；$A'_k$ 不必计算。

那么 $Q[m]X[m]$ 可以被下面的零化滤波器零化为

$$H(z) = \prod_{k=1}^{K+1} (1 - u_k z^{-1}) = \sum_{k=0}^{K+1} h[k] z^{-k} \qquad (7.12)$$

根据零化滤波器法，可以得到

$$\sum_{k=0}^{K+1} h[k]Q(n-k)X[n-k] = 0 \qquad (7.13)$$

$Q(m)$ 可以表示为

$$Q(m) = \sum_{l=0}^{L} r[l]\left(m\,\frac{1}{\tau}\right)^l \qquad (7.14)$$

由于相位调制信号的载频唯一,因此 $L = 1$,可得到

$$\sum_{k=0}^{K+1}\sum_{l=0}^{L} h[k]r[l]\left(\frac{n-k}{\tau}\right)^l X[n-k] = 0 \qquad (7.15)$$

将上述公式表示成矩阵形式为

$$\begin{pmatrix} X[K+1] & \cdots & \left(0 \cdot \frac{1}{\tau}\right)X[0] \\ \vdots & & \vdots \\ X[K+1+U] & \cdots & \left(U \cdot \frac{1}{\tau}\right)X[U] \end{pmatrix} \begin{pmatrix} h[0]r[0] \\ \vdots \\ h[1]r[L] \\ \vdots \\ h[K+1]r[L] \end{pmatrix} = 0 \quad (7.16)$$

式中,$h[k]$、$r[l]$ 组成一个 $(K+2)(L+1) \times 1$ 的列向量。

为了可以正确求解上述公式,需满足 $U \geqslant (K+2)(L+1) - 1$,因此至少需要的傅里叶级数系数为 $X[0],X[1],\cdots,X[3K+4]$ 共 $3K+5$ 个。根据零化滤波器法,可求解出 $K+2$ 个 $h[k]$ 和 $L+1$ 个 $r[l]$。

(5) 从系数 $h[k]$ 和 $r[l]$ 中估计参数。将系数 $r[l]$ 代入式(7.14),即可计算出 $Q(m)$,载频 f_c 可以通过式(7.17)计算得到

$$f_c = \frac{Q(m)}{j2\pi} + \frac{m}{\tau} \qquad (7.17)$$

将系数 $h[k]$ 代入式(7.12),求出零化滤波器的根 u_k,间断点的位置可以通过式(7.18)计算得到

$$t_k = \frac{\angle u_k}{2\pi} \cdot \tau \qquad (7.18)$$

将估计的载频、间断点和计算的 $Q(m)$ 代入式(7.11),可以计算出 A_k。那么幅度可以通过 $A = |A_k|$ 计算获得,相位可以通过 $\varphi_k = \angle A_k$ 得到。

综上,将单通道 FRI 采样系统对相位调制信号的欠采样和参数估计过程总结如下,即算法 7.1 所示的单通道 FRI 采样系统估计相位调制信号参数算法。

输入:采样值 y_n,采样样本数 N,采样间隔 T_s,信号持续时间 τ,频谱数量 M,信号分段数 K。

输出:幅度 A,载频 f_c,间断点 $\{t_k\}_{k=1}^{K+1}$,相位 $\{\varphi_k\}_{k=1}^{K}$。

1 $X[m] = T_s \sum_{n=0}^{N-1} y_n \mathrm{e}^{-j2\pi mnT_s/\tau}$, $|m| \leqslant M$(根据采样值计算傅里叶系数);

2 $Q(m) = \sum_{l=0}^{L} r[l] \left(m\frac{1}{\tau}\right)^l$(构造多项式);

3 $Q[m]X[m] = \sum_{k=1}^{K} A_k (\mathrm{e}^{j2\pi\left(f_c-m\frac{1}{\tau}\right)t_{k+1}} - \mathrm{e}^{j2\pi\left(f_c-m\frac{1}{\tau}\right)t_k})$(构造多项式,并用零化滤波器法求解);

4 $\{u_k = \mathrm{e}^{j\frac{2\pi}{\tau}t_k}\}_{k=1}^{K+1}, \{r[l]\}_{l=0}^{L}, \{A_k\}_{k=1}^{K}$(求得零化滤波器的根,多项式 $Q(m)$ 系数,以及复数相位调制信号复数幅值);

5 for $k = 1$ to $K+1$ do

6 | $t_k = \frac{\angle u_k}{2\pi} \cdot \tau$(估计间断点参数);

7 end

8 $f_c = \frac{Q(m)}{j2\pi} + \frac{m}{\tau}$(估计载频参数);

9 for $k = 1$ to K do

10 | $\varphi_k = \angle A_k$(估计间断点参数);

11 | $A = |A_k|$;

12 end

算法 7.1 单通道 FRI 采样系统估计相位调制信号参数算法

单通道 FRI 采样系统实现对相位调制信号的参数估计主要是通过寻找信号的频谱和信号参数的关系实现的。根据以上分析,对于分段数为 K、信号持续时间为 τ 的相位调制信号,单通道 FRI 采样系统仅需 $3K+5$ 个连续的傅里叶级数系数即可估计信号的全部参数。若频谱间隔为 $1/\tau$,则采样系统的采样核带宽应设置为 $B \geqslant (3K+4)/\tau$,采样率设置为 $f_s \geqslant B$,获得的采样样本数为 $N = f_s\tau + 1 \geqslant 3K+5$。单通道 FRI 采样系统的等效采样率为

$$f_{\text{sys}} = \frac{3K+5}{\tau} \tag{7.19}$$

综上,单通道 FRI 采样系统的采样结构较为简单,占用的通道资源较少。采样率和信号载频无关,在待测信号载频较高时,单通道 FRI 采样系统的等效采样率会远远小于奈奎斯特频率。然而该方法在参数估计过程中存在参数估计不准确的情况,主要是因为在利用快速傅里叶变换(Fast Fourier Transformation,FFT)根据采样值计算信号频谱时,因相位调制非带限的特性而造成频谱泄露,从而导

致计算的信号频谱不准确,因此根据该频谱估计的参数也会存在误差,这对于利用 FFT 计算非带限信号频谱的方法是不可避免的。同时本节提出的采样系统选用的 Sinc 采样核虽然结构简洁,仅通过信号低频处频谱即可估计参数,但是相位调制信号低频处能量较低导致频谱计算误差的影响更加严重,这是在简化采样结构的同时带来的弊端。在无噪声中,FFT 计算不准确对参数估计造成的影响会在 7.5 节中详细分析。

由于本节中用于参数估计的低频处信号频谱能量较低,因此单通道 FRI 采样系统的抗噪性较差,为了提高该采样系统在噪声中的参数估计效果,用 Cadzow 迭代算法处理信号的傅里叶级数系数,然后再利用零化滤波器法,可以提高参数的估计精度。为了方便比较多种采样系统,在 7.5.2 节中集中分析各采样系统在噪声环境中的参数估计性能。

7.2.2 仿真实验

通过仿真实验验证本节提出的单通道 FRI 采样系统的有效性。

实验 7.1　在无噪声条件下,针对载频为 $f_c = 300$ MHz、幅度设置为 $A = 1.5$、信号持续时间为 $\tau = 1$ μs、信号分段数为 $K = 7$、码元序列随机选取、信号初相在 $[0, 2\pi)$ 内随机选取的 BPSK 信号进行实验。BPSK 信号时域波形和频域波形如图 7.4 和图 7.5 所示。

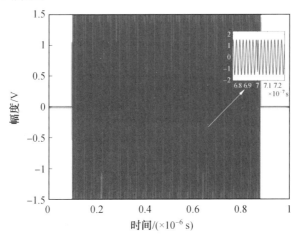

图 7.4　BPSK 信号时域波形

利用本节提出的单通道采样系统,采样核带宽设置为 25 MHz,采样率设置为 25 MHz,获取图 7.5 中虚线框中的频谱,共 26 个连续的傅里叶级数系数,等效采样率为 $f_{sys} = 26$ MHz,利用算法 7.1 估计信号参数。BPSK 信号原始参数和恢复参数对比见表 7.1。

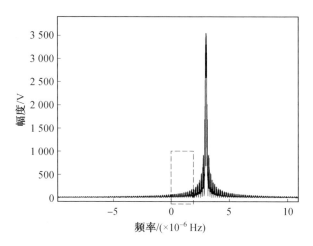

图 7.5 BPSK 信号频域波形

表 7.1 BPSK 信号原始参数和恢复参数对比

原始参数	恢复参数
$f_c = 300$ MHz	$f_{rec} = 299.91$ MHz
$A = 1.5$	$A_{rec} = 1.5$
$t_k = [0.1, 0.22, 0.28, 0.34, 0.52,$ $0.64, 0.7, 0.88] \times \tau$	$t_k = [0.1, 0.22, 0.28, 0.34, 0.52,$ $0.64, 0.7, 0.88] \times \tau$
$\varphi_k = [5.12, 1.97, 5.12, 1.97,$ $5.12, 1.97, 5.12]$	$\varphi_{rec} = [5.19, 2.15, 5.28, 2.19,$ $5.52, 2.30, 5.56]$

通过表 7.1 可以看出,针对 BPSK 信号,本节提出的单通道 FRI 采样系统可以有效地估计出载频、幅度、间断点等信息,相位的估计有一点偏差,这是因为在计算频谱时利用 FFT 计算不准确引入了误差,而相位的估计是通过载频和间断点计算得来的,因此载频和间断点估计的误差会累积在相位的估计中,这就导致了相位的估计容易出现误差。本实验的欠采样系数仅为 $G = 8.67\%$,远低于信号的奈奎斯特频率。

实验 7.2 在无噪声条件下,针对 QPSK 信号,载频设置为 $f_c = 250$ MHz、幅度设置为 $A = 1.5$、信号持续时间为 $\tau = 1$ μs、信号分段数为 $K = 7$、码元序列随机选取、信号初相在 $[0, 2\pi)$ 内随机选取,采样核带宽设置为 25 MHz,获取信号低频处连续的傅里叶级数系数,等效采样率为 $f_{sys} = 26$ MHz。QPSK 信号原始参数和恢复参数对比见表 7.2。

表 7.2　QPSK 信号原始参数和恢复参数对比

原始参数	恢复参数
f_c = 250 MHz	f_{rec} = 250.04 MHz
A = 1.5	A_{rec} = 1.5
$t_k = \begin{bmatrix} 0.1, 0.18, 0.43, 0.52, 0.60, \\ 0.69, 0.77, 0.94 \end{bmatrix} \times \tau$	$t_k = \begin{bmatrix} 0.1, 0.18, 0.43, 0.52, 0.60, \\ 0.69, 0.77, 0.94 \end{bmatrix} \times \tau$
$\varphi_k = \begin{bmatrix} 4.01, 0.87, 5.58, 4.01, \\ 5.58, 2.44, 5.58 \end{bmatrix}$	$\varphi_{rec} = \begin{bmatrix} 3.98, 0.81, 5.46, 3.87, \\ 5.43, 2.29, 5.38 \end{bmatrix}$

通过表 7.2 可以看出,针对 QPSK 信号,单通道 FRI 采样系统可以准确地估计出载频、幅度、间断点等信息。和 BPSK 信号的实验结果类似,相位估计存在一定的偏差,但是误差很小,不影响后续的分析和判断。欠采样系数仅为 $G = 10.4\%$,远低于信号的奈奎斯特频率,说明本方法可以有效降低采样压力。

通过实验 7.1 和实验 7.2 可以发现,在无噪声的情况下,参数的估计存在一定的误差,这与之前的分析是一致的,是利用 FFT 计算频谱不准确造成的。下面通过实验 7.3 来分析 FFT 计算的不准确对参数估计的影响。

实验 7.3　在无噪声条件下,针对载频为 f_c = 350 MHz、幅度设置为 A = 1、信号持续时间为 τ = 1 μs、信号分段数为 K = 7、码元序列随机选取的 BPSK 信号,利用本节提出的单通道 FRI 采样系统进行欠采样和参数估计,本实验中,信号初相在 $[0, 2\pi)$ 内随机选取,重复 100 次,记录每次实验中参数估计的 NMSE。因为相位是通过载频和间断点计算得到的,因此这里仅考虑载频和间断点估计的 NMSE,将参数估计的 NMSE 用散点图表示,图 7.6 所示为载频和间断点估计的误差。

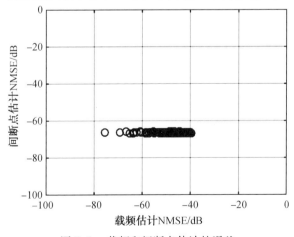

图 7.6　载频和间断点估计的误差

图 7.6 展示了 FFT 计算不准确对参数估计的影响,可以看出载频估计值的 NMSE 范围是 $-40 \sim -80$ dB,间断点估计值的 NMSE 范围是 $-60 \sim -80$ dB,误差非常小,可以近似地认为在无噪声条件下,FFT 计算不准确造成的误差可以忽略,单通道 FRI 采样系统估计的参数是准确的。

7.3 多通道反馈采样系统

7.3.1 系统描述及分析

针对相位调制信号,本节提出多通道反馈采样系统,其框图如图 7.7 所示。

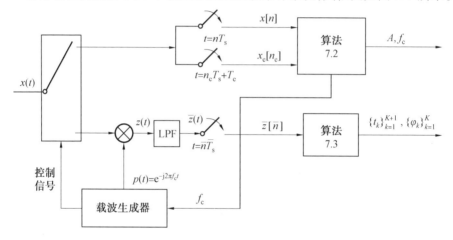

图 7.7 多通道反馈采样系统框图

多通道反馈采样系统由主通道和反馈通道组成,其中主通道包括一个延时通道和一个非延时通道,通过非线性处理将相位调制信号转换为单频点信号,利用单频点信号载频估计方法估计相位调制信号的载频;利用载频信息将相位调制信号调制至基带,利用零化滤波器法估计出间断点和相位。针对式(2.19)定义的 M 进制的相位调制信号,该系统具体的采样和参数重构步骤如下。

(1)MPSK 信号 $x(t)$ 首先通过采样系统的主通道。主通道包含双通道延时采样结构,延时通道和非延时通道相比存在一个延时 T_e,两通道采样率为 $f_s = 1/T_s$,可获得两组采样值,分别为

$$x[n] = A e^{\mathrm{j}2\pi f_c n T_s} \sum_{k=1}^{K} e^{\mathrm{j}\varphi_k} \zeta_k(nT_s), \quad n = 0,1,\cdots,N-1 \qquad (7.20)$$

$$x_e[n_e] = A e^{\mathrm{j}2\pi f_c(n_e T_s + T_e)} \sum_{k=1}^{K} e^{\mathrm{j}\varphi_k} \zeta_k(n_e T_s + T_e), \quad n_e = 0,1,\cdots,N_e - 1 \ (7.21)$$

式中，N 为主通道采样样本数；N_e 为延时通道样本数；T_s 为采样间隔。

（2）利用算法 7.2 可从采样值 $x[n]$ 和 $x_e[n_e]$ 中估计出载频 f_c 和幅度 A。假设已知 MPSK 信号的调制类型 M，算法 7.2 具体内容如下。

① 对采样值做 M 次方处理，得到

$$(x[n])^M = A^M e^{j2\pi f_c M n T_s} \sum_{k=1}^{K} e^{jM(\varphi_0 + 2\pi c_k)} \zeta_k^M(nT_s) \tag{7.22}$$

式中，c_k 可能的取值为 $(m-1)/M (m = 1, \cdots, M)$，则 $2\pi M c_k$ 可能的取值为 $2\pi(m-1)(m = 1, \cdots, M)$，所以 $e^{j2\pi M c_k} \equiv 1$，即包含调制相位的复指数项恒等于 1。

那么采样值可写为

$$(x[n])^M = A^M e^{j2\pi f_c M n T_s} e^{jM\varphi_0} = A_M e^{j2\pi f_c M n T_s} \tag{7.23}$$

式中，$A_M = (A e^{j\varphi_0})^M$。

同理对延时通道的采样值做相同处理，得到

$$(x_e[n_e])^M = A_M e^{j2\pi f_c M (n_e T_s + T_e)} \tag{7.24}$$

② 分析式（7.23）和式（7.24）的形式可以发现，通过对采样值进行非线性处理，相位调制信号的调制信息被去除，相位调制信号的载频估计转换为单频点信号的频率估计问题。这里采用多频点信号参数估计方法来恢复相位调制信号的载频和幅度。具体内容如下。

首先，将式（7.23）改写为以下公式：

$$p[n] = \sum_{l=1}^{L} c_l e^{j2\pi f_l M n T_s} \tag{7.25}$$

式中，L 为频谱分量的个数，对于 MPSK 复信号，$L = 1$，则 $c_l = A_M$，$f_l = M f_c$。

式（7.24）改写为

$$p_e[n_e] = \sum_{l=1}^{L} c_l e^{j2\pi f_l M (n_e T_s + T_e)} \tag{7.26}$$

非延时通道获取 $N \geq 2L$ 个连续的采样值 $p[n]$，若采样率满足 $f_s \geq 2f_{max}$，其中 $f_{max} = \max(f_l)(l = 1, \cdots, L)$，则可利用经典的谱估计方法零化滤波器法准确估计出信号的频率，若采样率不满足 $f_s \geq 2f_{max}$ 要求，则估计出的频率为可能频率，即

$$f_l = \bar{f}_l + m_l f_s, \quad l = 1, \cdots, L \tag{7.27}$$

式中，$\bar{f}_l$ 为满足求解要求的最小值；m_l 为整数；f_l 为真实频率值。

同时，利用零化滤波器法还可以估计出幅度参数 c_l。

③ 获取延时通道的 $N_e \geq L$ 个采样值 $p_e[n_e]$，则有

$$p_e[n_e] = \sum_{l=1}^{L} c_l e^{j2\pi M f_l(n_e T_s + T_e)} = \sum_{l=1}^{L} c_l e^{j2\pi M(\bar{f}_l + m_l f_s)(n_e T_s + T_e)}$$

$$= \sum_{l=1}^{L} c_l \mathrm{e}^{\mathrm{j}2\pi M \bar{f}_l (n_e T_s + T_e)} \mathrm{e}^{\mathrm{j}2\pi M m f_s T_e} = \sum_{l=1}^{L} a_{n_e,l} b_l \tag{7.28}$$

式中，$a_{n_e,l}$ 可以通过计算获得（为已知值），$a_{n_e,l} = \mathrm{e}^{\mathrm{j}2\pi M \bar{f}_l (n_e T_s + T_e)}$；$b_l$ 为未知值，$b_l = \mathrm{e}^{\mathrm{j}2\pi M m f_s T_e}$。

④ 构造采样值矩阵：

$$\begin{cases} \boldsymbol{p} = [p[0], \cdots, p[N-1]]^{\mathrm{T}} \\ \boldsymbol{p}_e = [p_e[0], \cdots, p_e[N_e - 1]]^{\mathrm{T}} \end{cases}$$

并构造系数矩阵：

$$\boldsymbol{b} = [b[0], \cdots b[L-1]]$$

构造矩阵如下：

$$\boldsymbol{A} = \begin{bmatrix} a_{0,1} & \cdots & a_{0,L} \\ \vdots & & \vdots \\ a_{N_e-1,1} & \cdots & a_{N_e-1,L} \end{bmatrix} \tag{7.29}$$

那么采样值可以表示为 $\boldsymbol{p}_e = \boldsymbol{Ab}$，当 $(f_a - f_b)/f_s \notin \mathbf{Z}(\forall a \neq b, a, b \in \{0, 1, \cdots, L-1\})$ 时，矩阵 $\boldsymbol{A}$ 列满秩，那么系数矩阵可以通过下式求解：

$$\boldsymbol{b} = \mathrm{pinv}(\boldsymbol{A}) \cdot \boldsymbol{p}_e \tag{7.30}$$

已知 $f_s \leqslant f_{max}$，那么当延时时间满足 $0 < T_e < 1/(M f_{max})$ 时，$M f_s T_e < 1$，则 m_l 可以通过下式求解：

$$m_l = \frac{\angle b_l}{2\pi M f_s T_e} \tag{7.31}$$

式中，$\angle(\cdot)$ 表示取幅角，取值范围为 $[0, 2\pi)$。

对于 MPSK 信号，延时时间应满足 $0 < T_e < 1/(M f_c)$。将 m_l 代入式(7.27)，载频即可被唯一确定。对于 MPSK 复信号，有 $f_l = f_c$。

⑤ 将估计的载频代入式(7.23)，令

$$v[n] = \mathrm{e}^{-\mathrm{j}2\pi f_c M n T_s}, \quad n = 0, 1, \cdots, N-1$$

表示为向量形式，则有

$$\boldsymbol{v} = [v[0], v[1], \cdots, v[N-1]]$$

那么可以得到

$$A_M = \frac{\boldsymbol{v}\boldsymbol{x}}{N} \tag{7.32}$$

幅度可以通过 $A = |\sqrt[M]{A_M}|$ 计算得到。

综上，将多通道反馈采样系统对相位调制信号幅度和载频的估计过程总结如下，即算法 7.2 所示的面向单载波 MPSK 信号的零化滤波器法。

输入:采样值 $x[n]$ 和 $x_e[n_e]$,主通道采样样本数 N,延时通道样本数 N_e,调制类型 M,延时 T_e,频点数量 L。

输出:幅度 A,载频 f_c。

1 　$p[n] = \sum\limits_{l=1}^{L} c_l e^{j2\pi f_l MnT_s}, p_e[n_e] = \sum\limits_{l=1}^{L} c_l e^{j2\pi f_l M(nT_s + T_e)}$ (对采样值做 M 次方处理去除调制信息);

2 　$\boldsymbol{p} = [p[0], \cdots, p[N-1]]^T, \boldsymbol{p}_e = [p_e[0], \cdots, p_e[N_e - 1]]^T$ (构造采样值矩阵);

3 　$\{\bar{f}_l\}_{l=1}^{L}$ (利用零化滤波器法从采样值 $\boldsymbol{p}$ 中估计可能的最小频率);

4 　$\boldsymbol{p}_e = \boldsymbol{Ab}$ (利用采样值 $\boldsymbol{p}_e$ 求解 $\boldsymbol{b}$);

5 　$m_l = \dfrac{\angle b_l}{2\pi M f_s T_e} f_l = \bar{f}_l + m_l f_s, l = 1, \cdots, L$ (估计准确频率);

6 　for $l = 1$ to L do

7 　　$\left| \quad m_l = \dfrac{\angle b_l}{2\pi M f_s T_e}; \right.$

8 　　$\left. \quad f_l = \bar{f}_l + m_l f_s, l = 1, \cdots, L \text{(估计准确频率)}; \right.$

9 　end

10 　$A_M = \dfrac{\boldsymbol{vx}}{N}, A = |\sqrt[M]{A_M}|$ (利用正确频率求解信号幅值)。

算法 7.2 　面向单载波 MPSK 信号的零化滤波器法

（3）载频估计完成后,将载频信息传送给本地载波生成器并触发生成器产生控制信号,控制开关连通反馈通道。同时,根据估计的载频生成解调信号 $p(t) = e^{-j2\pi f_c t}$。然后信号 $x(t)$ 被信号 $p(t)$ 解调至基带,可得基带信号 $z(t)$ 为

$$z(t) = x(t) \cdot p(t) = A \sum_{k=1}^{K} e^{j\varphi_k} \xi_k(t) = \sum_{k=1}^{K} A_k \xi_k(t), \quad t \in [0, \tau) \quad (7.33)$$

式中,$A_k = A e^{j\varphi_k}$。

基带信号 $z(t)$ 可以看作是一个复数形式的分段多项式信号,为典型的 FRI 信号,其导数形式如下:

$$z'(t) = \sum_{k=1}^{K+1} A_k \delta(t - t_k), \quad t \in [0, \tau) \quad (7.34)$$

式中,$z'(t)$ 为 Dirac 脉冲串,其傅里叶级数系数为

$$Z'[m] = \frac{1}{\tau} \sum_{k=1}^{K+1} A_k e^{-j2\pi m t_k / \tau}, \quad m \in \mathbf{Z} \quad (7.35)$$

根据零化滤波器法,由 $2(K+1)+1$ 个连续的非零傅里叶级数系数 $Z'[m]$ 即可估计出 $\{t_k\}_{k=1}^{K+1}$ 和 $\{A_k\}_{k=1}^{K+1}$,其中 A_{K+1} 无意义,应该舍弃。计算出 $\{A_k\}_{k=1}^{K+1}$ 后,相位可以通过 $\varphi_k = \angle A_k$ 计算得到。根据傅里叶变换的性质,可以通过 $z(t)$ 的傅里叶级数系数 $Z[m]$ 计算得到 $Z'[m]$,即

$$Z'[m] = jm\frac{2\pi}{\tau}Z[m], \quad |m| \leqslant U \tag{7.36}$$

式中,$U = \lfloor B\tau/2 \rfloor$;$B$ 是零化滤波器的带宽。

$Z[m]$ 可以通过 $\bar{z}(t)$ 的采样值 $\bar{z}[\bar{n}]$ 获得。当低通滤波器带宽满足 $B \geqslant 2(K+1)/\tau$,采样值满足 $\bar{f}_s \geqslant B$ 时,$\bar{z}(t)$ 的采样值可以表示为 $\bar{z}[\bar{n}](\bar{n} = 0,\cdots,\bar{N}-1)$,$\bar{N} \geqslant \bar{f}_s\tau + 1 \geqslant 2K+3$。将采样值表示为向量形式,即
$$z = [\bar{z}[0], \bar{z}[1], \cdots, \bar{z}[\bar{N}-1]]$$

根据奈奎斯特采样理论,$Z[m]$ 可以通过计算采样值 z 的离散时间傅里叶变换(DTFT)来获得,即
$$Z[m] = \bar{T}_s \sum_{n=0}^{\bar{N}-1} \bar{z}[\bar{n}]e^{j2\pi mn\bar{T}_s/\tau}, \quad |m| \leqslant U \tag{7.37}$$

综上所述,当低通滤波器的带宽满足 $B \geqslant 2(K+1)/\tau$,采样率满足 $\bar{f}_s \geqslant B$ 时,能获得采样值
$$z = [\bar{z}[0], \bar{z}[1], \cdots, \bar{z}[\bar{N}-1]], \quad \bar{N} \geqslant 2K+3$$

傅里叶级数系数 $Z[m](|m| \leqslant U)$ 可以通过计算采样值 z 的 DTFT 获得,其中 $U \geqslant K+1$。然后根据傅里叶变换的性质可以通过 $Z[m]$ 计算出其导数的傅里叶变换 $Z'[m]$。$Z'[m]$ 的形式为典型的 e 指数加权和的形式,可以用零化滤波器法求解得到间断点 t_k 和幅度 A_k,相位可以通过 $\varphi_k = \angle A_k$ 得到。

将多通道反馈采样系统对相位调制信号间断点位置和相位的估计过程(算法7.3)总结如下。

输入:采样值 z,采样样本数 $\bar{N}$,采样间隔 $\bar{T}_s$,信号持续时间 τ,频谱数量 U,信号段数 $Z'[m](|m| \leqslant U_K)$。

输出:间断点位置 $\{t_k\}_{k=1}^{K+1}$,相位 $\{\varphi_k\}_{k=1}^{K}$。

1   $Z[m] = \bar{T}_s \sum_{n=0}^{\bar{N}-1} \bar{z}[\bar{n}]e^{j2\pi mn\bar{T}_s/\tau}, |m| \leqslant U$(对采样值做 DTFT 获得基带信号的傅里叶级数系数);

2   $Z'[m] = jm\frac{2\pi}{\tau}Z[m], |m| \leqslant U$(计算基带信号导数的傅里叶级数系数);

3   $\{t_k, a_k\}_{k=1}^{K+1}$(根据零化滤波器法从 $Z'[m](|m| \leqslant U)$ 中估计间断点和幅值参数);

4   for $k = 1$ to K do

5     $\varphi_k = \angle A_k, k = 1, \cdots, K$(估计相位参数);

6   end

算法7.3   间断点位置和相位的估计过程

算法7.2介绍了多通道反馈采样系统中幅度和载频的估计过程,算法7.3介绍了间断点位置和相位的估计过程。由于如图7.7所示的采样系统中反馈结构

的存在,只有当主通道的载频估计完成后,反馈通道才能处理信号,因此反馈通道处理的信号并不完整,这就有可能导致信息的丢失。所以有必要去分析如何避免反馈结构的影响,来保证信息的完整性。反馈结构对信息完整性的影响如图7.8所示。

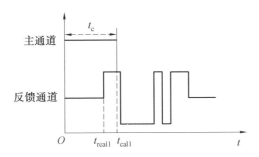

图 7.8 反馈结构对信息完整性的影响

如图7.8所示,若不考虑硬件结构的非理想因素,假设需要 $N(N \geqslant 2, N \in \mathbf{N})$ 个连续的样本 $x[n]$ 和 $N_e(N_e \geqslant 1, N \in \mathbf{N})$ 个连续的样本 $x_e[n_e]$ 来估计载频和幅度,那么主通道消耗的时间为 $t_c = (N-1)T_s$。当 $t_c < T$ 时,其中 T 为码元宽度,反馈通道估计的第一个间断点位置会改变而其余参数没有变化。可以通过 $t_{real1} = t_{cal1} - t_c$ 计算得到第一个间断点位置的真实信息,其中 t_{cal1} 为第一个间断点的计算位置。综上,假设第一个采样点即为信号到来的时间,如果能保证反馈采样结构满足 $(N-1)T_s < T$,并且延时时间满足 $T_e < 1/(Mf_c)$,那么反馈采样系统可以无信息丢失地估计出所有参数。

综合以上分析可以总结出,对于分段数为 K、信号持续时间为 τ 的相位调制信号,多通道采样系统仅需 $N \geqslant 2$ 个样本 $x[n]$、$N_e \geqslant 1$ 个样本 $x_e[n_e]$ 和 $2K+3$ 个基带信号连续的傅里叶级数系数即可估计信号的全部参数。若频谱间隔为 $1/\tau$,则反馈通道的采样核带宽应设置为 $B \geqslant 2(K+1)/\tau$,采样率设置为 $\bar{f}_s \geqslant B$,获得的采样样本数为 $\bar{N} \geqslant f_s\tau + 1 = 2K+3$。因此多通道反馈采样系统的等效采样率为

$$f_{sys} \geqslant \frac{2K+6}{\tau} \tag{7.38}$$

可以看出,等效采样率仅与段数 K 和持续时间 τ 相关,因此多通道反馈结构在处理高频信号时具有较大的优势。

前面分析了无噪声条件下的参数估计方法,而实际采样系统中噪声无处不在,并且在存在噪声时,参数估计精度会下降,因此有必要研究在噪声环境下的参数估计方法。根据 ESPRIT 算法,样本数越多参数估计越准确,因此为了提高载频估计的准确性,可以通过增加采样样本来实现。根据式(7.32),幅度估计的

误差也会随着样本数的增加而减小。Cadzow 迭代算法可用于提高抗噪性,在利用零化滤波器法之前用 Cadzow 迭代处理 $Z'[m]$,可以提高间断点位置和相位的估计精度。多通道反馈采样系统在噪声中的参数估计表现会在 7.5.2 节中详细分析。

综上,多通道反馈采样系统实现相位调制信号欠采样和参数估计的核心思想可以总结如下。首先通过对采样数据进行非线性运算去除调制信息,将相位调制信号的载频估计转化为单频点信号的频率估计问题,然后利用现有方法进行频率估计;利用估计的载频,将信号解调至基带,基带信号是典型的 FRI 信号,然后可以利用零化滤波器法估计出间断点和相位。多通道采样系统的等效采样率和载频无关,并且当分段数大于 1 时,等效采样率低于单通道采样系统。但是不足之处是该方法中的反馈结构可能会导致信息丢失,为了防止信息丢失,该采样系统需要满足更严格的要求,这将提高该方法的系统复杂度。

7.3.2 仿真实验

本节通过仿真实验验证多通道反馈采样系统的有效性。

实验 7.4 在无噪声条件下,针对载频为 $f_c = 400$ MHz、幅度设置为 $A = 1.2$、信号持续时间为 $\tau = 1$ us、信号分段数为 $K = 7$、码元序列随机选取、信号初相在 $[0,2\pi)$ 内随机选取的 BPSK 信号,利用本节提出的多通道反馈采样系统,主通道获取 2 个样本,延时通道获取 1 个样本,反馈通道的低通滤波器带宽设置为 16 MHz,采样率设置为 16 MHz,获取 17 个样本,则等效采样率为 $f_{sys} = 20$ MHz。

BPSK 信号时域波形如图 7.9 所示,利用算法 7.2 估计信号的载频和幅度。载频估计完成后,BPSK 信号被解调至基带,BPSK 基带信号波形如图 7.10 所示。

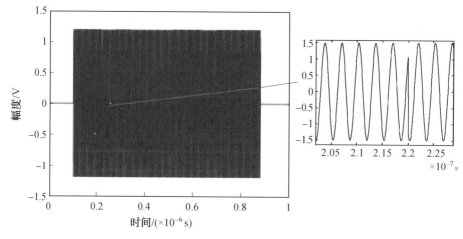

图 7.9   BPSK 信号时域波形

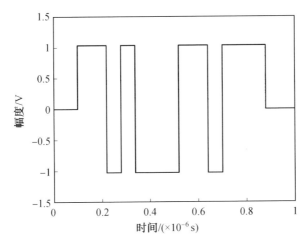

图 7.10　BPSK 基带信号波形

利用算法 7.3 估计出间断点位置和相位参数,则 BPSK 信号原始参数和恢复参数对比见表 7.3。

表 7.3　BPSK 信号原始参数和恢复参数对比

原始参数	恢复参数
$f_c = 400$ MHz	$f_{rec} = 400$ MHz
$A = 1.2$	$A_{rec} = 1.2$
$t_k = [0.1, 0.22, 0.28, 0.34, 0.52,$ $0.64, 0.7, 0.88] \times \tau$	$t_{rec} = [0.1, 0.22, 0.28, 0.34, 0.52,$ $0.64, 0.7, 0.88] \times \tau$
$\varphi_k = [2.01, 5.15, 2.01, 5.15,$ $2.01, 5.15, 2.01]$	$\varphi_{rec} = [2.01, 5.15, 2.01, 5.15,$ $2.01, 5.15, 2.01]$

通过表 7.3 可以看出,针对 BPSK 信号,本节提出的多通道反馈采样系统可以精确地估计出载频、幅度、间断点位置、相位等参数。欠采样系数为 $G = 5\%$,可以有效降低采样率。

实验 7.5　在无噪声条件下,针对 QPSK 信号,载频设置为 $f_c = 420$ MHz、幅度设置为 $A = 1.2$、信号持续时间为 $\tau = 1$ μs、信号分段数为 $K = 7$、码元序列随机选取、信号初相在 $[0, 2\pi)$ 内随机选取,利用本节提出的多通道反馈采样系统,等效采样率为 $f_{sys} = 20$ MHz。

QPSK 信号时域波形如图 7.11 所示,利用算法 7.2 估计出载频的幅度后,本地载波产生器生成一个以估计的载频为载波的解调信号。QPSK 信号被解调至基带,QPSK 基带信号波形如图 7.12 所示。

图 7.12 所示的基带信号经过低通滤波器后被低速采样,低通滤波器带宽设置为 16 MHz,采样率设置为 16 MHz。利用算法 7.3 从采样值中估计出间断点位置和相位,则 QPSK 信号原始参数和恢复参数对比见表 7.4。

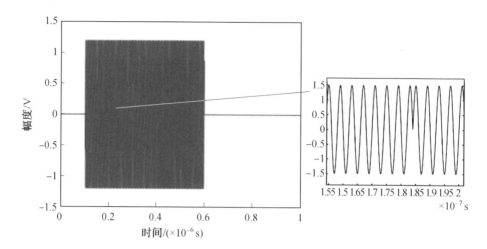

图 7.11　QPSK 信号时域波形

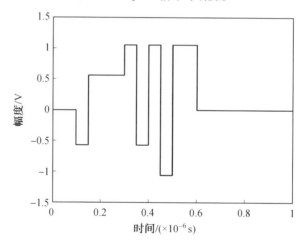

图 7.12　QPSK 基带信号波形

表 7.4　QPSK 信号原始参数和恢复参数对比

原始参数	恢复参数
$f_c = 420\ \text{MHz}$	$f_{rec} = 420\ \text{MHz}$
$A = 1.2$	$A_{rec} = 1.2$
$t_k = [0.1, 0.15, 0.30, 0.35, 0.40,$ $0.45, 0.50, 0.6] \times \tau$	$t_{rec} = [0.1, 0.15, 0.30, 0.35, 0.40,$ $0.45, 0.50, 0.6] \times \tau$
$\varphi_k = [4.12, 0.98, 5.69, 4.12,$ $5.69, 2.55, 5.69]$	$\varphi_{rec} = [4.12, 0.98, 5.69, 4.12,$ $5.69, 2.55, 5.69]$

通过表 7.4 可以看出,针对 QPSK 信号,多通道反馈采样系统也可以准确地估计出幅度、载频、间断点位置、相位等信息。欠采样系数仅为 $G = 4.76\%$,极大地降低了采样率。

本节提出的多通道反馈采样系统,可以以极低的采样率实现对相位调制信号的欠采样和参数估计。但是反馈结构的弊端是有可能造成信息丢失,为了保证信息的完整性需要对采样系统有较高的要求。为了解决这个问题,在下一节中提出多通道并行采样结构,可以避免反馈结构的影响,以较简洁的结构完成欠采样和参数估计。

7.4　多通道并行采样系统

7.4.1　系统描述及分析

通过 7.3 节的分析发现,多通道反馈采样系统的结构比较复杂,而且实现复杂度较高。因此本节提出多通道并行采样系统,在数字域利用载频信息,根据频谱估计参数,从而避免了反馈结构的影响。多通道并行采样系统框图如图 7.13 所示。

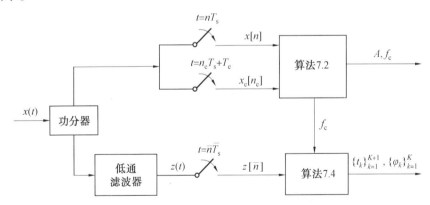

图 7.13　多通道并行采样系统框图

多通道并行采样系统共有两个部分:第一部分为主通道,信号直接经过双通道延时欠采样结构,通过算法 7.2 从采样值中恢复出载频和幅度,这部分内容和 7.3 节中提到的相同,这里不再赘述;第二部分为并行通道,信号经过低通滤波器后被均匀采样,利用算法 7.4 估计出间断点位置和相位信息。下面详细介绍并行通道的采样过程与重构间断点和相位的算法。

（1）采样系统的并行通道,信号 $x(t)$ 首先经过带宽为 B 的低通滤波器后,以

采样率 $\bar{f}_s = 1/\bar{T}_s$ 完成采样，获得采样值 $z[\bar{n}] = z(t)\,|_{\,t=\bar{n}\bar{T}_s(\bar{n}=0,\cdots,\bar{N}-1)}$，其中 $\bar{N}$ 为采样样本数。

（2）利用算法7.4可从采样值 $z[\bar{n}]$ 中估计出间断点位置 $\{t_k\}_{k=1}^{K+1}$ 和相位 $\{\varphi_k\}_{k=1}^{K}$，算法7.4具体内容如下。

① 根据采样值 $z[\bar{n}]$ 计算出信号 $z(t)$ 的傅里叶级数系数，即

$$Z[m] = \bar{T}_s \sum_{n=0}^{\bar{N}-1} z[\bar{n}] e^{j2\pi m\bar{n}\bar{T}_s/\tau}, \quad |m| \leqslant U \tag{7.39}$$

式中，$U = \lfloor B\tau/2 \rfloor$。

② 计算 $z(t)$ 的傅里叶级数系数和MPSK信号参数的关系，即

$$Z[m] = \int_{-\infty}^{\infty} z(t) = \sum_{k=1}^{K} A e^{j\varphi_k} \frac{e^{j2\pi(f_c - m\frac{1}{\tau})\,t_{k+1}} - e^{j2\pi(f_c - m\frac{1}{\tau})\,t_k}}{j2\pi\left(f_c - m\,\dfrac{1}{\tau}\right)}$$

$$= \sum_{k=1}^{K} A_k \frac{e^{j2\pi(f_c - m\frac{1}{\tau})\,t_{k+1}} - e^{j2\pi(f_c - m\frac{1}{\tau})\,t_k}}{j2\pi\left(f_c - m\,\dfrac{1}{\tau}\right)}, \quad |m| \leqslant U \tag{7.40}$$

式中，$A_k = A e^{j\varphi_k}$。

③ 定义多项式 $Q(m) = j2\pi\left(f_c - m\,\dfrac{1}{\tau}\right)$，其中 f_c 是主通道中利用算法7.2估计得到的载频。然后同时在式（7.38）两端乘多项式 $Q(m)$，那么可以得到

$$Q(m)Z[m] = \sum_{k=1}^{K} A_k (e^{j2\pi(f_c - m\frac{1}{\tau})\,t_{k+1}} - e^{j2\pi(f_c - m\frac{1}{\tau})\,t_k})$$

$$= A_1 (e^{j2\pi(f_c - m\frac{1}{\tau})\,t_2} - e^{j2\pi(f_c - m\frac{1}{\tau})\,t_1}) + \cdots +$$

$$A_K (e^{j2\pi(f_c - m\frac{1}{\tau})\,t_K} - e^{j2\pi(f_c - m\frac{1}{\tau})\,t_{K-1}})$$

$$= -A_1 e^{j2\pi(f_c - m\frac{1}{\tau})\,t_1} + (A_1 - A_2) e^{j2\pi(f_c - m\frac{1}{\tau})\,t_2} + \cdots + A_K e^{j2\pi(f_c - m\frac{1}{\tau})\,t_K}$$

$$= \sum_{k=1}^{K+1} (A_{k-1} - A_k) e^{j2\pi f_c t_k} e^{-j2\pi m/\tau t_k}$$

$$= \sum_{k=1}^{K+1} A_k' e^{-j2\pi m/\tau t_k} \tag{7.41}$$

其中幅度为

$$A_k' = (A_{k-1} - A_k) e^{j2\pi f_c t_k}, \quad k = 1, \cdots, K+1 \tag{7.42}$$

式中，$A_0 = 0$，$A_{K+1} = 0$，加入这两个幅度的目的是构造一个通式，方便表示。

式（7.41）可写成复指数加权和的形式，符合零化滤波器处理的模型。

④ 构造可以零化式（7.41）的滤波器，即

$$H(z) = \prod_{k=1}^{K+1} (1 - u_k z^{-1}) = \sum_{k=0}^{K+1} h[k] z^{-k} \tag{7.43}$$

式中，$u_k = \mathrm{e}^{\mathrm{j}2\pi/\tau t_k}$。

零化滤波器的系数可以通过下式求解：

$$\sum_{k=0}^{K+1} h[k] Q(n-k) Z[n-k] = 0 \qquad (7.44)$$

根据零化滤波器法，$2(K+1)+1$ 个 $Q(m)Z[m]$ 可以求解出 $h[k]$，其中 $Q(m)$ 可以通过主通道估计的载频来计算，$Z[m]$ 可以通过并行通道的采样值计算得到。

⑤ 根据零化滤波器系数求解参数。将 $h[k]$ 代入式（7.43），即可求解出零化滤波器的根 u_k，间断点位置可以通过下式计算得到

$$t_k = \frac{\angle u_k}{2\pi} \cdot \tau \qquad (7.45)$$

将估计的 t_k 代入式（7.42），可以求得 A'_k；将 t_k 和 f_c 代入式（7.41），可以得到 A_k，然后相位可通过 $\varphi_k = \angle A_k$ 计算得到。

综上，将多通道并行采样系统对相位调制信号间断点和相位的估计过程总结如下，即算法 7.4 所示的相位调制信号的低频谱参数估计算法。

输入：采样值 $z[\bar{n}]$，采样样本数 $\bar{N}$，采样间隔 $\bar{T}_s$，信号持续时间 τ，频谱数量 U，信号段
　　　数 K。

输出：间断点位置 $\{t_k\}_{k=1}^{K+1}$，相位 $\{\varphi_k\}_{k=1}^{K}$。

1　$Z[m] = \bar{T}_s \sum_{n=0}^{N-1} z[\bar{n}] \mathrm{e}^{\mathrm{j}2\pi mn\bar{T}_s/\tau}$，$|m| \leqslant U$（对采样值做 DTFT 获得信号的傅里叶级数系数）；

2　$\{u_k = \mathrm{e}^{\mathrm{j}2\pi/\tau t_k}\}_{k=1}^{K+1}$（利用零化滤波器法求解以上公式，获得零化滤波器的根）；

3　$\{t_k, a_k\}_{k=1}^{K+1}$（根据零化滤波器法从 $Z'[m]$（$|m| \leqslant U$）中估计间断点和幅值参数）；

4　for $k = 1$ to $K+1$ do

5　$\quad\Big|\quad t_k = \dfrac{\angle u_k}{2\pi} \cdot \tau$（估计间断点参数）；

6　end

7　$A'_k = (A_{k-1} - A_k) \mathrm{e}^{\mathrm{j}2\pi f_c t_k}$，$k = 1, \cdots, K+1$，$Q(m)Z[m] = \sum_{k=1}^{K+1} A'_k \mathrm{e}^{-\mathrm{j}2\pi m/\tau t_k}$（利用间断点
　　和载频参数，估计参数 A_k）；

8　for $k = 1$ to K do

9　$\quad\Big|\quad \varphi_k = \angle A_k$（估计相位参数）；

10　end

算法 7.4　相位调制信号的低频谱参数估计算法

多通道并行采样系统利用算法 7.2 可以实现相位调制信号的载频和幅度估计，利用算法 7.4 可以估计间断点和相位参数。在延迟时间满足 $T_e \leqslant 1/(Mf_c)$ 的

条件下,低通滤波器带宽设置为 $2(K+1)/\tau$,采样率大于滤波器带宽。仅需要 $N \geqslant 2$ 个样本 $x[n]$、$N_e \geqslant 1$ 个样本 $x_e[n_e]$ 和 $\bar{N} \geqslant 2K+3$ 个样本 $z[\bar{n}]$ 就可以准确地估计出信号的所有参数。多通道并行采样系统的等效采样率为

$$f_{sys} = \frac{2K+6}{\tau} \tag{7.46}$$

为了提高多通道并行采样系统在噪声中的性能,可以通过增加样本数来减小载频和幅度的估计误差。利用 Cadzow 处理信号的频谱 $Z[m]$,从而提高间断点和相位的估计精度。多通道并行采样系统在噪声条件下的参数估计性能将在 7.5.2 节详细分析。

多通道并行采样系统的载频估计方法和多通道反馈采样系统的方法相同,利用非线性处理去除调制信息,然后利用单频点信号频率估计方法来估计信号的载频;并行采样系统的间断点和相位的估计是通过获取信号低频处的傅里叶系数,分析傅里叶级数系数和参数的关系,结合估计的载频利用零化滤波器法来实现的。多通道并行采样系统的结构简洁,易于实现,和多通道采样系统反馈结构相比,没有反馈结构对信号完整性的影响,并且和多通道反馈采样系统拥有相同的等效采样率,和单通道采样系统相比,具有更低的等效采样率。

7.4.2 仿真实验

下面通过仿真实验来验证本节提出的多通道并行采样系统的有效性。

实验7.6 在无噪声条件下,针对 BPSK 信号,将载频设置为 $f_c = 400$ MHz、持续时间设置为 $\tau = 1$ μs、信号分段数为 $K = 7$、码元序列随机选取、信号初相在 $[0, 2\pi)$ 内随机选取,利用本节提出的多通道并行采样系统,等效采样率为 $f_{sys} = 20$ MHz。BPSK 信号原始参数和恢复参数对比见表 7.5。

表 7.5　BPSK 信号原始参数和恢复参数对比

原始参数	恢复参数
$f_c = 400$ MHz	$f_{rec} = 400$ MHz
$A = 1.2$	$A_{rec} = 1.2$
$t_k = [0.1, 0.22, 0.28, 0.34, 0.52,$ $0.64, 0.7, 0.88] \times \tau$	$t_{rec} = [0.1, 0.22, 0.28, 0.34, 0.52,$ $0.64, 0.7, 0.88] \times \tau$
$\varphi_k = [6.03, 2.89, 6.03, 2.89,$ $6.03, 2.88, 6.03]$	$\varphi_{rec} = [6.03, 2.89, 6.03, 2.89,$ $6.03, 2.88, 6.03]$

通过表 7.5 可以看出,本节提出的多通道并行采样系统可以以极低的等效采样率完成采样,并准确地估计出 BPSK 信号参数,欠采样系数为 $G = 5\%$。

实验 7.7　在无噪声条件下,针对 QPSK 信号,载频设为 $f_c = 420$ MHz、幅度设置为 $A = 1.2$、信号持续时间为 $\tau = 1$ μs、信号分段数为 $K = 7$、码元序列随机选取、信号初相在 $[0,2\pi)$ 内随机选取,利用本节提出的多通道并行采样系统,等效采样率为 $f_{sys} = 20$ MHz。QPSK 信号原始参数和恢复参数对比见表 7.6。

表 7.6　QPSK 信号原始参数和恢复参数对比

原始参数	恢复参数
$f_c = 420$ MHz	$f_{rec} = 420$ MHz
$A = 1.2$	$A_{rec} = 1.2$
$t_k = [0.1,0.15,0.30,0.35,0.40,$ $0.45,0.50,0.6] \times \tau$	$t_{rec} = [0.1,0.15,0.30,0.35,0.40,$ $0.45,0.50,0.6] \times \tau$
$\varphi_k = [5.45,2.31,0.74,5.45,$ $0.74,3.88,0.74]$	$\varphi_{rec} = [5.45,2.31,0.74,5.45,$ $0.75,3.88,0.74]$

通过表 7.6 可以看出,针对 QPSK 信号,本节提出的多通道并行采样系统仍然可以有效地估计出信号参数,欠采样系数仅为 $G = 4.76\%$。

7.5　采样系统对比

本节主要将本章中提出的单通道采样系统、多通道采样系统和 Mounir Ghogho 等人提出的奈奎斯特采样系统进行对比分析。

7.5.1　系统性能分析

针对形如式(7.3)的相位调制信号,若信号包含 K 段,载频为 f_c,最大频率为 f_{max},信号持续时间为 τ。各采样系统性能分析见表 7.7。

表 7.7　采样系统性能分析

采样系统	等效采样率	算法复杂度	硬件复杂度
奈奎斯特采样系统	$f_{sys} = 2f_{max}$	低	低
单通道 FRI 采样系统	$f_{sys} = (3K+5)/\tau$	低	低
多通道反馈采样系统	$f_{sys} = (2K+6)/\tau$	高,需满足 $T_e \leq 1/Mf_c$, $(N-1)T_s < T$	高
多通道并行采样系统	$f_{sys} = (2K+6)/\tau$	较高,需满足 $T_e \leq 1/Mf_c$	较高

通过表 7.7 可以看出,奈奎斯特频率与信号的最高频率有关,因此对于高频信号,该采样系统需要较高的采样率。本章提出的三种采样系统的等效采样率和信号载频无关,而仅与信号的段数和持续时间长度有关,因此在处理频率较高的相位调制信号时有较大的优势。当信号段数 $K > 1$ 时,多通道采样系统的等效采样率小于单通道采样系统的等效采样率。和多通道反馈采样系统相比,多通道并行采样系统的结构更为简单,且易于实现,因此本章中的硬件实验以多通道并行采样系统为例进行验证。为了更清晰地说明各采样系统的性能,下面通过一个实验来详细说明。

实验 7.8 本实验考虑无噪声的情况。信号采用 13 位巴克码调制的 BPSK 信号,即信号段数为 $K = 7$,信号的载频为 $f_c = 500$ MHz,信号持续时间设置为 $\tau = 1 \times 10^{-6}$ s,符号周期设置为 $T = 6e^{-8}$ s,信号开始时间设置为 0.1τ。那么信号的间断点位置为 $t_k : [0.10, 0.40, 0.52, 0.64, 0.70, 0.76, 0.82, 0.88]\ \mu s$。信号的初相 φ_0 在 $[0, 2\pi)$ 内随机选取。各采样方案都采用理论的最低等效采样率。由于相位调制信号属于非带限信号,无法计算理论的奈奎斯特频率,这里为了获得较好的参数估计结果,根据工程经验将奈奎斯特频率设置为载频的 4 倍。等效采样率和参数恢复对比见表 7.8。

表 7.8 等效采样率和参数恢复对比

采样系统	等效采样率	恢复参数
真实参数	无	$f_c = 500$ MHz $t_k : [0.10, 0.40, 0.52, 0.64, 0.70, 0.76, 0.82, 0.88]\ \mu s$ $\varphi_k : [4.54, 1.40, 4.54, 1.40, 4.54, 1.40, 4.54]$
奈奎斯特采样系统	$f_{sys} = 2$ GHz	$f_c = 500$ MHz $t_k : [0.10, 0.40, 0.53, 0.65, 0.70, 0.76, 0.82, 0.88]\ \mu s$ $\varphi_k : [4.54, 1.40, 4.54, 1.40, 4.54, 1.40, 4.54]$
单通道 FRI 采样系统	$f_{sys} = 26$ MHz	$f_c = 500$ MHz $t_k : [0.10, 0.40, 0.52, 0.64, 0.70, 0.76, 0.82, 0.88]\ \mu s$ $\varphi_k : [4.50, 1.26, 4.60, 1.60, 4.30, 1.45, 4.46]$
多通道反馈采样系统	$f_{sys} = 20$ MHz	$f_c = 500$ MHz $t_k : [0.10, 0.40, 0.52, 0.64, 0.70, 0.76, 0.82, 0.88]\ \mu s$ $\varphi_k : [4.54, 1.40, 4.54, 1.40, 4.54, 1.40, 4.54]$
多通道并行采样系统	$f_{sys} = 20$ MHz	$f_c = 500$ MHz $t_k : [0.10, 0.40, 0.52, 0.64, 0.70, 0.76, 0.82, 0.88]\ \mu s$ $\varphi_k : [4.54, 1.40, 4.54, 1.40, 4.54, 1.40, 4.54]$

通过表 7.8 可以看出,在无噪声条件下,单通道采样系统在估计相位时存在微小的误差,其余参数各采样系统都可以较准确地完成估计,本章所提的多通道反馈采样系统和多通道并行采样系统的等效采样率远远小于奈奎斯特采样系统的等效采样率,并且和单通道采样系统相比,多通道采样系统也具有很大的优势。

7.5.2　噪声鲁棒性分析

实际的采样系统中会存在各种各样的噪声,因此十分有必要分析采样系统在噪声中的表现。下面以 BPSK 信号为例,通过一个仿真实验来分析各采样系统在噪声环境中的参数估计性能。

针对 BPSK 信号,在信号上叠加高斯白噪声,输入信噪比可定义为

$$\mathrm{SNR} = 10\lg\left(\frac{P_{\mathrm{signal}}}{P_{\mathrm{noise}}}\right) \tag{7.47}$$

式中,P_{signal} 为输入信号功率;P_{noise} 为输入噪声功率,设计了下面的实验。

为了定量描述参数估计的准确性,便于比较,采用 2.3 节中提到 NMSE 作为评价指标,设计了下面的实验。

实验 7.9　本实验针对幅度为 1.2 的 BPSK 信号,信号持续时间设置为 $\tau = 0.1~\mu\mathrm{s}$,信号分段数设为 6,载频设置为 $f_c = 480~\mathrm{MHz}$。为了获得较好的参数估计效果,将奈奎斯特采样系统(NSS)的等效采样率设置为 $f_{\mathrm{sys}} = 5~\mathrm{GHz}$,单通道采样系统(SCSS)、多通道反馈采样系统(MFSS)和多通道并行采样系统(MPSS)的等效采样率设置为 $f_{\mathrm{sys}} = 1~\mathrm{GHz}$。将信噪比设置为从 50 dB 到 100 dB 递增,递增步长为 15 dB。每次实验做 100 次,每次实验中初相随机选取。参数估计效果采用 NMSE 来评价,获得平均的估计效果如图 7.14 ~ 7.16 所示。

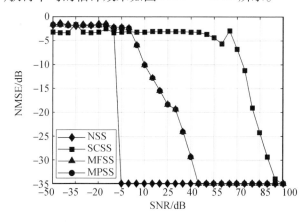

图 7.14　不同信噪比下载频估计效果

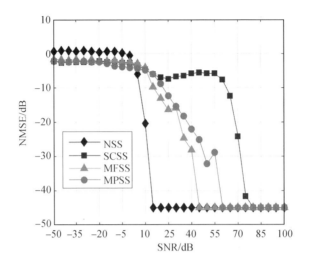

图 7.15　不同信噪比下间断点位置估计效果

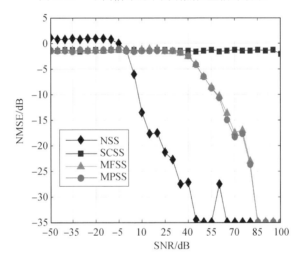

图 7.16　不同信噪比下各方法的相位估计效果

根据图 7.14 ~ 7.16 可以总结出,随着输入信噪比的增加,各方法的估计效果越来越好。在低信噪比下,本章提出的多通道反馈采样系统和多通道并行采样系统参数估计较好,在 -5 ~ 40 dB 之间,奈奎斯特采样系统具有较好的估计效果。图 7.14 展示了不同信噪比下各采样系统的载频估计效果,奈奎斯特采样系统效果最好,本章提出的多通道反馈采样系统和多通道并行采样系统的估计效果略差于奈奎斯特采样系统,但是远远优于单通道采样系统。图 7.15 展示了不同信噪比下各方法的间断点位置估计效果和图 7.14 展示的载频的估计效果类似,多通道反馈采样系统的估计效果略好于多通道并行采样系统的估计效果。

图 7.16 展示了不同信噪比下各方法的相位估计效果,能够发现单通道采样系统的估计效果较差,多通道采样系统和奈奎斯特采样系统在信噪比较大时都有较好的估计效果。综合以上的分析,可总结出本章提出的多通道并行采样系统和多通道反馈采样系统的等效采样率较低,且具有较好的噪声鲁棒性。

7.5.3　降采样能力分析

本章的目的是设计欠采样系统,因此采样系统的降采样能力是重要的评价指标。本节主要分析系统等效采样率对参数估计性能的影响。

实验 7.10　本实验针对 BPSK 信号,幅度设置为 1.2,信号持续时间设置为 $\tau = 0.1\ \mu s$,载频设置为 $f_c = 400$ MHz,信号分段数设置为 6。对 BPSK 信号叠加 30 dB 的高斯白噪声,等效采样率从 200 MHz 均匀增大到 2 GHz,步进为 200 MHz,每个等效采样率下重复 100 次实验,每次实验中初相随机选取。获得的平均恢复效果如下。

通过图 7.17 中展示的不同等效采样率下各方法的载频估计效果可以看出,在低采样率条件下,本章所提的多通道反馈采样结构和多通道并行采样结构具有较好的参数估计效果,并且在等效采样率为 600 MHz 时,载频估计的 NMSE 已经达到 -40 dB,并且随着采样率的升高,估计效果的提升比较缓慢。奈奎斯特采样方案在低等效采样率时估计效果较差,当等效采样率大于 1.6 GHz 时,载频估计效果有较大提升,NMSE 小于 -50 dB,并且随着等效采样率的升高趋于稳定。而单通道采样系统的估计效果较差,主要原因是该方法抗噪性较差,在信噪比为 30 dB 的条件下不能较好地完成参数估计。图 7.18 展示了不同等效采样率下各方法的间断点估计效果,和载频估计效果类似,在 30 dB 的噪声条件下,单通

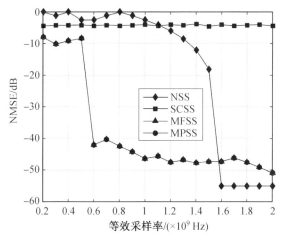

图 7.17　不同等效采样率下各方法的载频估计效果

道采样系统的间断点估计效果仍旧不好。多通道采样系统在低等效采样率的条件下具有较好的估计效果,并且在等效采样率为 600 MHz 时,间断点估计的 NMSE 仅为 – 40 dB。奈奎斯特采样方法在等效采样率大于 1.4 GHz 时,间断点估计误差骤减,精度较高。

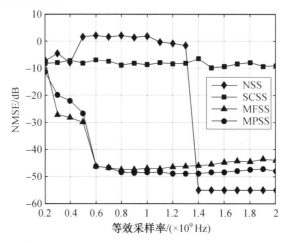

图 7.18   不同等效采样率下各方法的间断点估计效果

7.6   相位调制信号的 FRI 采样系统硬件实现

7.6.1   面向实信号的多通道并行采样系统

为了便于理论分析,以上的采样系统都是针对复指数信号提出的。然而在硬件实现中,实际传输和处理的是实信号,因此为了更好地将本章提出的采样系统应用于实际的信号处理中,本节首先分析面向实信号的并行采样系统。

1. 系统描述

面向实信号的多通道并行采样系统框图如图 7.19 所示。

相位调制实信号的形式如下:

$$x(t) = A\sum_{k=1}^{K}\cos(\mathrm{j}2\pi f_c t + \mathrm{j}\varphi_k)\zeta_k(t), \quad t \in \left[0,\tau\right) \tag{7.48}$$

其中的信号参数定义与 2.2.4 节 FRI 采样和重构过程介绍的相同。利用欧拉公式将式(7.48)改写为复指数的形式,即

$$x(t) = \frac{A}{2}\sum_{k=1}^{K}\sum_{l=1}^{L}\mathrm{e}^{\mathrm{j}2\pi f_l t + \mathrm{j}\varphi_{k,l}}\zeta_k(t), \quad t \in \left[0,\tau\right) \tag{7.49}$$

式中,f_l 为同一段内不同的频率成分,针对 MPSK 实信号,$L = 2$。

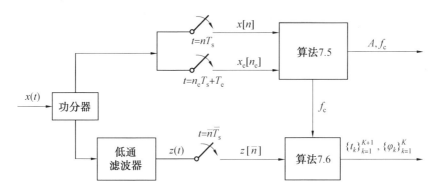

图 7.19　面向实信号的多通道并行采样系统框图

多通道并行采样系统采样和重构的详细过程如下。

（1）相位调制实信号经过双通道延时采样，采样率为 $f_s = 1/T_s$，其中 T_s 为采样间隔。获得的采样值为

$$x[n] = \frac{A}{2}\sum_{k=1}^{K}\sum_{l=1}^{L} e^{j2\pi f_l nT_s + j\varphi_{k,l}}\zeta_k(nT_s), \quad n = 0,1,\cdots,N-1 \quad (7.50)$$

$$x_e[n_e] = \frac{A}{2}\sum_{k=1}^{K}\sum_{l=1}^{L} e^{j2\pi f_l(n_eT_s+T_e)+j\varphi_{k,l}}\zeta_k(n_eT_s+T_e), \quad n_e = 0,1,\cdots,N_e-1$$

$$(7.51)$$

式中，N 为主通道采样样本数；N_e 为延时通道采样样本数。

利用算法 7.5 可以准确估计信号的载频和幅度，其具体内容如下。

① 对主通道采样值 $x[n]$ 进行非线性处理，去除调制信息，有

$$(x[n])^M = \left(\frac{A}{2}\right)^M\sum_{k=1}^{K}\left(\sum_{l=1}^{L} e^{j2\pi f_l nT_s + j\varphi_{k,1}}\right)^M\zeta_k^{\,M}(nT_s) \quad (7.52)$$

式中，$e^{j2\pi Mc_k} \equiv 1$，即调制信息因为非线性运算而被去除。

令 $M = 2^b, b \geqslant 1(b \in \mathbf{Z})$，则式（7.52）可以写为

$$(x[n])^M = \left(\frac{A}{2}\right)^M\sum_{l=1}^{M}{}^{bL+1} e^{j2\pi Mf_l nT_s + jM\varphi_{0,l}} = \sum_{l=1}^{bL+1} A_l e^{j2\pi Mf_l nT_s}, \quad n = 0,1,\cdots,N-1$$

$$(7.53)$$

式中，$A_l = (Ae^{j\varphi_{0,l}}/2)^M$。

可以看出，通过对采样值做 M 次方运算，会产生新的频谱分量，定义新的频谱分量的个数为 $L' = bL + 1$。定义以下公式：

$$p[n] = (x[n])^M = \sum_{l'=1} A'_{l'} e^{j2\pi f'_{l'} nT_s}, \quad n = 0,1,\cdots,N-1 \quad (7.54)$$

则 $p[n]$ 为多频点信号的采样值，对延时通道的采样值做同样操作，获得

$$p_e[n_e] = \sum_{l'=1} A'_{l'} e^{j2\pi f'_{l'}(n_eT_s+T_e)}, \quad n_e = 0,1,\cdots,N_e-1 \quad (7.55)$$

② 主通道获取 $N \geq 2L'$ 个连续的采样值 $x[n]$，延时通道获得 $N_e \geq L'$ 个采样样本 $x_e[n_e]$，利用算法7.4的步骤2中介绍的多频点参数估计算法可以估计出 $f'_l(l' = 1, \cdots, L')$，共 L' 个频率成分和对应的幅度 A'_l。

③ 从 L' 个频率中计算正确的信号载频。L' 个频率中有一个为直流分量，即频率为0，其余频率为信号载频的倍频，最大的为 M 倍频，因此信号载频可通过下式计算：

$$f_c = \frac{f_{l'\max}}{M} \tag{7.56}$$

式中，$f_{l'\max} = \max(f'_l), l' = 1, \cdots, L'$。

幅度可以通过下式计算：

$$A = |2 \cdot \sqrt[M]{A'_l}| \tag{7.57}$$

综上，将面向MPSK实信号的多通道并行采样系统估计幅度和载频的过程总结如下，即算法7.5所示的面向MPSK实信号的零化滤波器法。

输入：采样值 $x[n]$ 和 $x_e[n_e]$，采样样本数 N 和 N_e，延时时间 T_e，调制类型 M，频谱分量个数 L'。

输出：载频 f_c，幅度 A。

1 $p[n] = (x[n])^M = \sum_{l'=1} A'_l \mathrm{e}^{\mathrm{j}2\pi f'_l nT_s}, p_e[n_e] = \sum_{l'=1} A'_l \mathrm{e}^{\mathrm{j}2\pi f'_l(n_e T_s + T_e)}$（对采样值做 M 次方处理去除调制信息）；

2 $\{f'_{l'}, A_{l'}\}_{l'=1}^{L'}$（根据采样值获得 L' 个频率估计值及幅度）；

3 $f_c = \frac{f_{l'\max}}{M}$（估计信号载频参数）；

4 $A = |2 \cdot \sqrt[M]{A'_l}|$（估计信号幅度参数）；

算法7.5 面向MPSK实信号的零化滤波器法

（2）在并行通道，相位调制信号首先通过带宽为 B 的低通滤波器，然后被采样率为 $\bar{f}_s = 1/\bar{T}_s$ 的 $\frac{A}{D}$ 均匀采样，获得采样值 $z[\bar{n}] = z(t)|_{t=\bar{n}\bar{T}_s(\bar{n}=0,\cdots,\bar{N}-1)}$，其中 $\bar{N}$ 为采样样本数。利用算法7.6可从采样值 $z[\bar{n}]$ 中估计出间断点位置 $\{t_k\}_{k=1}^{K+1}$ 和相位 $\{\varphi_k\}_{k=1}^{K}$。算法7.6的具体内容如下。

① 根据采样值 $z[\bar{n}]$ 计算出信号 $z(t)$ 的傅里叶级数系数。

$$Z[m] = \bar{T}_s \sum_{n=0}^{\bar{N}-1} z[\bar{n}] \mathrm{e}^{\mathrm{j}2\pi m \bar{n} \bar{T}_s/\tau}, \quad |m| \leq M \tag{7.58}$$

式中，M 用于表征获得的傅里叶级数个数，$M = \lfloor B\tau/2 \rfloor$。

② 计算 $z(t)$ 的傅里叶级数系数和MPSK信号参数的关系。

$$Z[m] = \int_{-\infty}^{\infty} z(t) = \sum_{k=1}^{K} \sum_{l=1}^{L} A\mathrm{e}^{\mathrm{j}\varphi_{k,l}} \frac{\mathrm{e}^{\mathrm{j}2\pi\left(f_l - m\frac{1}{\tau}\right)t_{k+1}} - \mathrm{e}^{\mathrm{j}2\pi\left(f_l - m\frac{1}{\tau}\right)t_k}}{\mathrm{j}2\pi\left(f_l - m\frac{1}{\tau}\right)}$$

$$= \sum_{k=1}^{K} \sum_{l=1}^{L} A_k \frac{\mathrm{e}^{\mathrm{j}2\pi\left(f_l - m\frac{1}{\tau}\right) t_{k+1}} - \mathrm{e}^{\mathrm{j}2\pi\left(f_l - m\frac{1}{\tau}\right) t_k}}{\mathrm{j}2\pi\left(f_l - m\frac{1}{\tau}\right)}, \quad |m| \leqslant M \quad (7.59)$$

式中，$A_k = A\mathrm{e}^{\mathrm{j}\varphi_k}$。

③ 定义多项式 $Q(m) = \prod_{l=1}^{L} \mathrm{j}2\pi\left(f_l - m\frac{1}{\tau}\right)$，其中 f_l 是主通道中利用算法 7.5 估计得到的载频。然后同时在式(7.59)两端乘多项式 $Q(m)$，可以得到

$$Q(m)Z[m] = \sum_{k=1}^{K} \sum_{l=1}^{L} A_k \left(\mathrm{e}^{\mathrm{j}2\pi\left(f_l - m\frac{1}{\tau}\right) t_{k+1}} - \mathrm{e}^{\mathrm{j}2\pi\left(f_l - m\frac{1}{\tau}\right) t_k}\right) \cdot \mathrm{j}2\pi\left(f_{3-l} - m\frac{1}{\tau}\right)$$

$$= \sum_{k=1}^{K} \sum_{l=1}^{L} (A_{k-1} - A_k) \cdot \mathrm{j}2\pi\left(f_{3-l} - m\frac{1}{\tau}\right) \cdot \mathrm{e}^{\mathrm{j}2\pi f_l t_k} \mathrm{e}^{-\mathrm{j}2\pi m/\tau t_k}$$

$$= \sum_{k=1}^{K+1} \sum_{l=0}^{L-1} A'_{k,l} m^l \mathrm{e}^{-\mathrm{j}2\pi m/\tau t_k} \quad (7.60)$$

式中，幅度 $A'_{k,l}$ 可以不必计算。

式(7.60)可以看作复指数加权和的形式，属于式(7.38)表示的复指数求和的扩展形式，可以利用二阶的零化滤波器法求解。

④ 构造可以零化式(7.60)的滤波器为

$$H(z) = \prod_{k=1}^{K+1} (1 - u_k z^{-1})^L = \sum_{k=0}^{K+1} h[k] z^{-k} \quad (7.61)$$

式中，$u_k = \mathrm{e}^{\mathrm{j}2\pi/\tau t_k}$，针对本节研究的 BPSK 信号，$u_k$ 为滤波器的二重根。

零化滤波器的系数可以通过下式求解：

$$\sum_{k=0}^{L(K+1)} h[k] Q(n-k) Z[n-k] = 0 \quad (7.62)$$

根据零化滤波器法，$2(K+1)L + 1 = 4K + 5$ 个 $Q(m)Z[m]$ 可以求解出 $h[k]$，其中 $Q(m)$ 可以通过信号持续时间和主通道估计的载频来计算，$Z[m]$ 可以通过并行通道的采样值计算得到。

⑤ 根据零化滤波器系数求解参数。将 $h[k]$ 代入式(7.61)，即可求解出零化滤波器的根 u_k，间断点位置可以通过下式计算得到

$$t_k = \frac{\angle u_k}{2\pi} \cdot \tau \quad (7.63)$$

由于计算得到的 u_k 为二重根，因此可以得到两组相同的间断点，共 $2K$ 个。然后利用聚类的方法将估计的间断点合并，得到 K 个间断点。将间断点 t_k 和载频 f_l 代入式(7.60)，通过最小二乘法可以计算出 A_k，最后相位可通过 $\varphi_k = \angle A_k$ 计算得到。

综上,将多通道并行采样系统对相位调制信号间断点和相位的估计过程总结如下,即算法7.6所示的相位调制实信号的低频谱参数估计算法。

输入:采样值 $z[\bar{n}]$,采样样本数 $\bar{N}$,采样间隔 $\bar{T}_s$,信号持续时间 τ,频谱数量 M,信号段数 K。

输出:间断点位置 $\{t_k\}_{k=1}^{K+1}$,相位 $\{\varphi_k\}_{k=1}^{K}$。

1　　$Z[m] = \bar{T}_s \sum\limits_{n=0}^{\bar{N}-1} z[\bar{n}] e^{j2\pi m \bar{n} \bar{T}_s / \tau}$,$|m| \le M$(对采样值做DTFT获得信号的傅里叶级数系数);

2　　$Q(m) = \prod\limits_{l=1}^{L} j2\pi \left(f_l - m \dfrac{1}{\tau} \right)$,$Q(m) Z[m] = \sum\limits_{k=1}^{K+1} \sum\limits_{l=0}^{L-1} A'_{k,l} m^l e^{-j2\pi m / \tau t_k}$(利用主通道估计

　　　的载频构造多项式);

3　　$\{u_k = e^{j2\pi / \tau t_k}\}_{k=1}^{K+1}$(利用零化滤波器法求解多项式,获得零化滤波器系数的根);

4　　for $k = 1$ to K do

5　　$\left|\quad t_k = \dfrac{\angle u_k}{2\pi} \cdot \tau$(估计间断点参数);

6　　end

7　　$Q(m) Z[m] = \sum\limits_{k=1}^{K+1} \sum\limits_{l=0}^{L-1} A'_{k,l} m^l e^{-j2\pi m / \tau t_k}$(利用间断点和载频参数,估计参数 A_k);

8　　for $k = 1$ to K do

9　　$\left|\quad \varphi_k = \angle A_k$(估计相位参数);

10　end

算法7.6　相位调制实信号的低频谱参数估计算法

7.6.2　总体方案

综合以上分析可以发现,针对 $M = 2^b (b \ge 1, b \in \mathbf{Z})$ 进制的相位调制实信号,本节提出的多通道并行采样系统及恢复算法可以实现欠采样及参数估计。在延迟时间满足 $T_e \le 1/(M f_c)$ 的条件下,仅需要 $N \ge 2(2b + 1)$ 个样本 $x[n]$、$N_e \ge 2b + 1$ 个样本 $x_e[n_e]$ 和 $\bar{N} \ge 4K + 5$ 个样本 $z[\bar{n}]$ 就可以准确地估计出信号的所有参数。针对BPSK信号,多通道并行采样系统的等效采样率为

$$f_{\text{sys}} = \frac{4K + 6b + 8}{\tau} \tag{7.64}$$

对于BPSK信号,$b = 1$,等效采样率为 $f_{\text{sys}} = (4K + 14)/\tau$,通过式(7.64),可以看出,面向实信号的并行采样系统的等效采样率和信号载频无关,因此和奈奎斯特采样系统相比,在处理高频信号时,本节采样方案具有较大的优势。但是和信号分段数、持续时间以及调制类型有关,即信号的调制类型越复杂所需要的采样样本数越多。

为了提高多通道并行采样系统在噪声中的性能,可以通过增加样本数来减小载频和幅度的估计误差。利用 Cadzow 处理信号的频谱 $Z[m]$,从而提高间断点和相位的估计精度。由于所用算法和 7.4 节类似,这里不再对面向实信号并行采样的抗噪性进行单独分析。

下面通过一个仿真实验来验证本节所提面向实信号的多通道并行采样方法的有效性。

实验 7.11　在无噪声条件下,针对 BPSK 信号,将载频设置为 $f_c = 4.2\ \text{kHz}$,持续时间设置为 $\tau = 0.1\ \text{s}$,信号分段数为 $K = 4$、码元序列随机选取、信号初相在 $[0, 2\pi)$ 内随机选取,利用本节提出的多通道并行采样系统,等效采样率为 $f_{\text{sys}} = 300\ \text{Hz}$。BPSK 信号原始参数和恢复参数对比见表 7.9。

表 7.9　BPSK 信号原始参数和恢复参数对比

原始参数	恢复参数
$f_c = 420\ \text{MHz}$	$f_{\text{rec}} = 420\ \text{MHz}$
$t_k = [0.1, 0.21, 0.44, 0.55, 0.88] \times \tau$	$t_{\text{rec}} = [0.1, 0.21, 0.44, 0.55, 0.88] \times \tau$
$\varphi_k = [0.33, 3.47, 0.33, 3.47]$	$\varphi_{\text{rec}} = [0.33, 3.47, 0.33, 3.47]$

通过表 7.9 能总结出,针对 BPSK 信号,本节提出的多通道并行采样系统及其重构算法可以有效地估计出载频、间断点位置和相位信息,并且本方法的等效采样率仅为 300 Hz,欠采样系数仅为 $G = 7.14\%$。

实验 7.12　在无噪声条件下,针对 QPSK 信号,将载频设置为 $f_c = 4.2\ \text{kHz}$,持续时间设置为 $\tau = 0.1\ \text{s}$,信号分段数为 $K = 4$、码元序列随机选取、信号初相在 $[0, 2\pi)$ 内随机选取,利用本节提出的多通道并行采样系统,等效采样率为 $f_{\text{sys}} = 360\ \text{Hz}$。QPSK 信号原始参数和恢复参数对比见表 7.10。

表 7.10　QPSK 信号原始参数和恢复参数对比

原始参数	恢复参数
$f_c = 230\ \text{MHz}$	$f_{\text{rec}} = 230\ \text{MHz}$
$t_k = [0.10, 0.213, 0.439, 0.552, 0.891] \times \tau$	$t_{\text{rec}} = [0.10, 0.213, 0.439, 0.552, 0.891] \times \tau$
$\varphi_k = [2.847, 0.295, 2.847, 1.276]$	$\varphi_{\text{rec}} = [2.847, 0.295, 2.847, 1.276]$

通过表 7.10 能总结出,针对 QPSK 信号,本节提出的多通道并行采样系统及其重构算法可以有效地估计出载频、间断点位置和相位信息,并且本方法的等效采样率仅为 360 Hz,欠采样系数仅为 $G = 8.57\%$。

通过分析 7.6 节中图 7.19 所示的并行采样系统,可以将该系统完成的主要功能总结如下。

（1）功分器将一路待测信号转化为多路。

（2）多路 ADC 实现并行采样。

（3）调整采样相位,实现延时采样。

（4）对模拟信号低通滤波。

（5）对采样数据进行数字信号处理,实现参数重构。

通过分析实验室现有硬件基础,上述需求可通过以下方式实现。

（1）多路并行采样可以利用实验室现有 PIXe 板卡的 A/D 模块完成。

（2）采样相位的调整可以通过调整上位机中生成信号相位的方式实现。

（3）对模拟信号的低通滤波可以通过低通滤波器实现。

（4）对采样数据的处理可以通过上位机实现。

因此,硬件实验平台系统需要实现的功能有模拟信号的并行产生、滤波、多路采集、传输以及数字信号处理等内容,采样系统框图如图 7.20 所示。

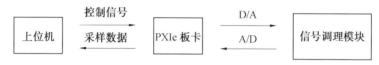

图 7.20　采样系统框图

如图 7.20 所示,采样系统包含上位机、PXIe 板卡和信号调理模块三个部分。上位机的主要任务是控制 D/A 模块产生相位调制信号以及调制信号,同时处理采样板卡传回来的采样数据并完成参数重构。PXIe 板卡的主要功能是 D/A 模块产生待测信号,A/D 模块完成采样。信号调理模块主要完成的功能是根据采样结构对模拟信号进行调制、放大、滤波等。

整个硬件实验平台的工作流程是:上位机产生控制信号,控制 PXIe 板卡的 D/A 模块产生多路待测信号以及调制信号(如有需要),通过在上位机软件中编程实现信号相位的延时;待测信号经过信号调理模块中的放大、低通滤波等操作后,由 PXIe 板卡中的 A/D 模块完成并行采样并将数据传送给上位机,最后经上位机处理、重构后估计出相位调制信号的自由参数并展示在前面板。下面分别从 PXIe 板卡的选取、信号调理模块的硬件设计以及上位机软件的设计三个方面介绍采样系统。

本章设计的低频欠采样实验平台主要目的是实现多通道并行欠采样系统的原理验证。预期实现目标见表 7.11。

表 7.11　预期实验目标

信号载频	欠采样系数	估计值的 NMSE
< 20 kHz	< 20%	< − 20 dB

表 7.11 展示了硬件实验预期实现的实验目标,即针对载频最高为 20 kHz 的相位调制信号实现欠采样,欠采样系数达到 20%。并利用重构算法估计参数,估计参数的 NMSE 达到 − 20 dB。

7.6.3 硬件设计

1. PXI 系统

PXI 系统包括上位机软件、PXI 机箱、PXI 控制器、PXI 模块等。本节主要介绍 PXI 系统的硬件部分。

(1)在本次硬件实验中,PXI 机箱选用的是 NI PXIe − 1082,该机箱提供了一个高带宽背板,可满足各种高性能测试和测量应用的需求。而且该机箱提供了 8 个插槽,每个插槽都可以插入 PXI Express 模块,最多有 4 个插槽可以支持兼容标准 PXI 混合总线的模块。除此之外,该机箱具有很高的稳定性,可在 0 ~ 55 ℃ 的范围内工作,并且还具有温度和风机监测等功能。

(2)PXI 控制器选取的是 NI PXIe − 8360,通过将该板卡插入 PXIe 机箱的第一个插槽内,无须编程,即可实现计算机对 PXI 的直接控制以及数据通信。

(3)PXI 模块选用的是 PXI − 6255 以及 PXIe − 6368。PXI − 6255 是 PXI 多功能 I/O 模块,提供了模拟和数字 I/O、计数器或定时器以及模拟或数字触发等功能。同时还提供了 80 个模拟输入(AI)以及 2 个模拟输出(AO),AI 为 16 位的 A/D,速度最高可以达到 1.25 MS/s。本章的硬件实验中,利用 PXI − 6255 生成待测信号并完成并行通道的采样。PXIe − 6368 是一款具有同步采样功能的多功能 DAQ 设备。该模块提供了模拟 I/O、数字 I/O、4 个 32 位计数器和模拟或数字触发等功能,并且有 16 路的 AI,各通道最高速率为 2 MS/s,还具有 4 路的 AO,最高速率为 3.3 MS/s。在本章的实验中,利用 PXIe − 6368 生成调制信号并完成主通道的采样。

整个 PXI 系统工作的流程为计算机通过 PXIe − 8360 和 PXI 机箱通信,利用上位机软件中的参数和控制指令控制 PXI − 6255 和 PXIe − 6368 两块板卡完成生成信号和采样信号等任务,最后将采样数据通过 PXIe − 8360 传回给上位机。

2. 信号调理板卡设计

信号的生成和采样利用国家仪器公司(National Instruments,NI)的 PXIe 板卡完成,因此本章中的硬件系统主要为信号调理板卡的设计。根据图 7.19 所示的采样结构及其分析,本实验中的信号调理模块仅需要一个低通滤波器,但是为了后续采样结构的扩展,如增加放大和调制等模块,方便后续信号处理模块的增加和删减,将信号调理板卡设计为模块化的结构,形成一套通用的欠采样实验平台。信号调理板卡由底板以及各信号处理模块组成,信号调理板卡系统框图如

图 7.21 所示。

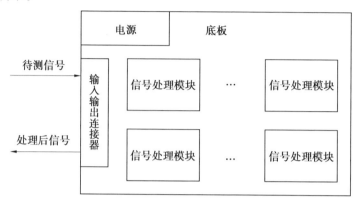

图 7.21　信号调理板卡系统框图

3.底板设计

（1）底板的主要功能。

底板的主要功能,包括为各信号处理模块提供支撑、为各模块供电,以及通过连接器将输入信号传输给各信号处理模块,并通过连接器将处理后的信号传入采样设备。底板设计框图如图 7.22 所示。

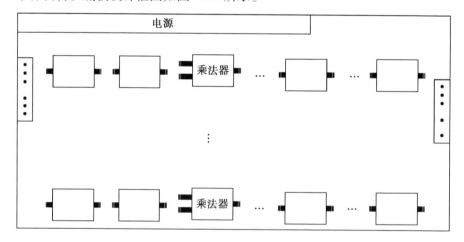

图 7.22　底板设计框图

（2）底板的具体设计参数。

①底板中预留了 8 个信号处理通道,每个通道最多支撑 8 个信号处理模块。

②输入输出模块由 3 个 68 针的矩形连接器和一个 SMA 连接器组成。通过这些连接将输入信号传入信号处理板卡,并将处理后的信号传回 PXI 设备。

③电源模块主要功能是将输入的 ±15 V 电压转换为各信号处理模块所需的

电压,由于不同芯片的工作电压不同,这里将输入的 ±15 V 电压转换为 ±5 V 和 3.3 V 电压,可为不同工作电压的芯片供电。这里输入 ±15 V 的电压,通过 L7805 和 L7905 稳压模块产生 ±5V 的电压,再利用 L7805 稳压生成 5 V 电压,通过 L1117 – 3.3 稳压模块生成 3.3 V 电压。

④ 利用排座为各模块提供支撑并实现连接。在底板上为每一个小模块提供 3 排排座,上方提供 8 × 1 的排座,目的是将底板上的电源和地传输给各模块,左右提供 6 × 1 的排座,主要是实现底板和各模块间信号的传输。

4. 模块设计

信号处理模块的主要功能是实现对信号的滤波、放大及混频等功能,信号处理模块设计框图如图 7.23 所示。

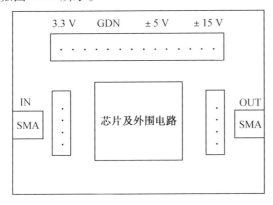

图 7.23　信号处理模块设计框图

如图 7.23 所示,信号处理模块的上端有一排排针,用于和底板上的电源和 GND 连接。模块的左右各有一列排针,可以实现和底板上的信号传输。通过这些排针,可以实现信号处理模块和底板上排座的插拔。若需要某信号处理模块就将该模块插到底板上,即完成了电气的连接;若不需要某模块,拔掉即可,可以很容易实现模块的扩展和删减。同时在各模块上还留有两个 SMA 接口,可以实现不相邻模块间信号的直接传输。

本实验中所需的功能模块为低通滤波器,是实验室现有的实验基础,这里仅做简单介绍。低通滤波器通过 MAXIM 公司的滤波器芯片 MAX275 来实现,该芯片构造的滤波器具有精度高、稳定性好、噪声低等优点,并且外围电路简单,仅需要 4 个外部电阻即可设计出两个二阶滤波器。MAX274 内部组成和外围电路如图 7.24 所示。

对于时间长度为 0.1 s,信号分段数为 1 的相位调制信号,根据并行采样系统所需要的傅里叶级数系数个数,对应的理想低通滤波器的截止频率应设置为 50 kHz,随着信号分段数的增加,所需要的傅里叶系数个数和低通滤波器的截止频率也应该增加。本实验为了获取较多的傅里叶级数系数来提高信号的抗噪性,将低通滤波器的截止频率设置为 500 Hz 和 100 Hz,对应的电阻参数设置见表 7.12。

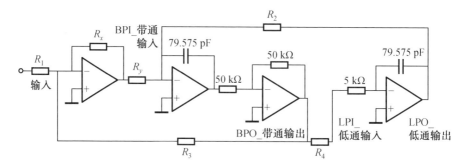

图 7.24　MAX274 内部组成和外围电路

表 7.12　对应的电阻参数设置

截止频率/Hz	对应电阻值			
	R_1	R_2	R_3	R_4
100	1.265 MΩ	20 MΩ	2.828 MΩ	19.995 MΩ
500	252.982 kΩ	4 MΩ	565.685 kΩ	3.995 MΩ

7.6.4　软件设计

上位机通过 LabVIEW 设计,其软件框图如图 7.25 所示。

图 7.25　上位机软件框图

通过图 7.25 可以看出,上位机需要完成的任务有:待测信号参数以及采样参数的设置,产生控制信号控制板卡的 D/A 模块生成多路信号,控制板卡 A/D 模块实现数据采集,编写重构算法,处理采样数据,实现参数重构。上位机前面板如图 7.26 所示。

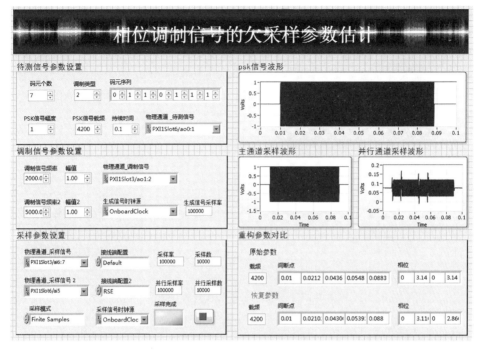

图 7.26　上位机前面板

图 7.26 展示的上位机前面板中,提供了待测信号参数设置、调制信号参数设置以及采样参数设置等输入接口。同时将生成的待测信号以及多路采集到的数据通过波形图的方式展示,可以较直观地观察到采样波形。最后将重构的参数展示在前面板和原始参数进行对比,可以清晰地分析和比较重构效果。上位机软件的执行流程如下。

(1)通过前面板输入待测信号以及调制信号的参数、设置采样的参数等待用户执行下一步操作。

(2)按下开始开关,前面板的参数传入对应的处理模块。

(3)PXIe 板卡的 D/A 模块开始生成多路待测信号和调制信号同时触发采样。

(4)PXIe 板卡的 A/D 模块并行采集经过信号调理模块处理后的信号,将数据传入信号处理模块。

(5)信号处理模块将采集的波形数据展示在前面板并利用相应程序估计信号参数,将参数估计结果传回前面板。

1. 参数设置模块

根据图 7.25 以及图 7.26 所示的上位机软件框图及前面板,可以看出参数设置模块共有三个部分,待测信号参数设置、调制信号参数设置以及采样参数设置。其中对于待测信号而言,需要输入的参数有相位调制信号的幅度、载频、信号持续时间、码元个数以及码元序列等,通过这些参数可以唯一确定相位调制信号。同时还需要设置信号的生成率即 D/A 的速率,确定生成待测信号的物理通道,这里待测信号的生成用的是 PXI – 6255 的 AO0 和 AO1,两个通道并行生成的待测信号通过软件中的调制实现相位滞后。待测信号参数设置程序框图和前面板如图 7.27、图 7.28 所示。

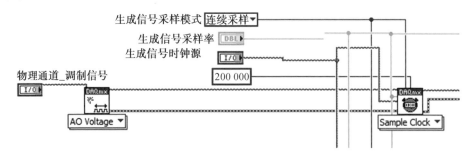

图 7.27　待测信号参数设置程序框图

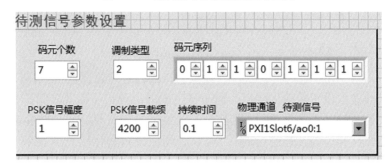

图 7.28　待测信号参数设置前面板

需要设置的调制信号的参数主要有调制信号的幅度和载频参数,这里调制信号的生成主要考虑的是为了满足后续硬件平台扩展的可能性,为实现获取信号任意频段的频谱而设计的。还需要设置调制信号的生成速率以及时钟源,调制信号的生成通道选择的是 PXIe – 6368 的 AO1 和 AO2。调制信号参数设置前面板如图 7.29 所示。

采样参数的设置主要有采样通道、采样模式、采样率以及采样样本数等。其中,多通道并行采样结构共需要 3 个采样通道,主通道的两个采样通道选取的是 PXIe – 6368 的 AI6 和 AI7,并行通道的采样通道选取的是 PXI – 6255 的 AI5。采样模式包括有限采样和连续采样两种,有限采样即采样样本有限,根据设置的采样数限制采样样本。采样参数设置程序框图和前面板如图 7.30、图 7.31 所示。

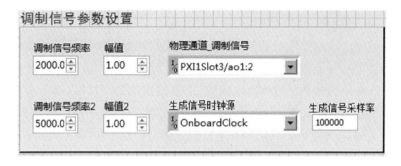

图 7.29　调制信号参数设置前面板

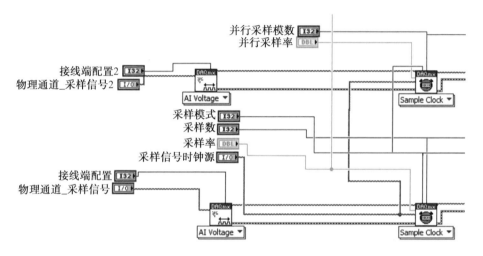

图 7.30　采样参数设置程序框图

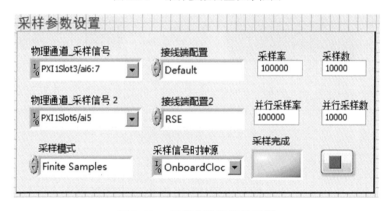

图 7.31　采样参数设置前面板

2. 信号生成和采集模块

本章的程序中需要生成的信号有待测的相位调制信号以及调制信号。为了实现主通道中延时通道的采样相位滞后,生成待测信号时,在软件中加入延时。信号的生成利用的是 NI – DAQmx 模块,信号参数、采样时钟以及生成信号通道等参数传送给 DAQmx 触发开始模块,生成触发信号后触发 DAQmx 写入模块,控制相应板卡的 D/A 模块生成信号。信号的采集同样是利用 NI – DAQmx 模块,将采样率、采样样本数及采样通道等参数传入 DAQmx 读取模块,控制相应板卡的 A/D 模块采集信号,并将采样数据传回上位机,在前面板上显示,配置 NI – DAQmx 模块程序框图如图 7.32 所示。主通道和并行通道的采样波形分别显示在前面板,如图 7.33 所示。

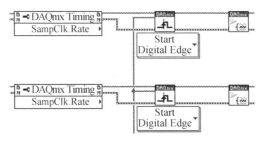

图 7.32　配置 NI – DAQmx 模块程序框图

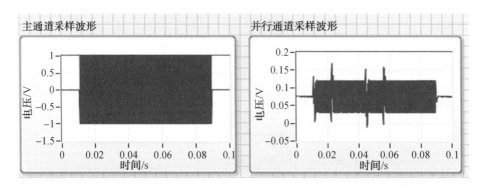

图 7.33　采样波形显示

3. 信号重构模块

信号重构模块完成的工作是,利用重构算法从采样数据中恢复信号自由参数。这部分内容主要通过在 LabVIEW 上位机的程序中实现。经过重构后的参数显示在前面板,重构参数和原始参数的对比图如图 7.34 所示。

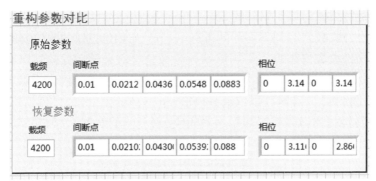

图 7.34　重构参数和原始参数的对比图

7.6.5　硬件实验与分析

1. 评价指标

在硬件实验中以欠采样系数 G 来评价采样系统在降低采样率时的性能,欠采样系数越小,证明采样系统降低采样率的能力越强。利用 NMSE 来评价采样系统估计参数的精度,NMSE 越小说明采样系统估计参数的误差越小。

2. 硬件实验及结果分析

硬件实验平台实物图如图 7.35 所示。下面利用该平台完成硬件实验。

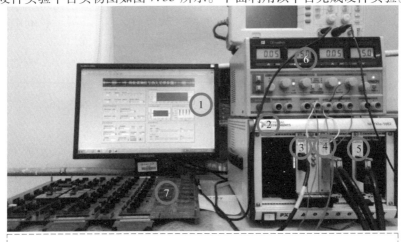

① 上位机软件的前面板　　　　　　④ 多功能数据采集卡 PXIe-6368

② NI PXIe-1082 机箱　　　　　　　⑤ 多功能数据采集卡 PXI-6255

③ 远程控制器 PXIe-8360　　　　　⑥ 直流电压源 / 电流 DF17432B-3A

　　　　　　　　　　　　　　　　⑦ 模拟预处理板卡

图 7.35　硬件实验平台实物图

实验针对载频为 4.8 kHz 的 BPSK 信号,幅度设置为 5 V,持续时间设置为 0.1 s、信号分段数为 4、码元序列随机选取、信号初相位在 $[0,2\pi)$ 内随机选取。逐步增加用于参数估计的采样样本,观察参数估计效果随着等效采样率的变化,因为相位是通过载频和间断点计算得到得,这里仅对载频和间断点估计值的 NMSE 进行记录。具体采样参数及参数估计效果如下。

实验7.13　等效采样率为 $f_{sys}=300$ Hz,欠采样系数为 $G=6.25\%$,各参数估计的对比及估计误差见表 7.13。

表7.13　各参数估计的对比及估计误差(1)

参数	原始参数	估计参数	参数估计的 NMSE
载频	4 800 Hz	4 713 Hz	− 34.83 dB
间断点位置	$[0.100,0.213,0.438,0.550,0.887]\times 0.1$	$[0.249,0.531,0.620,0.889,0.926]\times 0.1$	− 0.86 dB

实验7.14　等效采样率为 $f_{sys}=600$ Hz,欠采样系数为 $G=12.5\%$,各参数估计的对比及估计误差见表 7.14。

表7.14　各参数估计的对比及估计误差(2)

参数	原始参数	估计参数	参数估计的 NMSE
载频	4 800 Hz	4 732 Hz	− 36.97 dB
间断点位置	$[0.100,0.213,0.438,0.550,0.887]\times 0.1$	$[0.012,0.200,0.395,0.530,0.923]\times 0.1$	− 18.50 dB

实验7.15　等效采样率为 $f_{sys}=900$ Hz,欠采样系数为 $G=18.75\%$。主通道采样波形如图 7.36 所示,并行通道采样波形如图 7.37 所示。

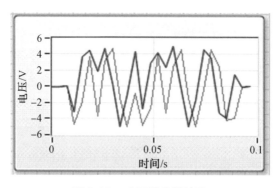

图 7.36　主通道采样波形

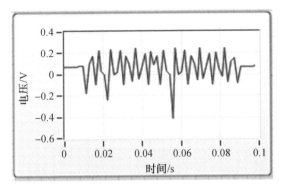

图 7.37　并行通道采样波形

在图 7.36 所示的主通道采样波形中,深色的为非延时通道的采样波形,浅色的为延时通道的采样波形。根据主通道和并行通道的采样值,各参数估计的对比及估计误差见表 7.15。

表 7.15　各参数估计的对比及估计误差(3)

参数	原始参数	估计参数	参数估计的 NMSE
载频	4 800 Hz	4 782 Hz	– 48.52 dB
间断点位置	$[0.100, 0.213, 0.438,$ $0.550, 0.887] \times 0.1$	$[0.109, 0.199, 0.396,$ $0.530, 0.921] \times 0.1$	– 53.07 dB

通过上面三组实验可以发现,间断点的估计误差较大,分析可能会引入误差的器件为低通滤波器,因此首先对低通滤波器进行校准。通过对采样数据分析发现,信号经过低通滤波器后存在一个直流偏移,直流偏移的存在会影响信号在零点的频谱,进而影响参数估计,因此需要首先对采样数据进行去偏置操作。其次,低通滤波器的非理想特性会影响信号频谱,需要对低通滤波器的频响特性进行分析,然后在计算信号频谱时消除滤波器影响。利用正弦激励法测出低通滤波器频响特性如图 7.38 所示。

对滤波器校准后,重新完成实验。实验参数设置同上,参数估计的结果如下。

实验 7.16　等效采样率为 $f_{sys} = 300$ Hz,欠采样系数为 $G = 6.25\%$,各参数估计的对比及估计误差见表 7.16。

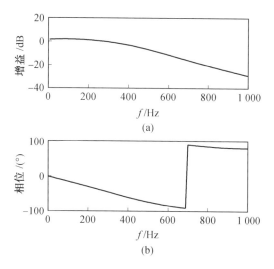

图 7.38   低通滤波器的频响特性

表 7.16   各参数估计的对比及估计误差（4）

参数	原始参数	估计参数	参数估计的 NMSE
载频	4 800 Hz	4 843 Hz	− 20.47 dB
间断点位置	$[0.100,0.213,0.438,$ $0.550,0.887] \times 0.1$	$[0.091,0.252,0.439,$ $0.552,0.888] \times 0.1$	− 47.93 dB

实验 7.17   等效采样率为 $f_{sys} = 600\ Hz$，欠采样系数为 $G = 12.5\%$，各参数估计的对比及估计误差见表 7.17。

表 7.17   各参数估计的对比及估计误差（5）

参数	原始参数	估计参数	参数估计的 NMSE
载频	4 800 Hz	4 822 Hz	− 23.39 dB
间断点位置	$[0.100,0.213,0.438,$ $0.550,0.887] \times 0.1$	$[0.114,0.205,0.440,$ $0.553,0.890] \times 0.1$	− 54.65 dB

实验 7.18   等效采样率为 $f_{sys} = 900\ Hz$，欠采样系数为 $G = 18.75\%$，各参数估计的对比及估计误差见表 7.18。

表 7.18   各参数估计的对比及估计误差（6）

参数	原始参数	估计参数	参数估计的 NMSE
载频	4 800 Hz	4 787 Hz	− 25.67 dB
间断点位置	$[0.100,0.213,0.438,$ $0.550,0.887] \times 0.1$	$[0.115,0.205,0.440,$ $0.553,0.890] \times 0.1$	− 53.20 dB

通过将实验7.1 ~ 7.18和实验7.13 ~ 7.15进行对比发现,经过对滤波器的非理想特性进行校准后,间断点的估计精度得到了显著提升。在较低的等效采样率条件下,也可完成参数的准确估计。

综合以上实验分析,本章的多通道并行采样系统可以实现对相位调制信号欠采样系数小于20%的欠采样,并且各参数估计值的 NMSE 小于 - 20 dB,满足预期实验目标。随着等效采样率的增加,载频的估计误差越来越小,间断点估计值的 NMSE 也变小并趋于稳定。通过以上实验及参数估计结果,验证了多通道并行采样系统的硬件可行性。

7.7   本 章 小 结

本章在对相位调制信号模型和有限新息率采样理论研究的基础上,研究相位调制信号的参数化形式,利用有限新息率参数化的采样特性,提出了基于有限新息率采样理论的单通道 FRI 采样系统、多通道反馈采样系统、多通道并行采样系统等采样结构。通过原理分析和仿真验证来阐述各采样系统,然后搭建硬件平台,通过硬件实验实现多通道并行采样系统的原理性验证。

分析对比分段正弦信号和相位调制信号的模型,发现两种信号模型的相似性,提出将分段正弦信号的 FRI 采样方法应用于相位调制信号。提出了单通道 FRI 采样系统,该采样系统的等效采样率和信号载频无关,仅为$(3K + 5)/\tau$,在处理高频信号时有较大优势。针对单通道等效采样率过高的问题,提出多通道反馈采样系统。利用非线性运算将相位调制信号转化为单频点信号处理,估计出信号载频;然后将信号解调至基带,基带信号为典型FRI信号,利用零化滤波器法估计间断点和相位。多通道反馈采样系统的等效采样率为$(2K + 6)/\tau$,当$K > 1$时小于单通道采样系统。为进一步简化结构,实现无信息丢失的参数估计,提出多通道并行采样系统。利用非线性处理和多频点参数算法估计出信号载频和幅度,分析信号频谱和参数关系,结合估计的频谱信息,利用零化滤波器法估计间断点和相位信息。可以避免反馈结构的影响,且等效采样率较低,仅为$(2K + 6)/\tau$。最后,从等效采样率、抗噪性、系统复杂度等方面对比分析本章提出的采样系统,通过仿真实验验证了本章所提采样系统的有效性。分析硬件实验的需求,搭建硬件实验平台;分析硬件的非理想因素,在硬件平台实现多通道并行采样系统的原理性验证。针对载频为 4 800 Hz 的相位调制信号,多通道并行采样系统的等效采样率最低仅为 300 Hz,欠采样系数最低为 $G = 6.25\%$,载频和间断点估计值的 NMSE 小于 - 20 dB,满足预期实验目标,验证了多通道并行采样系统的硬件可行性和有效性。

参 考 文 献

[1] UNSER M. Sampling 50 years after Shannon [J]. Proceedings of the IEEE, 2000, 88(4):569-587.

[2] ELDAR Y C, KUTYNIOK G. Compressed sensing:theory and applications [M]. Cambridgeshire:Cambridge university press, 2012.

[3] ELDAR Y C. Sampling theory:beyond bandlimited systems [M]. Cambridgeshire: Cambridge University Press, 2015.

[4] DONOHO D L. Compressed sensing [J]. IEEE Transactions on Information Theory, 2006, 52(4):1289-1306.

[5] BARANIUK R G. Compressive sensing [lecture notes] [J]. IEEE Signal Processing Magazine, 2007, 24(4):118-121.

[6] 付宁, 张京超. 基于压缩感知的模拟信息转换技术[M]. 北京:清华大学出版社, 2020.

[7] VETTERLI M, MARZILIANO P, BLU T. Sampling signals with finite rate of innovation [J]. IEEE Transactions on Signal Processing, 2002, 50(6): 1417-1428.

[8] 杨峰. 脉冲超宽带通信的欠采样方法研究[D]. 成都:电子科技大学, 2010.

[9] 石光明, 林杰, 高大化, 等. 压缩感知理论的工程应用方法 [M]. 西安:西安电子科技大学出版社, 2017.

[10] 王亚军. 宽带信号采样若干关键技术研究[D]. 西安:西安电子科技大学, 2013.

[11] 王亚军, 李明, 刘高峰. 复杂脉冲序列的有限新息率采样方法[J]. 电子与信息学报, 2013(07):1606-1611.

[12] ASL H A. Multichannel sampling of finite rate of innovation signals [D]. London:Imperial College London, 2011.

［13］MARAVIC I, VETTERLI M. Sampling and reconstruction of signals with finite rate of innovation in the presence of noise ［J］. IEEE Transactions on Signal Processing,2005, 53（8）:2788-2805.

［14］孙政委，葛利嘉，薛峰，等. 基于有限新息率采样理论的超宽带信道估计 ［J］. 现代电子技术, 2009, 32（17）:9-12.

［15］付宁，黄国兴，乔立岩，等. 一种雷达回波信号的采样方法及重构方法: ZL201710027555.9［P］. 2019-08-23.

［16］HUANG G X, FU N, QIAO L Y,et al. A simplified FRI sampling system for pulse streams based on constraint random modulation ［J］. IEEE Transactions on Circuits and Systems II:Express Briefs, 2018, 65（2）:256-260.

［17］FU N, HUANG G X, QIAO L Y,et al. Sub-Nyquist sampling and recovery of pulse streams with the real parts of fourier coefficients［J］. IEEE Access, 2017, 5:22667 - 22677.

［18］TUR R, ELDAR Y C, FRIEDMAN Z. Innovation rate sampling of pulse streams with application to ultrasound imaging［J］. IEEE Transactions on Signal Processing, 2011, 59（4）:1827-1842.

［19］GEDALYAHU K, TUR R, ELDAR Y C. Multichannel sampling of pulse streams at the rate of innovation ［J］. IEEE Transactions on Signal Processing, 2011, 59（4）:1491-1504.

［20］HUANG G X, FU N, QIAO L Y. A general sub-Nyquist sampling system for pulse streams ［J］. Circuits, Systems, and Signal Processing, 2019, 38（11）: 5360-5372.

［21］付宁，黄国兴，张京超，等. 一种基于时域稀疏性的 FRI 信号重构方法: ZL201610076167.5［P］. 2019-07-05.

［22］付宁，黄国兴，曹杰，等. 基于反馈结构的多谐波信号欠采样方法及系统: ZL201711436042.X［P］. 2020-06-09.

［23］TROPP J A, LASKA J N, DUARTE M F,et al. Beyond Nyquist:efficient sampling of sparse bandlim ited signals ［J］. IEEE Transactions on Information Theory, 2010, 56（1）:520-544.

［24］HARMS A, BAJWA W U, CALDERBANK R. A constrained random demodulator for sub-Nyquist sampling ［J］. IEEE Transactions on Signal Processing, 2013, 61（3）:707-723.

［25］HUANG G X, FU N, QIAO L Y. Optimization model based sub-Nyquist sampling of pulses with various shapes and its application to ECG signals ［J］. IEEE Access, 2018, 6:62458-62469.

[26] BAECHLER G. Sensing ECG signals with variable pulse width finite rate of innovation [D]. Switzerland: École Polytechnique Fédérale de Lausanne, EPFL, 2012.

[27] BAECHLER G, SCHOLEFIELD A, BABOULAZ L, et al. Sampling and exact reconstruction of pulses with variable width [J]. IEEE Transactions on Signal Processing, 2017, 65(10):2629-2644.

[28] BAECHLER G, FRERIS N, QUICK R F, et al. Finite rate of innovation based modeling and compression of ECG signals [C]. 2013 IEEE International Conference on Acoustics, Speech and Signal Processing. Vancouver, BC. Canada:IEEE, 2013:1252-1256.

[29] NAIR A, MARZILIANO P. Fetal heart rate detection using VPW-FRI [C]. 2014 IEEE International Conference on Acoustics, Speech and Signal Processing. Florence, Italy:IEEE, 2014:4438-4442.

[30] KENNEDY J. Particle swarm optimization [M]. Boston, MA:Springer US, 2010:760-766.

[31] FU N, HUANG G X, SUN L W, et al. Innovation rate sampling of non-ideal piecewise polynomials [J]. Electronics Letters, 2018, 54(19):1116 -1118.

[32] NAGESH S, SEELAMANTULA C S. FRI sampling and reconstruction of asymmetric pulses [J]. IEEE International Conference On Acoustics, 2015:5957-5961.

[33] RUDRESH S, NAGESH S, SEELAMANTULA C S. Asymmetric pulse modeling for FRI sampling [J]. IEEE Transactions on Signal Processing, 2018, 66(8):2027-2040.

[34] ZHANG Y, DRAGOTTI P L. Sampling streams of pulses with unknown shapes [J]. IEEE Transactions On Signal Processing, 2016, 64(20):5450-5465.

[35] QUICK R F, CROCHIERE R E, HONG J H. Extension of FRI for modeling of electrocardiogram signals [C]. Annual International Conference of the IEEE Engineering in Medicine and Biology Society. San Diego:IEEE, 2012:2909-2912.

[36] POH K, MARZILIANO P. Compressive sampling of EEG signals with finite rate of innovation [J]. Eurasip Journal on Advances in Signal Processing, 2010:1-12.

[37] FU N, HUANG G X, ZHENG L, et al. Sub-Nyquist sampling of multiple sinusoids [J]. IEEE Signal Processing Letters, 2018, 25(4):581-585.

[38] FU N, WEI Z L, QIAO L Y, et al. Short-observation measurement of multiple

sinusoids with multichannel sub-Nyquist sampling [J]. IEEE Transactions on Instrumentation and Measurement, 2020, 69(9):6853-6869.

[39] WEI Z L, FU N, QIAO L Y. Distributed sampling of multiple sinusoids with finite rate of innovation [C]. International Instrumentation and Measurement Technology Conference. Auckland:IEEE,2019:1048-1052.

[40] HUANG S, ZHANG H, HONG S, et al. Frequency estimation of multiple sinusoids with three sub-Nyquist channels [J]. Signal Processing, 2017, 139: 96-101.

[41] ZOLTOWSKI M D, MATHEWS C P. Real-time frequency and 2-D angle estimation with sub-Nyquist spatio-temporal sampling [J]. IEEE Transactions on Signal Processing, 1994, 42(10):2781-2794.

[42] PAN H, BLU T, VETTERLI M. Efficient multidimensional diracs estimation with linear sample complexity [J]. IEEE Transactions on Signal Processing, 2018, 66(17):4642-4656.

[43] 孟小芬, 薛培信, 董爱先,等. 欠采样条件下的频率估计技术研究 [J]. 海军航空工程学院学报, 2008, 23(3):245-248.

[44] 王洪洋, 廖桂生, 吴云韬. 欠采样频率估计方法 [J]. 电子学报, 2004, 32(12):971-973.

[45] FU N, HUANG G X, CAO J,et al. Sub-Nyquist sampling of BPSK signals via feedback structure [J]. IEEE Transactions on Circuits and Systems II:Express Briefs, 2018, 66(8):1471-1475.

[46] FU N, CAO J, HUANG G X,et al. Parameter measurement of M-Ary PSK signals with finite rate of innovation [J]. IEEE Transactions on Instrumentation and Measurement, 2019, 68(5):1271-1283.

[47] FU N, ZHENG P J, LI X D, et al. Weighted phase retrieval of fourier measurement with qutliers:measurement structure and reconstruction algorithm [J]. IEEE Transactions on Instrumentation and Measurement, 2021, 70:1-14.

[48] CIBLAT P, GHOGHO M. Blind NLLS carrier frequency-offset estimation for QAM, PSK, and PAM modulations:performance at low SNR [J]. IEEE Transactions on Communications, 2006, 54(10):1725-1730.

[49] 付宁, 黄国兴, 曹杰, 等. 一种基于多通道反馈结构的 BPSK 信号的欠采样参数估计方法:ZL201810235764.7 [P]. 2020-10-02.

[50] KAY S M, MARPLE S L. Spectrum analysis—a modern perspective [J]. Proceedings of the IEEE, 1981, 69(11):1380-1419.

[51] 王伟. MPSK 信号载频快速估计算法 [J]. 电子科技, 2011, 24(5):7-9.

［52］BERENT J, DRAGOTTI P L, BLU T. Sampling piecewise sinusoidal signals with finite rate of innovation methods ［J］. IEEE Transactions on Signal Processing, 2010, 58(2):613-625.

［53］CADZOW J A. Signal enhancement—a composite property mapping algorithm ［J］. IEEE Transactions on Acoustics, Speech, Signal Processing, 1988, 36 (1):49-62.

名 词 索 引

ESPRIT 旋转不变子空间(Estimating Signal Parameters via Rotational Invariance Technique) 1.2

EFs 指数滤波器组(Exponential Filters) 1.2

ER 错误率(Error Rate) 4.5

F

FRI 有限新息率(Finite Rate of Innovation) 1.1

FrHT-FRI 分数阶希尔伯特变换 FRI 模型(Fractional Hilbert Finite Rate of Innovation) 5.1

FFT 快速傅里叶变换(Fast Fourier Transform) 7.2

G

GAT 广义模拟阈值(Generalized Analog Thresholding) 1.2

L

LPF 低通滤波器(Low-Pass Filter) 2.1

M

MUSIC 多重信号分类(Multiple Signal Classification) 1.2

MITDB 美国麻省理工学院心律失常数据库(MIT-BIH Arrhythmia Database) 4.5

MPSK 多进制数字相位调制(Multiple Phase Shift Keying) 7.1

N

NMSE 归一化均方误差(Normalized Mean Squared Error) 2.5

O

OMP 正交匹配追踪(Orthogonal Matching Pursuit) 2.4

P

PSO 粒子群算法(Particle Swarm Optimization) 4.4

PR　　　　伪随机（Pseudo Random）3.2

Q

QPSK　　　正交相移键控（Quadrature Phase Shift Keying）7.1

R

RD　　　　随机解调（Random Demodulation）3.2

RI　　　　新息率（Rate of Innovation）1.1

RIP　　　有限等距约束（Restricted Isometry Property）2.4

S

SoS　　　　Sinc 和（Sum of Sincs）1.1

SNR　　　信噪比（Signal-to-Noise Ratio）2.5

T

TLS　　　总体最小二乘（Total Least Squares）1.2

U

UWB　　　超宽带（Ultra Wide-Band）1.2

V

VPW-FRI　脉宽可变有限新息率模型（Variable Pulse Width Finite Rate of Innovation）1.2

附录 部分彩图

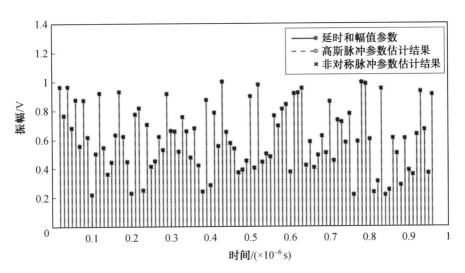

图 2.12

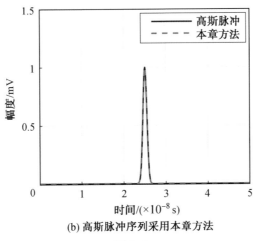

(b) 高斯脉冲序列采用本章方法

图 4.6

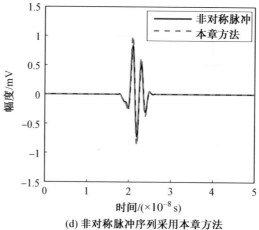

(d) 非对称脉冲序列采用本章方法

续图 4.6

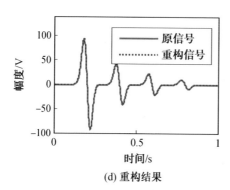

(d) 重构结果

图 5.8

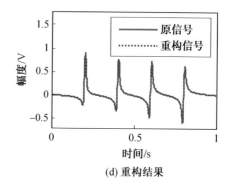

(d) 重构结果

图 5.10

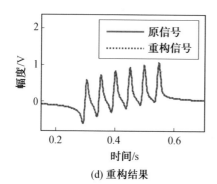

(d) 重构结果

图 5.11

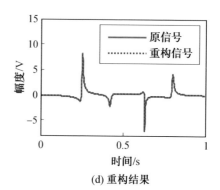

(d) 重构结果

图 5.12

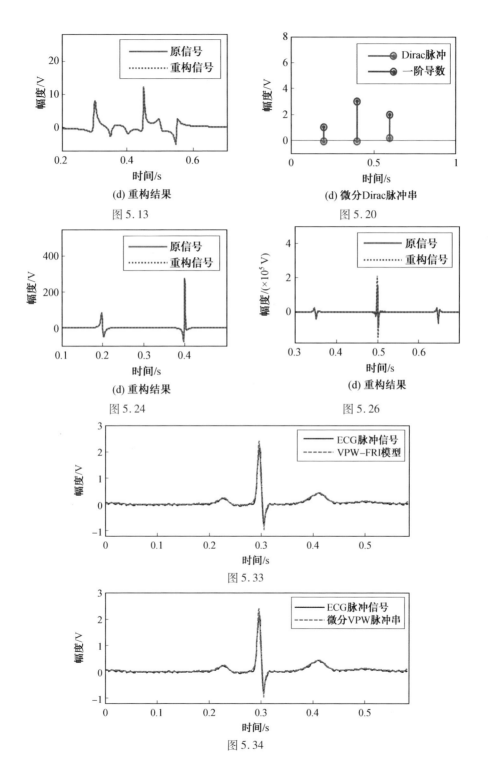

(d) 重构结果

图 5.13

(d) 微分Dirac脉冲串

图 5.20

(d) 重构结果

图 5.24

(d) 重构结果

图 5.26

图 5.33

图 5.34

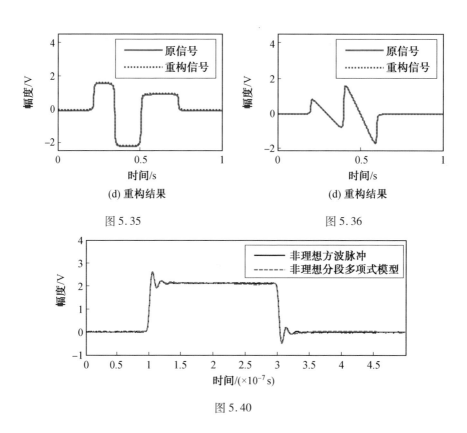

(d) 重构结果

图 5.35

(d) 重构结果

图 5.36

图 5.40